융합형
공학인재육성을 위한

품질관리의 이해

조승현 저

普文堂

융합형 공학인재육성을 위한

품질관리의 이해

1판 1쇄 인쇄 2021년 3월 10일
1판 1쇄 발행 2021년 3월 15일

지은이 | 조승현
발행인 | 김병계
발행처 | 도서출판 보문당
등 록 | 1990년 6월 15일(제 1-1066호)
주 소 | 서울시 마포구 토정로 222 한국출판콘텐츠센터 422호
전 화 | 704-7025 / 704-0635
팩 스 | 704-2324
홈페이지 | http://www.bomoondang.co.kr
전자우편 | bmdpub@naver.com

값 20,000 원

ISBN : 978-89-8413-235-1 (93550)

융 합 형 공 학 인 재 육 성 을 위 한

품질관리의 이해

조승현 저

普文堂

머리말

부품을 생산하는 기업에서 하루에 수백 개에서 수만 개의 부품을 생산합니다. 이렇게 많은 생산량이 매일 누적이 되면 제품의 개수가 셀 수 없을 만큼 많아지겠죠. 그런데 이런 부품의 치수를 측정하여 불량품을 판별한다고 상상해보세요. 얼마나 많은 측정데이터가 만들어지겠습니까? 이것이 최근 화두가 되고 있는 빅데이터가 되고, 빅데이터를 안정적으로 관리하는 것은 제조기업에는 매우 중요합니다.

이제 품질관리를 생각해보겠습니다. 먼저 품질입니다. 품질의 정의는 시기별로 달라져 왔지만 '고객만족을 나타내는 제품이나 서비스의 특성' 이라고 할 수 있습니다. 관리는 무엇일까요? 사전적으로는 어떤 것을 효율적으로 운영하는 것입니다. 따라서 품질관리란 고객만족을 위한 제품이나 서비스의 특성을 효율적으로 운영하는 것이 되겠습니다.

앞서 설명 드린 것처럼 품질관리의 대상이 많아지면 어쩔 수 없이 통계를 활용하게 됩니다. 데이터의 형태나 수준을 통계로 분석하고 그래프도 그려야 합니다. 통계분석 결과나 그래프는 의사결정을 하는데 매우 유용한 방법이 될 것입니다. 따라서 저자는 4차 산업혁명 시대 스마트한 업무를 하게 될 여러분들에게 통계분석법을 이용한 품질관리의 필요성을 강조하고 실무적인 품질관리 역량을 학습할 수 있도록 본 교재를 집필했습니다.

본 교재의 구성을 설명 드리면 먼저 품질의 의미와 품질관리 실패 사례를 통해 품질관리의 중요성을 살펴보았습니다. 이후 품질관리를 위한 배경지식으로 현 수준을 파악하고 목표를 설정하는 방법을 소개하였고, 통계를 사용하기 때문에 측정단위의 종류와 기초통계로써 데이터의 유형과 그래프 분석법을 설명하였습니다. 다음으로 본격적인 품질 데이터를 생산하기 위해 측정시스템을 분석하는 방법을 소개하고, 측정시스템에 의해 생산된 데이터를 활용하여 공정능력을 분석하고 품질에 대한 가설을 설정한 후 검정하는 방법을 학습하도록 하였습니다.

본 교재에는 측정시스템 분석에서부터 가설검정까지 제조현장과 유사한 데이터를 통계분석 소프트웨어로 분석하는 구체적 사례가 소개되었는데 여러분들은 학습을 통해 쉽게 품질관리를 수행할 수 있을 것입니다.

저자는 본 교재가 여러분들이 품질관리가 흥미롭고 공부할만한 학문이라고 인식하는데 미력하나마 도움이 되길 바랍니다. 교재 집필에 있어 오류가 없도록 최선의 노력을 기울였으나 부족한 점이 많을 것으로 생각하며, 앞으로도 지속적인 연구와 보완을 해 나아갈 것을 약속드립니다.

2021. 2.

저자 씀

목차

제1장

품질의 의미

제1장은 여러분들이 품질관리가 무엇인지 이해하는 장입니다. 품질관리는 기업의 성패를 가를 기업의 핵심역량으로 오랜 시간동안 개념이 확장적으로 변화해왔습니다. 최근에는 품질관리가 기업의 총체적 역량으로까지 확대되었으니까요. 지금부터 여러분들에게 품질관리의 개념을 소개하겠습니다. 제1장에 사용된 이미지들은 2012년 두산인프라코어(주)의 품질담당자가 작성한 품질관리 소개 자료를 인용했음을 알려드립니다.

품질Quality은 라틴어의 'Qualitas'에서 유래했는데 '제품의 자연적 속성'을 의미합니다. 사전적 의미로는 제품이 규격에 알맞은 정도를 나타내는 말로서 현재는 제품의 품질뿐만 아니라 인간의 활동 및 그 결과의 질까지도 의미하는 것으로 확대되었습니다.

J.M. 유란은 '용도에 대한 적합성'이라고 정의했고, 이후 P. 크로스비는 '요구사항에 대한 일치성'으로 정의하였으며, 이후 ISO 8402에서 '명시된 요구사항을 어느 정도 만족시켜 주는가를 나타내는 제품이나 서비스 성능의 총체적 성능'으로 정의하면서 서비스 개념이 포함되었고, 1994년에 제품이나 서비스의 총체적 특성으로 정립되어 오늘에 이르게 되었습니다.

따라서 기업의 품질관리 활동은 제품과 서비스의 품질향상과 이것을 달성하기 위한 비즈니스 절차의 적합성 향상을 위한 노력이 중요합니다. 기업의

1

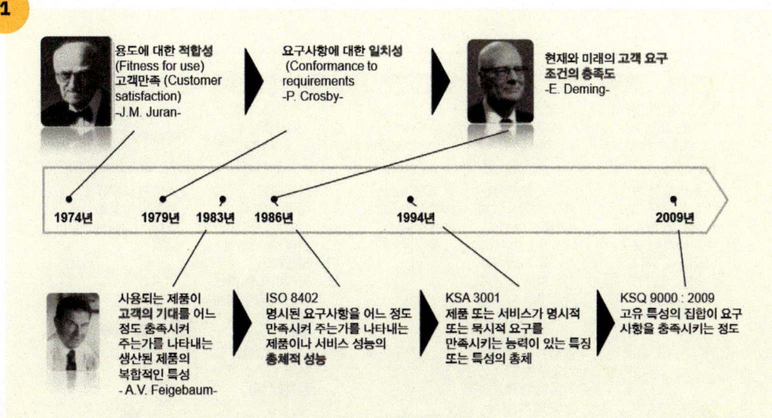

2

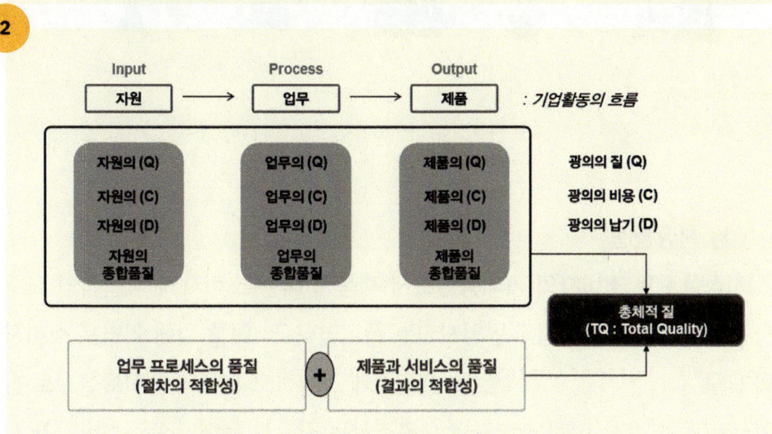

1
품질개념의 변화

2
QCD 관리

활동이 자원을 투입하고 제품을 생산하는 프로세스라고 볼 때 자원이나 제품의 품질관리 외에도 프로세스의 품질관리 역시 중요하죠. 이것을 '총체적 품질Total Quality'라고 부릅니다. 총체적 품질관리를 위해서는 각각에 대한 품질Quality, 비용Cost, 납기Delivery 관리가 중요하며 이것을 통상적으로 'QCD 관리'라고도 합니다.

프로세스의 품질관리는 다시 시장품질, 설계품질, 제조품질, 서비스품질, 사용품질로 구분되며 사용품질을 제외한 품질은 기업의 활동범위로 관리되는 영역인데, 최근에는 소비자들의 사용품질까지도 기업이 고려하고 제품에 반영해야 합니다. 기업은 이제 제조뿐만 아니라 판매 후 고객의 평가도 고려해야하는 골치 아픈 현실 속에 살고 있습니다.

3

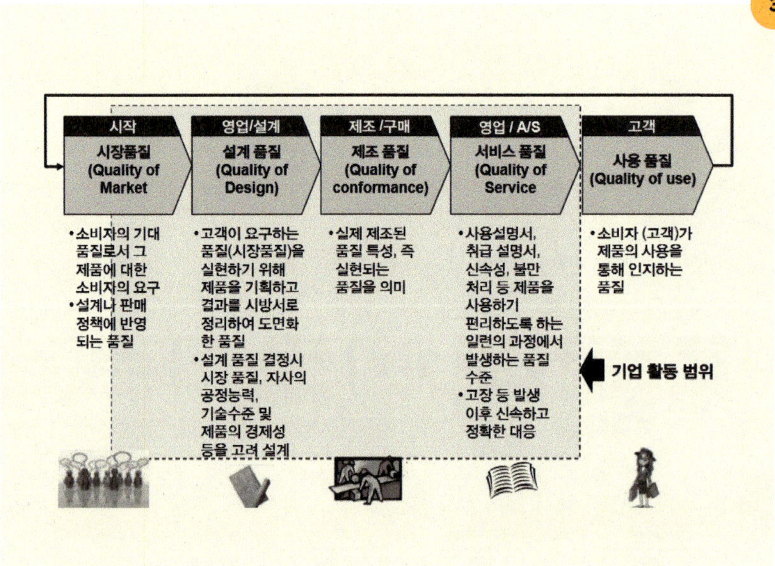

(1) 시장품질

시장품질은 소비자의 기대품질로서 제품에 대한 소비자의 직접적인 요구사항을 설계나 판매정책에 반영시키는 품질입니다. 이를 위해 기업은 소비자의 요구VOC, Voice of Customer를 세밀하게 조사하고 제품의 품질특성으로 반영시켜야 합니다. 이때 소비자의 요구조사는 겉으로 들어난 즉, 소비자가 직접 표현하는 것보다 말하지 않는 것에 주목해야 하고 소비자의 불만보다는 본질적인 필요성을 살펴보아야 합니다.

(2) 설계품질

설계품질은 시장품질로부터 제품과 서비스에 포함될 특성과 포함시키지 않을 특성[01]이 결정되면 제품 환경은 제조능력을 최적화할 수 있는 품질시방 Quality specification으로 정해집니다. 가격을 저렴하게 공급한다고 고객이 무조건 구매하지 않습니다. 반대로 품질을 높인다고 역시 무조건 구매하지는 않죠. 고객은 가격과 품질의 어느 적정한 지점에서 지갑을 열게 됩니다.

4

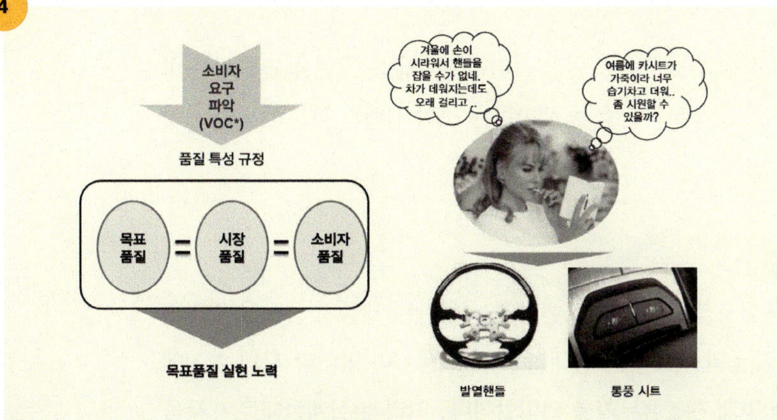

3
프로세스 품질관리 영역

4
시장품질

5
설계품질

5

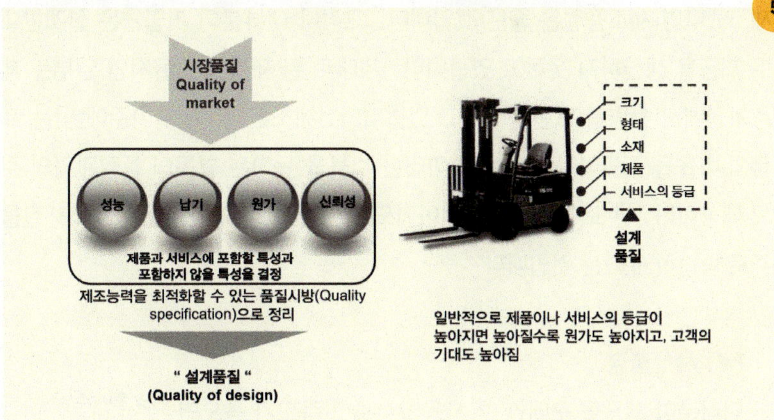

01 고객이 원한다고 해서 모두 제품으로 구현시키는 것은 아닙니다. 기술 트랜드, 기업의 제조역량, 경쟁사 동향 등 시장 환경에 따라 제외될 수 있습니다.

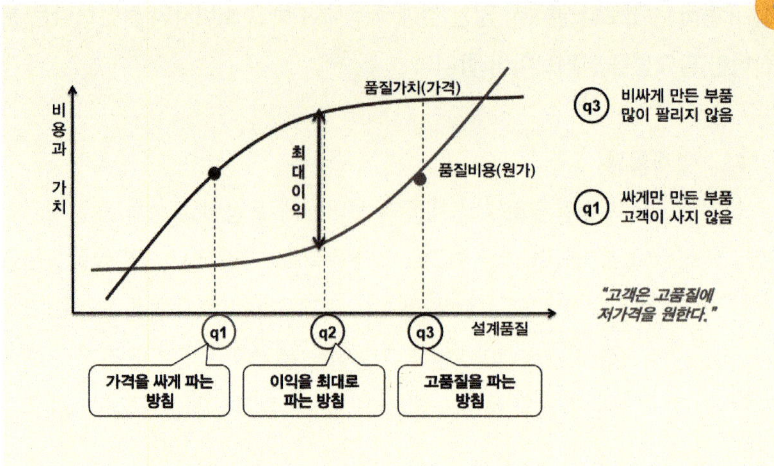

따라서 기업은 고품질과 낮은 제조원가 사이에 끊임없는 고민을 반복해야 하며 낮은 제조원가로 고품질의 제품을 생산하는 것이 기업의 경쟁력이 되는 것입니다.

(3) 제조품질

제조품질은 품질시방에 따라 제조현장에서 생산된 제품의 품질을 의미합니다. 즉, 경쟁 제품과 비교하는 상대적 의미의 품질이 아니라 자체 설계에 얼마나 충실하게 맞게 제조했는가를 의미합니다. 따라서 설계한대로 제품을 제조했다면 제조품질은 좋은 것입니다. 그러나 대부분의 기업들은 설계한대로 제품을 생산하지 못하고 있습니다. 제대로 된 제품을 만들지만 일부는 제조과정에서 불량품이 만들어지고 있습니다. 제조된 제품 중 기준에 맞는 제품의 비율을 수율이라고 하는데 이러한 수율을 높이는 활동이 품질관리의 주요 대상이며, 본 교재의 집필목적이기도 합니다. 즉, 여러분들은 제조품질을 주로 학습하게 되는 것입니다.

(4) 사용품질

여러분이 제품을 구매한 후 사용할수록 만족도가 높으면 예를 들어 수명이 오래 간다, 처음 품질처럼 상당기간 품질이 유지 된다 등과 같이 말입니다 여러분은 구매제품의 사용품질에 만족도가 높다고 할 수 있습니다. 사용품질이 높은 경우 중고제품

7

JD Power and Associate 평가 부문

1) Initial Quality Study (IQS) : 출시 100일이내 신차 대상 품질 결함 건수
2) Vehicle Dependability Study (VDS) 출고 3년 이후 품질 결함 건수
3) **Customer Satisfaction Index (CSI) 자동차 보유 2만명 대상 품질 및 서비스 만족도**
4) 4) Automotive Performance, Execution, and Layout Study (APEAL) 소비자 만족, 엔진/트랜스 미션, 승차감, 핸들링, 시트 등의 전반적 소비자 만족도 조사

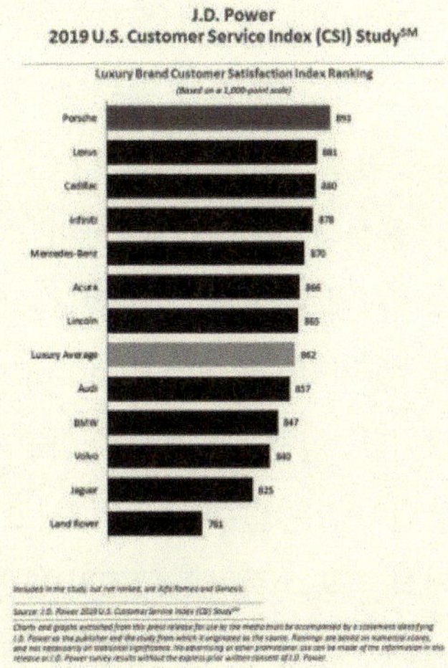

6 최대이익을 주는 품질과 가격

7 자동차분야 사용품질 평가 사례(JD Power and Associate)

으로 판매할 때도 높은 가격을 받을 수 있습니다. 이러한 사용품질은 소비자의 실제 사용에 의해 평가되는 품질로 최종적인 시장품질 형성에 중요한 영향을 줍니다.

우리나라도 경제가 폭발적으로 성장하던 시대가 있었습니다. 그때는 공급기업이 수요소비자를 따라가지 못해 기업이 제품을 만들면 팔리던 시절이었습니다. 품질이 좋으면 좋은 대로 나쁘면 나쁜 대로 판매가 되었었죠. 그러나 지금은 우리나라뿐만 아니라 전 세계가 저성장의 시대입니다. 왜 그럴까요? 많은 경제학자들이 공급과잉의 시대이기 때문이라고 합니다.[02] 이러한 시기에 소비자들의 수준은 갈수록 높아지고 품질에 대한 기준은 까다로워집니다. 상향평준화된 소비자들의 소득 수준과 글로벌 기업이 같은 제품을 전 세계에 동시에 공급할 수 있게 되면서 소비자들은 더 우수한 제품과 서비스를 원하게 되었습니다. 소득이 증가한 소비자들은 예전과 달리 값싼 제품만을 선호하지 않습니다. 비싸더라도 가격대비 품질을 따져 적정가격이라고 생각하면 기꺼이 고가의 가격을 지불하고 있죠. 소비자들은 가격보다는 우수하고, 신뢰성 있으며 오랜 기간 쓸 수 있는 제품에 지갑을 열고 있는 것입니다. 최근 급속도

02 나카지마 아쓰시 저/김웅철 역, "대과잉 시대가 온다", 매일경제신문사, 2018.

로 실생활에 적용되고 있는 인터넷 환경의 변화는 이러한 소비자들의 수요를 더욱 촉진합니다. 소비자들은 인터넷을 통해 원하는 제품의 정보를 쉽게 얻을 수 있으며 소비자들의 품평에 따라 제품[기업]의 성장과 몰락은 순식간에 벌어지는 것이 일상이 된 것입니다.

이때 품질에 대한 기업의 사회적 책임은 더욱 중요해집니다. 제조물 책임법과 소비자법 등이 법제화되었고, 소비자 피해를 발생시키는 기업은 경제적, 사회적, 법적 책임을 무겁게 져야하기 때문에 품질문제로 기업이 문을 닫을 수도 있습니다. 엎친 데 덮친 격이라고 할까요 품질을 일정수준 유지하려 노력하는 기업의 환경은 갈수록 열악해지고 있습니다. 제품은 갈수록 기능이 많아지며 전자식 부품의 증가로 구조가 복잡해지고 있는데 기업이 관리해야 할 부품의 종류나 수가 많아져 품질관리는 점점 더 어려워지고 있는 것입니다.

8

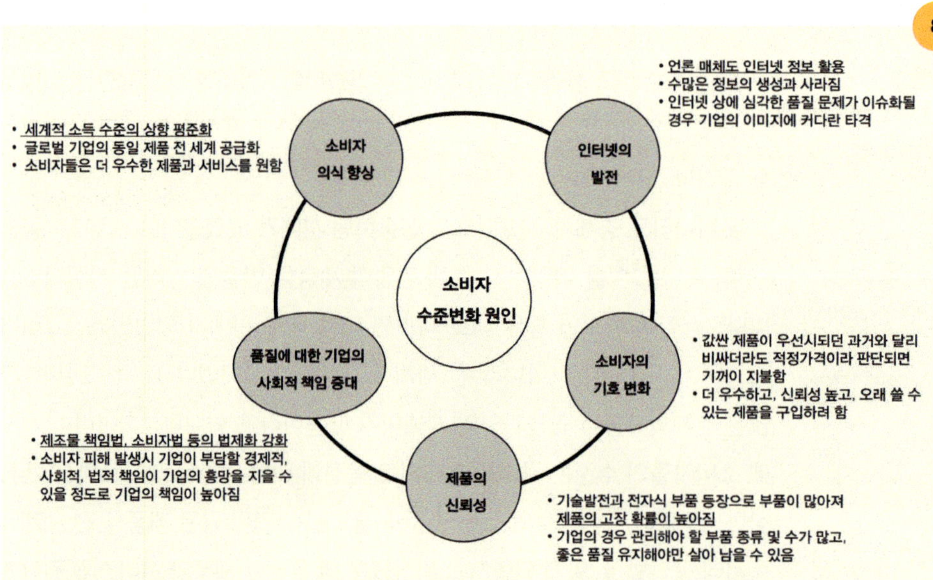

그런데 사용품질은 사용자가 평가하는 것이기 때문에 기업은 사용품질을 높이는 것도, 평가하는 것도 쉽지 않습니다. 사용품질을 평가할 때 카노[KANO] 분석은 유용합니다. 카노분석은 X축이 고객의 기대충족 정도를 나타내고, Y축은 고객만족도를 나타냅니다. 당연적 품질은 제품품질이 좋아져도 고객의 만족도가 향상되지 않는 품질입니다. 고객이 당연하다고 생각하기 때문입니

8
소비자
수준변화의
원인

9
카노(KANO)
분석

10
기업의
품질수준 목표

9

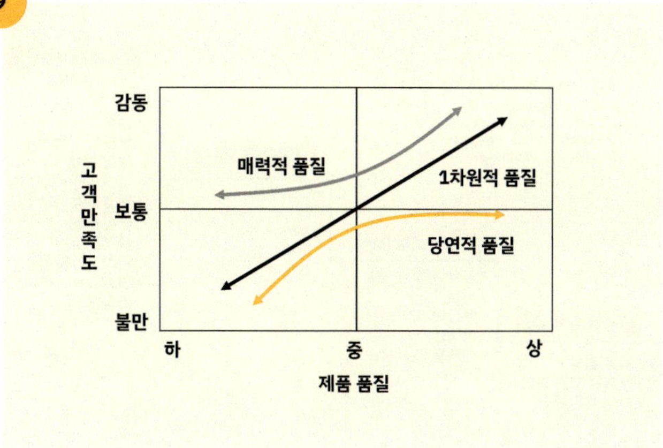

다. 예를 들어 자동차를 구입할 때 안전성은 당연적 품질입니다. 자동차의 안전성은 당연하다고 생각하는 것이죠. 1차원적 품질은 제품품질이 좋아지면 좋아질수록 만족도가 높아지는 품질입니다. TV 사이즈나 해상도가 여기에 해당될 수 있습니다. 소비자들이 TV의 사이즈가 커지거나 해상도가 높아질수록 만족도가 높아지기 때문입니다. 매력적 품질은 소비자들이 기대하지 않은, 미처 생각하지 못했던 품질을 말합니다. 사용자가 '이런 기능까지 있었어?' 또는 '이정도일 줄은 몰랐어!'라고 말할 수 있는 품질이죠. 저자는 휴대폰의 건강체크 애플리케이션application에 상당한 만족을 하고 있습니다. 건강체크 애플리케이션이 저자에겐 매력적 품질인 것이죠.

이러한 이유로 모든 기업들은 자사의 제품을 많이 판매하기 위해서 매력적 품질을 갖도록 개발자들을 독려합니다. 그래야만 사용품질이 높아지기 때문입니다. 그러나 이러한 매력적 품질도 일정 시간이 지나면 소비자들은 당연하다고 생각합니다. 매력적 품질이 당연적 품질로 변해버리는 것입니다. '소비자들의 변심은 무죄'라는 옛날 광고문구가 생각나는 대목입니다. 초기 전자제품의 블루투스 기능은 사용자들에게 분명 매력적 품질이었지만 지금은 너무나 당연한 당연적 품질이 되어 있습니다.

10

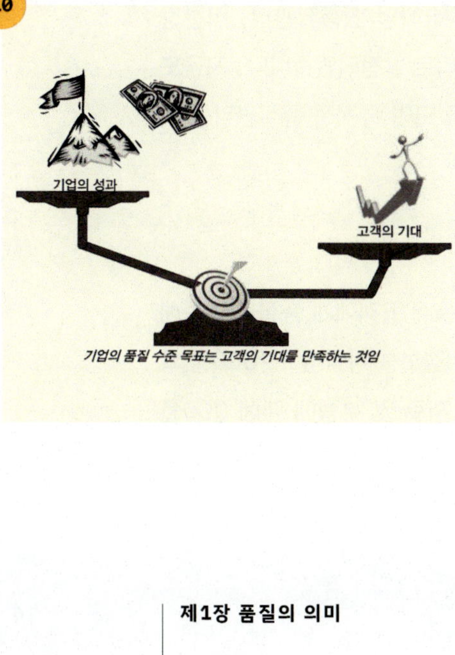

11

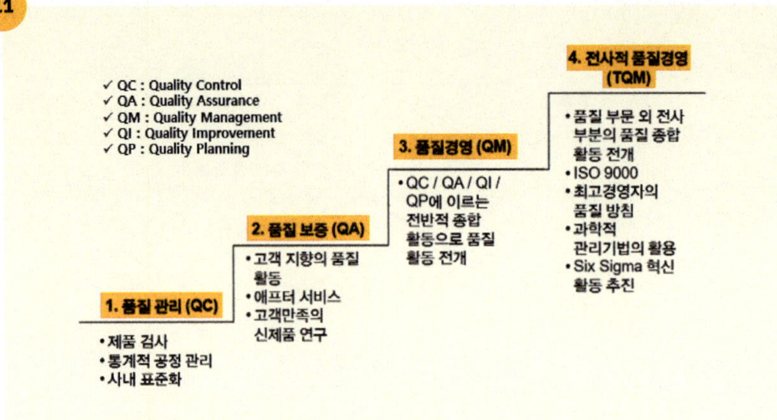

11 품질관리의 변화

12 품질관리(QC)

13 품질보증(QA)

따라서 기업은 지속적 성장을 위해 어떻게 해야 할까요? 여러분들이 생각해봐도 어떻게 해야 할지 너무나 분명해집니다. 바로 고객이 감동할 품질은 지속적으로 창출하는 것입니다.

제품을 검사하고 통계적 공정관리를 위한 기업 내 표준화를 하던 품질관리QC, Quality Control 활동은 기업 내 모든 활동을 종합적으로 관리하는 품질경영활동TQM, Total Quality Management으로 발전하고 있습니다. 여기서 중요하게 봐야할 것은 품질관리는 더 이상 제품에 국한되지 않는다는 것입니다. 즉, 제품과 제품을 직접적으로 생산하는 부서뿐만 아니라 기업의 모든 조직이 품질관리를 위한 활동을 전개하고 있습니다.

(1) 품질관리(QC)

품질관리는 산업화 이후 분업화가 진행되면서 작업자 품질관리, 직반장 품질관리, 검사 품질관리를 거쳐 통계적 품질관리로 발전되었습니다. 지금도 많은 중소기업에서는 품질관리 단계에 머물고 있으며 통계적 품질관리를 적용하지 않는 실정입니다.

(2) 품질보증(QA)

기업은 품질보증을 위한 활동과 품질관리를 통해 고객에게 품질을 보증해야 합니다. 이를 위해 제품기획 부서는 시장 품질정보를 파악하고, QCD를 확인합니다. 구매부서는 협력업체를 관리하면서 재료 및 부품에 대해 QCD를

12

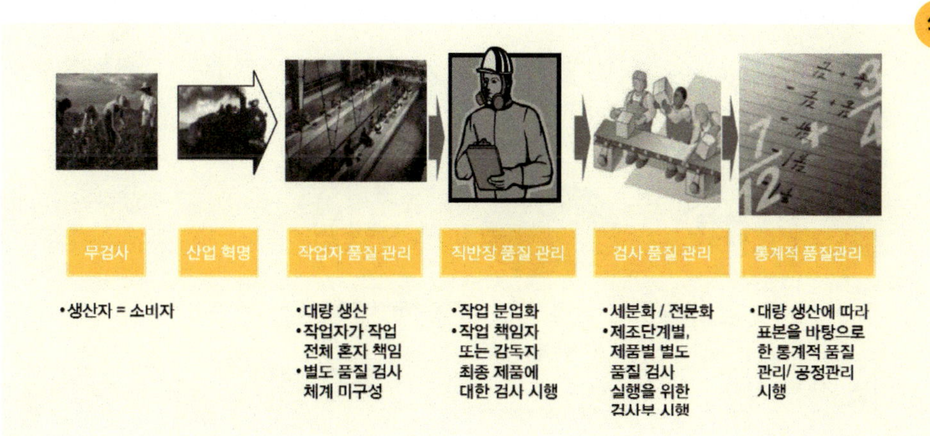

관리해야 합니다. 연구개발 부서에서는 관련 기술을 개발하고, 신뢰성을 확인하며, 생산부서는 공정능력을 유지·개선해야 합니다. 검사부서는 검사시험을 표준화에 따라 철저하게 수행해야 하고 판매서비스 부서는 사전 또는 사후 서비스를 담당합니다. 이와 같이 기업의 각 부서들은 고객이 만족하는 품질을 제공하기 위해 품질보증을 하는 것입니다.

13

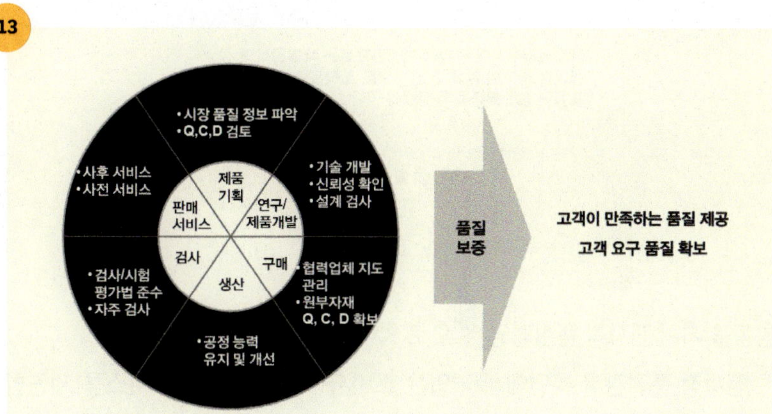

(3) 품질경영(QM)

제품의 품질관리가 기업의 명운을 결정하고, 품질관리는 기업 내 어느 한 부서의 업무가 아니라는 관점에서 기업은 품질방침, 목표 및 책임을 결정하고 실행하는 경영 전반에 걸쳐 모든 활동을 종합적으로 관리하는 품질경영QM

14

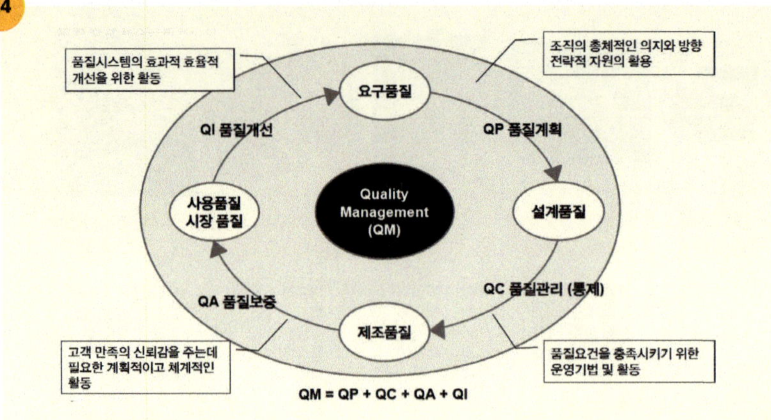

15

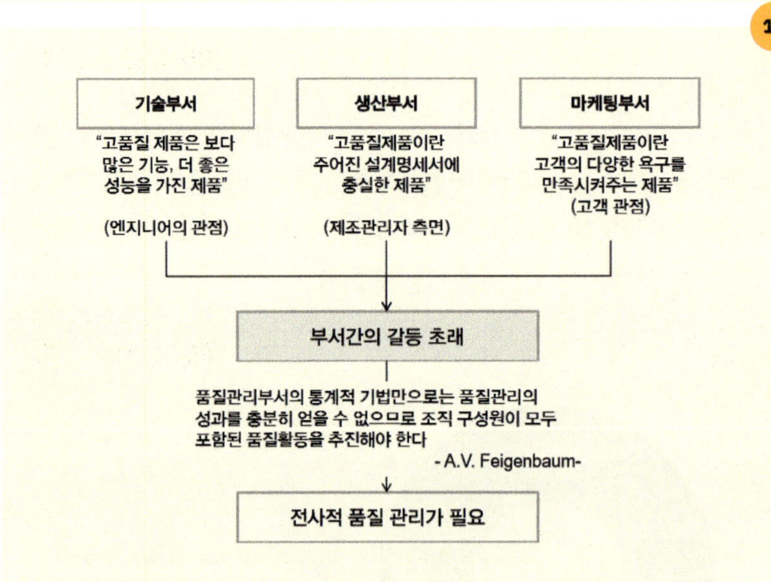

14 품질경영(QM)

15 전사적 품질관리(TQM)

활동을 거쳐 전사적 품질경영TQM으로 확대하고 있습니다.

전사적 품질관리 측면에서 기업은 소비자에게 제품이나 서비스를 제공할 때, 소비자가 원하는 수준의 품질을 유지해야 하며 고객이 원하는 요구를 충족시키기 위해 모든 프로세스에서 노력을 해야 합니다. 이때 제품이나 서비스의 품질관리를 위해 투입되는 모든 비용을 품질비용이라 하며 아래와 같이 분류할 수 있습니다.

1) 적합 비용 : 좋은 품질을 달성하기 위한 비용

– 예방 비용 : 품질계획비용, 제품설계비용, 공정비용, 훈련비용, 정보비용

– 평가 비용 : 검사, 시험비용, 검사장비 비용, 검사/시험에 필요한 작업비용

2) 부적합 비용 : 품질의 불량에 따른 비용

– 내부 실패비용 : 폐기비용, 재작업비용, 공정분석비용, 작업중단비용, 저급품 처리에 대한 비용

– 외부 실패비용 : 고객 불편 관련 비용, 반품비용, 보증처리비용, 제조자 책임에 따른 비용, 고객 상실에 따른 기회손실비용

3) 숨겨진 품질비용 : 숨겨진 품질 비용은 품질비용 중에서 눈에 잘 보이지 않고, 공식적으로 집계하기 어려운 비용으로 COPQ[Cost Of Poor Quality]라고 하며, 품질비용의 대부분을 차지합니다. 일반적으로 품질비용의 80% 이상이 숨겨진 품질비용에 속합니다. 숨겨진 품질비용으로는 긴 사이클 타임, 재고비용, 잉여 프로세스, 판매촉진비용, 초과물품, 고객충성도 상실, 과다한 계획, 부정확한 보고서, 판매계약 상실, 과잉 설비, 판매기회 상실 등이 있습니다. 기업이 회의 1시간이내하기, 보고서 1장하기, 정시 퇴근하기, 적정 재고물량 유지하기, 고객대상 이벤트 하기 등은 대표적인 COPQ를

16
숨겨진 품질비용 (COPQ)

16

줄이기 위한 활동입니다.

기업이 품질비용을 줄이기 위한 조치 중에 리콜Recall[03]이란 제도가 있습니다. 리콜은 제품에 대하여 수리를 받는 것이라고 생각하면 되는데 일반 수리와의 차이점은 리콜은 사전조치를 취한다는 것입니다. 일반 수리는 제품의 문제가 드러난 다음에 고치는 것이지만, 리콜은 문제가 드러나지는 않았지만 발생 가능성을 고려하여 제품을 수리해 주는 예방책과 같은 것입니다. 이러한 리콜은 크게 자발적 리콜과 리콜명령으로 나누어지는데 자발적 리콜은 제조업체 또는 유통 업체의 자발적인 시정 조치로 이루어지는 리콜이고, 리콜명령은 업체의 의사와는 상관없이 정부기관의 판단으로 리콜을 강제하는 것을 말합니다. 리콜을 하면 소비자는 잘못된 물건을 빨리 수리하거나 새 제품으로 바꾸어 안전하게 사용할 수 있지만 기업의 입장에서는 막대한 손해를 입습니다. 그렇다고 리콜을 안 할 수는 없죠. 왜냐하면 기업이 리콜에 주저한다는 인식을 주면 소비자의 신뢰도가 하락해 기업에 더 큰 손실을 끼칠 수 있기 때문입니다. 따라서 기업은 정부에서의 리콜명령이 내려지기 전에 자발적 리콜을 하여 당장의 비용을 감수하더라도 소비자에게 기업이 생산한 제품에 대해 책임을 다한다는 인식을 주어 기업의 이미지를 지키고 소비자 신뢰도를 높이는 것이 중요합니다. 소비자에게 좋은 이미지를 심어주는 것이 장기적으로 판매량의 증가로 이어지기 때문입니다. 그러나 아쉽게도 우리나라는 아직까지 자발적 리콜 사례가 거의 없습니다. 우리나라 기업의 제품 품질이 우수하거나 아니면 기업의 품질마인드가 부족하거나 일 텐데요. 여러분은 어떻게 생각하나요?

03 상품의 결함으로 인해 소비자가 생명, 신체상의 위해를 입거나 입을 우려가 있을 때 상품의 제조사(수입자)나 유통업자가 스스로 또는 정부의 명령에 의해 공개적으로 위해성을 알리고 해당 물품 등을 수거·파기·수리·교환·환급 또는 제조·수입·판매·제공을 금지하는 등의 적절한 시정 조치를 함으로써 위해 요인을 제거하는 소비자 보호 조치를 취하는 것을 말합니다. 외국은 리콜이 활발하게 진행되는데 우리나라는 기업들이 리콜에 상당히 인색하다는 인상을 받습니다. 아마도 우리나라에서는 리콜=품질불량이라는 오해가 깊기 때문이라고 생각합니다. 또한, 기업이 리콜비용을 충분히 지불할 준비가 덜 된 것일 수도 있습니다.

제2장

품질관리 실패사례

제1장에서 여러분들은 품질관리의 개념을 이해했으리라 생각합니다. 제1장의 내용을 요약해보면 품질관리는 기업의 성패를 가를 기업의 핵심역량이며 이것을 위해 제품 관련 부서뿐만 아니라 기업 내 모든 부서가 참여하는 전사적 품질관리TQM의 활동이 확산되고 있다는 것입니다. 제2장에서는 품질관리 실패로 기업이 어려움을 겪은 사례를 살펴볼 것입니다. 우리가 품질관리 실패사례를 살펴보는 것은 여러분들이 제1장에서 이해했던 품질관리의 중요성을 친숙한 제품 사례를 통해 다시 한번 확인하는 좋은 방법이기 때문입니다.

1 갤럭시노트7 출시

2 갤럭시노트7 발화

2.1 삼성전자 갤럭시노트7 발화 2016년

2016년 출시 당시 '스마트폰 사용자가 원하는 모든 것을 갖췄다'는 시장 평가로 상당한 매출이 기대되었던 삼성전자 갤럭시노트7은 출시되자마자 시장의 기대에 맞게 국내뿐 아니라 미국에서도 사전 예약판매 물량이 조기에 매진되는 등 판매량이 급증하였습니다. 그러나 출시된 직후인 8월 24일 인터넷 커뮤니티에 갤럭시노트7의 불탄 사진이 등장하였고, 삼성전자는 원인 조사에 착수하였습니다.

1

2

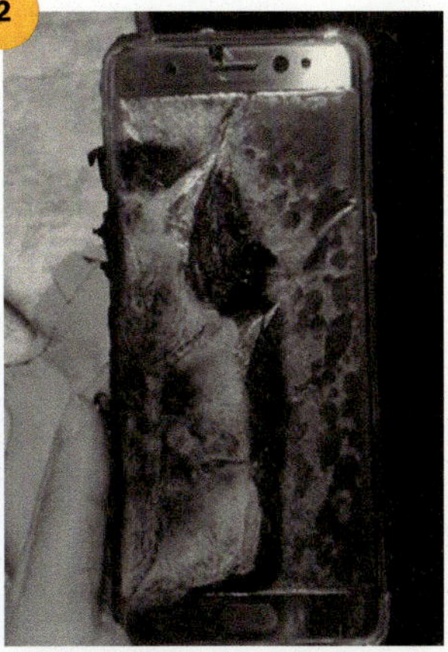

이후 진행된 갤럭시노트7의 사고처리는 다음과 같습니다.

일시	조치사항
8월 31일	삼성전자는 이동통신사 3사에 갤럭시노트7 입고 중단, 배터리 문제임을 공식 확인함
9월 1일	리콜권고 및 명령권한이 있는 국가기술표준원은 삼성에 갤럭시노트7 조사결과 보고 요청하였으나 삼성전자는 "배터리 전량 리콜 보도와 환불이나 신제품 교환은 불가능하다."고 발표함
9월 2일	삼성전자는 갤럭시노트7의 결함을 공식인정하며 "100만대 중 24대가 불량 수준이며, 원인은 배터리 셀 자체 이슈이다. 따라서 배터리 문제를 해결하는 동안 갤럭시노트는 판매중단하고 신제품으로 교환한다."라고 발표함

일시	조치사항
9월 8일	미국 연방항공청(FAA)은 갤럭시노트7을 항공기내에 사용하지 말 것을 권고함
9월 9일	미국 소비자제품안전위원회는 갤럭시노트7 전원을 끄고, 사용하지 말 것을 권고함
9월 10일	삼성전자는 갤럭시노트7 사용중단을 권고함
9월 15일	미국 소비자제품안전위원회는 갤럭시노트7의 공식 리콜을 결정함
9월 19일	갤럭시노트7의 국내 교환이 시작됨
9월 22일	교체된 갤럭시노트7에서도 배터리 급속방전 및 발열문제 발견됨
10월 1일	갤럭시노트7의 일반 판매가 재개됨
10월 10일	미국 이동통신사 AT&T와 T모바일은 갤럭시노트7 판매를 중단하겠다고 발표했고, 삼성전자는 갤럭시노트7의 생산 일시중단과 단종을 검토함
10월 11일	삼성전자는 갤럭시노트7의 판매 및 생산중단을 발표함

사고경과를 보면 알겠지만, 삼성전자도 처음에는 자발적 리콜에 주저했습니다. 사장에 품질불량이라는 오명을 주고, 막대한 개발비용을 회수하지 못하는 매출저하 때문일 것입니다. 그러나 미국의 소비자제품안전위원회는 리콜을 결정했고, 삼성전자는 리콜을 넘어서는 생산중단을 결정했습니다. 리콜되는 제품의 신뢰도 저하를 회복하는 것보다는 과감하게 단종을 하고 신제품을 새로 출시하는 것이 유리하다고 판단했기 때문입니다.

실제 삼성전자는 2016년 3분기 1차 리콜을 시작으로 생산중단, 교환·환불과 다양한 간접비용이 더해져 총 7조 원의 영업 손실을 기록했습니다. 보통 기업이라면 회사문을 닫을 정도의 엄청난 손실입니다. 그러나 막대한 금전적 손실과는 달리 삼성전자의 2016년 브랜드가치는 오히려 14% 증가한 518억 800만 달러를 기록했습니다. 왜일까요? 삼성전자는 지속적인 실적 성장 가능성과 주력 제품군에서 소비자중심의 서비스가 일상에서 쉽게 활용될 수 있는 시스템이 구축되어 있었고소비자 중심 서비스가 시스템적으로 운영되고 있다는 점이 중요합니다, 갤럭시노트7의 과감하고 신속한 리콜 결정이 '소비자의 안전을 최우선으로 한다'라는 인식을 주었고 그 결과 브랜드가치가 상승했다는 평가를 받았던 것입니다.

여기서 갤럭시노트7의 불량원인이 배터리에 기인했다는 것을 논하지는 않겠습니다. 여러분들이 쉽게 인터넷으로 찾아볼 수 있으니까요. 대신 품질불량에 대한 삼성전자의 대응을 살펴보겠습니다.

(1) 초기대응

본 사건이 공론화된 2016년 8월 24일 삼성전자는 해당 기기를 수거하여 원인규명을 진행하였고 결과를 발표하겠다는 빠른 대처를 보여주었습니다. 사건발생 초기 일각에서는 '조기출시 전략으로 인한 무리한 개발이 원인이 되지 않았는가', '리콜을 발표한 당일에도 여전히 갤럭시노트7이 판매되고 있었다.'라는 비판이 있었습니다. 하지만 글로벌 스마트폰 업계에서 처음으로 실시되는 전면 리콜이라는 점, 사업부를 맡은 사장이 직접 나서 제품의 결함에 대해 사과하고 향후 대책에 대해 발표했다는 점 등이 긍정적으로 작용하여 삼성 브랜드에 대한 신뢰도가 높아졌다는 평가를 받았습니다. 하지만 전면리콜에도 불구하고 9월 22일, 리콜 3일 만에 새로운 배터리 문제가 발견되었고, 삼성전자 측은 이에 대해 10월 10일 생산중단 및 글로벌 판매 중단을 선언하여 사실상의 단종 결정을 내리고 환불절차를 이행했습니다.

이후 삼성전자는 회수한 갤럭시노트7을 재생·재활용하였는데, 미개봉 제품과 미사용 부품을 활용하여 자원낭비를 최소화한 갤럭시노트 FE를 출시하고 나머지 부품들의 일부는 서비스 자재로 활용, 다시 나머지 부분을 매각하였습니다. 삼성전자는 이러한 재활용과정을 통해 부품 외에도 금, 은, 코발트, 구리 등 약 157 톤의 광물을 회수하였고, 이들을 적극 활용하여 영업 손실을 최소화하였습니다.

(2) 후기대처

사건 발생 약 4개월 후인 2017년 1월, 삼성전자는 갤럭시노트7과 같은 사태재발을 막고, 삼성제품이 안전하다는 것을 소비자에게 심어주기 위해 배터리뿐만 아니라 다른 부품에 대한 다중 안전장치를 마련하여 다음과 같은 세 가지 방법을 새롭게 도입하여 품질관리에 집중하였습니다.

① 8포인트 배터리 안전성 검사 도입

갤럭시노트7 불량원인인 배터리 내부문제를 확인할 수 있는 특수장비를 도입하고, 배터리와 완제품에 대한 대량 충방전 테스트, 사용자 실제 사용 환경을 고려한 가속시험을 강화하는 8포인트 배터리 안전성 검사 프로세스를 도입했습니다. 8포인트 배터리 안전성 검사의 핵심은 다음과 같습니다.

- 안전성 검사
- 배터리 외관 검사
- X-레이 검사
- 배터리 해체 검사
- 총휘발성유기화합물 검사
- 델타OCV
- 충방전 검사
- 사용자 조건 가속 시험

② 안전장치 다중화

삼성전자는 핵심부품 설계와 검증, 공정관리 등을 전담하는 부품 전담팀을 구성하고, 외부 전문가 영입을 확대하는 등 부품 개발 전문성을 강화했습니다. 문제의 배터리에 관하여 삼성전자는 배터리 실장공장을 추가 확보하고 소비자가 사용 중 제품을 떨어뜨리는 경우에도 배터리에 가해지는 물리적 충격을 최소화할 수 있도록 고려했습니다. 배터리의 안전설계 기준을 강화하고 충전온도와 전류, 충전 속도에 대한 더욱 안전한 알고리즘 적용 등 소프트웨어 보호 알고리즘 또한 강화했습니다.

③ 사람·기술·프로세스의 지속적 혁신

삼성전자는 "6시그마 같은 방법론은 특정 항목이나 영역을 개선해 성과를 내는 게 목표라서 간혹 결과값에만 치중하는 경우가 있다. 이 같은 방법론뿐만 아니라 인력 역량향상, 교육, 동기부여 같은 사람 분야, 효율적 업무 프로세스 개선 등이 어우러져야 품질을 높일 수 있다."라고 말하면서 사람·기술·프로세스의 지속적 혁신을 약속했습니다. 실제로 2017년 3월 삼성전자는 대표이사 직속의 글로벌 품질혁신실을 신설했습니다. 글로벌 품질혁신실은 스마트폰과 가전 전반의 제품 품질을 끌어올리기 위한 조직입니다.

이 시점에서 여러분들은 왜 삼성전자가 수많은 제품 중 하나인 갤럭시노트7의 품질불량에 이토록 많은 노력을 했는지 생각해 볼 필요가 있습니다. 먼저 휴대폰시장을 봐야합니다. 삼성전자는 휴대폰 분야에 애플이라는 강력한 경쟁사와 가격경쟁력을 앞세우는 중국의 경쟁사 사이에서 고군분투를 하고 있었습니다. 이때, 한순간의 실수는 급격한 판매저하를 불러오고 한 번 꺽인 판매량은 회복되기 힘들어 미래의 시장을 다시는 탈환할 수 없다는 절박감이 있었습니다. 당시 삼성전자는 세계 최대 시장인 중국에서 밀려나 가장 중요한 시장이 된 미국에서 소비자 신뢰를 잃어서는 안 된다고 판단하였던 것입니다. 따라서 삼성전자는 미국 소비자제품안전위원회 등 주요 국가 당국이 리콜 등 강제 조치에 나서기 전에 사전 협의를 통해 제품 판매를 중단함으로써 소비자 안전을 위한다는 명분과 더 이상의 악화를 막는 전략을 택했습니다. 더욱이 갤럭시노트7의 문제가 지속될 경우 차기작인 갤럭시S8의 발매 및 브랜드가치에 영향을 미치게 되기 때문에 조기 단종을 강행하였고, 막대한 손실을 감수하더라도 브랜드가치 하락을 막을 수 있었던 것입니다. 갤럭시노트7 리콜은 단순하게 스마트폰 모델에 대한 문제가 아니라 삼성이라는 글로벌 브랜드 전체에 큰 영향을 주기 때문입니다.

2.2 도요타자동차 대규모 리콜 사태 2009년

2007년 세계 1위 판매량을 달성한 일본의 도요타자동차는 세계 최고의 품질관리를 바탕으로 미국인들이 가장 사고 싶어 하는 브랜드입니다. 가격은 합리적인데 내구성이 너무 좋다는 것이죠. 한마디로 가성비가 최고라는 것입니다. 도요타자동차에는 TPS[01]라는 생산 프로세스가 있습니다. TPS는 제1장에서 학습한 전형적인 COPQ에 해당되는 것입니다. 도요타자동차는 COPQ를 최소화하는 생산 프로세스를 실현시켜 세계 1위 자동차 제조사가 되었습니다.

01 Toyota Production System의 약어로 자동차의 왕이라 불리는 포드사의 설립자 헨리 포드의 대량 생산 시스템을 일본에선 적용할 수 없다는 도요타의 판단으로 적시생산과 자동화의 개념을 도출하고 구축한 도요타자동차의 자체적인 생산기술 및 운영체제입니다. 본질적으로 7가지 낭비의 제거를 목적으로 하는 생산기술이며 낭비의 제거가 주축이 되는 만큼 원가의 절감이 시스템의 핵심입니다. 7가지 낭비는 ①불량의 낭비 ②재고의 낭비 ③과잉생산의 낭비 ④가공의 낭비 ⑤동작의 낭비 ⑥운반의 낭비 ⑦대기의 낭비입니다.

(1) 리콜의 원인

도요타자동차는 격화되는 자동차시장에서 1위를 고수하기 위해 원천 경쟁력으로 고수해온 엄격한 품질관리보다는 원가절감을 통한 가격경쟁력 강화전략에 집중하기 시작했습니다. '저가격의 상대적 고품질'로 대표되는 경쟁 업체들의 추격에 도요타자동차는 2000년 이후 해외 생산기지를 확대하였습니다. 이것은 과거 일본 내 부품업체들로 구축된 생산 및 부품조달을 글로벌 차원으로 확대하는 과정이었고 여기에 품질관리 체계에 허점이 생겼습니다. 자율적이고 자주적인 품질관리를 통한 원가절감인 자동화 개념이 포함된 도요타자동차의 TPS는 급격하게 늘어난 해외 생산라인에 완벽하게 적용되지 못했던 것입니다. 단가인하를 위해 공조체제가 구축되지 않은 현지의 신규업체와 거래를 하며 품질관리의 감독을 현지 직원이나 납품처에 위임하는 등의 모습을 보였으며 실제로 문제가 생긴 가속페달의 생산업체는 미국 기업이었습니다. 도요타자동차는 원가절감을 위한 해외생산을 무리하게 확대함으로 공급망Supply chain과 관리감독을 담당하는 인력자원 등에 과부하와 더불어 결국 부품공급에 차질이 발생했습니다.

이러한 이유로 인해 도요타자동차는 공급받은 부품에 치명적 품질문제가 발생하였고 2009년 8월부터 2010년 2월까지 약 1,000 만대의 자동차를 리콜하게 되었습니다.

시기	원인	리콜 대상지역	생산지	규모
2009년 8월	바닥매트의 가속페달 걸림현상으로 가속지속에 따른 사망사고 발생	북미	생산지에 상관없이 북미지역 판매차에 한정	540 만대 이상
2010년 1월	결빙 후 가속페달 관련 부품의 흡착으로 페달의 되돌아옴 저해	미국, 유럽, 중국, 중동 등	북미지역에서 생산	440 만대 이상
2010년 2월	저속 요철 주행 시 일시적인 브레이크 가동 불능	전 세계 60개 지역	일본에서 생산	43 만대 이상

(2) 리콜의 영향

도요타자동차는 부품결함에 의한 리콜을 진행하면서 소송비용 등으로

3

3
도요타 엑셀레이터 불량을 풍자한 만평

1000억 엔, 이미지 손실로 인한 판매부진으로 800억 엔의 손실을 입었다고 추산했습니다. 자체적 추산만으로도 약 2조 엔에 달하는 손실인데, 미국 월스트리트 저널은 전문기관의 분석을 인용해 최소 50억 달러[당시 환율로 약 5.5조 원]으로 손실액을 추산했습니다. 이뿐만이 아닙니다. 리콜로 도요타자동차의 주가는 2009년 1월 21일 4,190엔에서 2월 4일 3,195엔으로 곤두박질치며 시가총액이 단 2주 만에 3조 엔[약 30조 원]이 증발하게 되었습니다. 눈에 보이는 이러한 막대한 금전적 손실액보다 도요타자동차가 더욱 뼈아프게 생각한 손실은 어렵게 쌓아 올린 소비자들의 신뢰가 무너진 것입니다. 당시 언론들은 도요타자동차 측의 책임을 회피하려는 태도와 늦은 초기대응에 맹렬한 비난을 쏟아내었고, 경쟁사들은 도요타자동차에 등을 돌린 소비자를 잡기 위해 1,000달러 보상 서비스를 제공하는 등 공격적인 마케팅을 감행하며 도요타자동차의 신뢰저하를 더욱 가속화시켰습니다. 결국 2010년 1월 당시 도요타자동차의 미국시장 점유율은 전년 동월 대비 3.7 % 하락한 14.2 %로 마감하며 소비자들의 신뢰하락을 수치로 보여주게 되었습니다.

도요타자동차에 대한 고객의 신뢰저하는 브랜드 이미지에 심각한 타격을 주었습니다. 1937년 설립되어 2009년에 이르기까지 도요타자동차는 1949년 패전으로 인한 한 번의 경영위기를 제외하고는 흔들림이 없는 기업이었습니다. 1970년대 석유 파동을 겪으며 연비가 좋고 싼 가격의 차량이 인기를 끌며 폭발적으로 판매량이 증가했고, 그 당시 저렴한 가격에 믿음이 가는 차량을 생산한다는 이미지는 빠르게 퍼져나갔고 대규모 리콜사태 전까지는 아무도 이에 대해 의심하지 않았었습니다. 2007년 1분기 실적 전 세계 1위 매출을 달성한 도요타자동차의 브랜드 이미지는 2009년 대규모 리콜과 함께 무너져 버렸습니다. 매출 1위 달성기업이 단 2년 만에 결함을 방치하고 숨겼던 차량으로 이미지가 추락했던 것입니다. 도요타자동차의 세계판매량은 2009년 최저점을 찍고 꾸준히 상승했지만, 2019년 기준으로 세계 3위에 랭크되어 세계 1위를 여전히 회복하지 못하고 있습니다.

4 도요타자동차 년 도별 매출 및 영업실적 (출처: 신한금융투자)

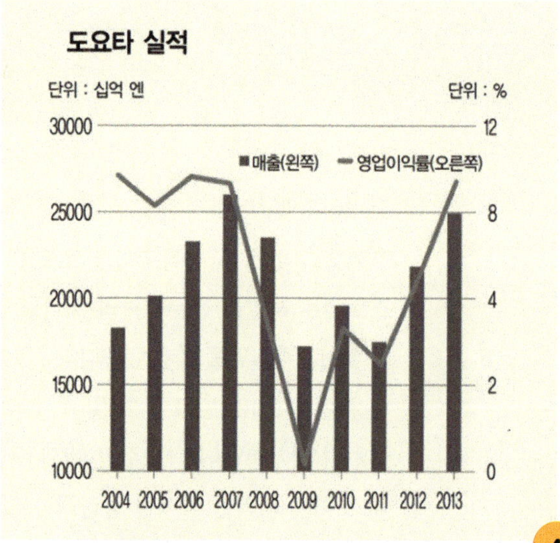

4

앞서 살펴본 삼성전자 갤럭시 노트7의 대응은 어쩌면 도요타자동차의 대규모 리콜사태를 참고한 대응일 수도 있습니다. 오랜 기간 쌓아 올린 기업의 명성도 고객의 신뢰를 잃는 순간 한순간 무너질 수 있고, 회복하는데 상당한 기간이 필요하고 어쩌면 영원히 시장에서 퇴출될 수도 있기 때문입니다.

삼성전자와 도요타자동차는 어찌되었든 위기를 극복하고 살아남아 여전히 세계최고의 기업으로 군림하고 있습니다. 신속한 대응과 함께 회생할 수 있는 세계 최고수준의 기술력이 있었기 때문이라고 생각합니다. 다음은 관련 분야 최고의 회사였으나 품질불량으로 회사가 파산한 경우를 살펴보겠습니다. 품질관리의 중요성을 더욱 절실하게 느낄 수 있을 것입니다.

2.3 타카타 에어백 리콜 사태 2013년

"80년 역사의 장인정신, 생명을 지키는 No.1 기업, Our Mission,

Your Safety"라는 표어를 내걸고 자동차 안전 용품을 생산하는 기업이었습니다. 타카타는 1933년 창업자 타카다 다케조가 일본 시가현에서 낙하산 구명줄과 섬유제품을 생산하는 업체로 시작했는데, 이후 타카타는 제2차 세계대전 당시 일본군에 낙하산을 제작, 공급하는 군수업체로서 급성장하게 되었습니다. 전쟁이 끝나고 1960년대부터 타카타사는 일본 자동차 업체들에 안전벨트를 제작, 공급하는 회사로 업종을 전환하고, 본격적인 에어백 개발을 시작했습니다. 군수품 제조공장을 민수용으로 전환하면서 이 회사는 세계 최초로 안전벨트를 테스트하기 위한 충격시험시설을 설치하는 등 기술력을 인정받았고, 미국과 한국에도 현지공장을 세우는 등 승승장구하게 되었죠. 1973년 일본 업체로는 처음으로 미국 교통안전국[NHTSA]의 충격시험에서 합격해 에어백의 해외수출에도 성공하는 등 타카타는 에어백과 안전벨트, 카시트 시장에서 세계적인 대기업으로 성장하였습니다. 특히 에어백 부문에서 세계 3대 메이커 중 하나로 꼽히며, 2016년에는 매출 6,600억 엔[약 6.7조 원], 종업원이 4.6만 명, 시장점유율이 17.2%로 세계 2위를 차지했습니다.

그러나 기술력으로 세계 최고의 에어백을 제조하던 타카타는 품질관리에 실패하고 '죽음의 에어백'이란 오명을 회복하지 못하고 끝내 2017년 파산을 했습니다. 파산 당시 부채 총액이 1조 엔[약 10조 2000억 원]을 넘었는데 일본 제조업체로는 제2차 세계대전 이후 최대 규모의 파산이었습니다. 타카타 에어백 결함으로 숨진 사람은 전 세계적으로 17명이나 되고 잘못된 초기 대응으로 리콜 대상이 된 자동차 수는 약 1억 대였습니다. 2017년 3월 당시 타카타의 부채는 3,800억 엔[약 3.9조 원]이지만 리콜 비용을 포함하면 1조 엔[약 10조 원]을 넘을 것으로 예상되었습니다.

그럼 타카타의 품질관리 실패 원인을 살펴보겠습니다.

(1) 경비절감만을 고려한 위험의 외면

에어백은 충격을 받으면 에어백 분사제가 폭발하면서 전개되는데 기존에 에어백 분사제로 사용하던 것이 테트라졸이라는 물질이었습니다. 타카타사는 이 테트라졸을 대체하기 위해 질산염 암모늄을 사용하였는데 이 질산염암모늄은 상업용 폭약에 사용되는 것으로 이것을 이용하면 분사제의 크기도 줄일 수 있고 비용도 10분의 1로 크게 절감할 수 있었기 때문입니다. 그러나 질산염암모늄은 물과 습기가 많을 경우 폭발성이 급격히 빨라지는 단점이 있어 타카타의 기술진은 이 물질의 사용을 반대했었습니다. 그러나 회장은 이러한 단점을 고려하지 않았고 결국 경영진의 판단으로 경비절감만을 고려해 이 물질을 적용했던 것입니다.

(2) 부품 모듈화와 공용화로 결함파급 확산

개발비 및 원가절감과 부품활용도를 높이기 위한 플랫폼 단일화와 부품 공용화도 피해를 키우는 요인으로 작용했습니다. 모듈화란 기능별, 조립영역별로 부품을 결합해 하나의 더 큰 단위로 만드는 것을 말하는데 사실 모듈화는 많은 장점이 있습니다. 우선 설계부터 생산, 조립, 검사, 판매 등 완성차 업체 한 곳이 담당하던 업무를 모듈 생산업체가 분담하게 되면서 완성차 업체의 부담을 줄여줍니다. 조직이 작아지고 생산단계가 축소되며, 모듈 부품기능을 통합해 부품 수를 크게 줄일 수 있어모듈화를 하면 부품수를 30~40% 까지 줄일 수 있다고 합니다 원가절감 효과가 있고 가격대비 품질 경쟁력은 35%가 높아지는 것으로 알려져 있습니다. 더욱이 한 업체가 특정 부분의 모듈화를 전담하면서 업체의 전문성은 높아집니다. 또한 완성차 생산라인 사정에 맞게 모듈을 생산함으로써 재고비용도 줄일 수 있습니다. 그러나 모듈화에 따른 부품공용화가 늘어날수록 한 부품에 결함이 발생하면 파급력은 커질 수밖에 없습니다. 즉, 모듈화는 생산원가 절감에는 도움이 되지만 품질에 문제가 발생했을 때 피해 규모가 급증하는 문제가 있었던 것입니다.

(3) 소극적 대처 및 결함 은폐

타카타는 2004년 처음 에어백 결함이 발견된 이후 소극적으로 대처하며 문제를 키웠습니다. 문제가 된 타카타의 에어백은 에어백을 부풀게 하는 인플레이터라는 장치에서 발생한 금속 파편이 운전자에게 날아가는 결함이 발견됐는데, 타카타는 2000년경부터 제품결함을 알았지만 사고 후에도 "원인이 확실하지 않다"며 계속 제품을 판매했습니다. 2014년 혼다가 "원인은 제쳐놓고 일단 문제를 수습하자"며 미국에서 전면 리콜을 선언했을 때도 "원인규명이 먼저"라며 거부해 큰 비판을 받았었습니다. 결국 2017년 1월 미국 법무부는 다카타가 에어백 결함을 알고도 은폐했다며 유죄를 인정했다고 밝혔습니다. 이때 타카타는 형사상 책임을 인정하고 10억 달러[약 1조 1400억 원]의 벌금을 내기로 합의했고, 미국 검찰은 자동차에 장착되는 에어백 팽창장치에 치명적 결함이 있음을 알고도 이를 숨긴 혐의로 다카타 전직 직원 3명을 기소했습니다. 타카타는 안전을 위한 에어백을 만들면서도 에어백이 치명적인 위험을 안길 수 있다는 사실을 끝까지 숨기려 했으나 더 이상 숨길 수가 없었습니다.

2.4 BMW 리콜 사태[2015년]

고급 자동차의 대명사인 독일 BMW社는 누구나 소유하고 싶은 자동차로 뛰어난 성능과 디자인으로 유명합니다. BMW는 2000년대 중반, 독일 엔진연구소에서 주력 신형모델 중형 520d의 양산형 모델을 제작하면서 엔진의 고성능이 유지되면서 다양한 역할이 동시 수행되는 설계에 골몰하고 있었습니다. 당시 BMW는 높아지는 환경기준을 맞추기 위한 매연 저감장치인 DPF[02]와 배기가스 재순환장치인 EGR[03] 개발에 많은 노력을 기울였습니다. BMW는 고성능 엔진에 자신이 있던 만큼 배기량 2,000cc급에서도 두 장치의 기능이 원활하게 작동되도록 설계를 하였습니다.

이때 "DPF와 EGR 두 장치가 엔진에 무리가 갈 수 있다"는 내부 엔지니어들의 의견도 있었지만 경영진은 BMW의 우수한 엔진설계의 자신감으로 동시에 적용하기로 결정을 하였습니다. 특히 전통적인 질소산화물 저감장치인 EGR의 작동은 부품사의 의견을 반영하여 기능성에 초점을 두고 결정되었습니다. BMW는 EGR에 유입되는 배가가스의 열을 식히기 위한 쿨러의 기능적 역할보다 콤팩트한 고성능 엔진과 협소한 엔진 공간 등 다양한 조건을 고려하여 다른 메이커 대비 유입되는 냉각수의 용량을 작게 하였는데, 이렇게 한 것은 "원활한 동작에는 무리가 없다"는 엔진설계 엔지니어의 의견은 결정적이었습니다. 이 당시 일부 전문가들은 "여유 설계가 약한 만큼 작은 변수에도

---

02 매연여과장치(DPF, Diesel Particulate Filter trap)로 디젤엔진의 배기가스 중 발생하는 입자상물질(PM)을 촉매필터에 포집한 후 일정한 조건에서 PM의 발화온도인 550°C 이상으로 배기가스의 온도를 높여서 제거하게 됩니다.

03 배기가스 재순환 장치(EGR, Exhaust Gas Recirculation)은 유럽 디젤엔진 오염물질 배출 기준(유로 6)을 달성하기 위해서 도입된 장치로 질소산화물 저감을 목적으로 설계되어 배기가스를 깨끗하게 하고 연비를 향상시키는 기능을 합니다.

EGR 작동에 무리가 갈 수 있다"는 의견을 내었지만 괜찮다는 전문가의 의견과 다수의 동의에 그들의 소수의견은 묻히고 말았습니다.

이와 같은 BMW 엔진설계의 문제점이 미래의 '리콜'사태의 원인이 되고 있었지만 BMW의 디젤엔진은 '클린 디젤엔진'이라는 미명하에 큰 위력을 떨쳤고, 2010년 이후 대한민국 수입자동차 시장에서 독일 4사가 최대 70 %가 넘는 수입차 점유율을 기록하였습니다. 그러나 2015년 9월 미국에서 폭스바겐의 디젤게이트 사건으로 폭스바겐 그룹은 천문학적 배상금을 지불해야하는 사건이 발생했습니다. 당시 한국에서는 당시 EGR의 기능적 작동과 조작 여부 문제로 폭스바겐과 아우디 차량에 큰 벌금을 매기고 강제 리콜결정을 내렸습니다. 동시에 국내외 차종에 대한 EGR의 기능과 배출가스 조사를 전격 조사하였는데 국내외 EGR를 통한 질소산화물 저감시험에서 유일하게 허용기준을 통과한 차종이 바로 BMW 520d이었습니다. 이러한 조사결과가 이후 벌어지는 차량화재 사고의 원인이라는 것은 많은 시간이 지난 후 밝혀졌습니다.

(1) BMW 차량화재 사고

2016년 당시 대한민국의 연간 자동차 화재건수는 약 5천 건 내외로 하루에 약 13~14건 정도가 발생하는 정도였습니다. 결코 적지 않은 발생빈도이지만 당시 자동차 화재가 발생하면 자동차결함이라기 보다는 운전자나 소유자의 관리과실로 인식되고 있었습니다. 따라서 BMW 차종에서 발생하는 화재도 사용자 부주의로 처리되고 있었죠. 그러나 이미 유럽에서는 BMW 520d 모델 등 다양한 디젤승용 모델을 중심으로 몇 건의 화재를 통하여 EGR 관련 품질불량일 수 있다는 인식이 지속적으로 제기되고 있던 시기였습니다. 따라서 독일 본사에서는 화재원인에 대한 원인파악과 대책을 논의하게 있었고 마침내 문제의 심각성을 인지하고 내부적으로 원인파악과 조치방법에 대한 논의를 본격적으로 하게 되었습니다.

국내에 시판 중인 BMW 차량에서 화재가 끊임없이 발생하자 마침내 2017년 초 환경부는 EGR 문제로 자발적 리콜을 하겠다는 신고서를 접수하였습니다. 2018년 여름에 BMW 520d 모델의 화재가 급증하기 시작하였습니다. 무려 3일 동안 5건의 520d 모델이 전소되는 사고가 발생하였던 것입니다. 사안의 심각성을 느낀 BMW 코리아는 2012년부터 2015년까지 42개 디젤

5

BMW 리콜 대상 및 비용

대상 차량	리콜 내용	총 비용	대당 비용
520d 등 1만3037대	EGR 쿨러	37억3000만원	28만6000원
120d 등 3만6068대	EGR 밸브	51억7000만원	14만3000원
640d xDrive Gran Coupe 등 2412대	EGR 쿨러	8억8400만원	36만6000원
118d 등 2215대	ECU 소프트웨어 업데이트	1억원	4만5000원

5
리콜 비용
(출처 : 환경부)

차종 10만 여대의 자발적 리콜을 발표하고 긴급점검과 8월 후반부터의 리콜계획을 발표하였습니다.

한편 독일의 BMW 본사는 기술진을 파견하고 EGR 쿨러의 하드웨어적 불량으로 인한 냉각수 누수가 원인이 되어 찌꺼기와 혼합된 오일 등이 화재원인이라고 발표하면서 부품교체로 리콜은 완수하게 된다고 발표하였습니다. 2018년 7월 27일부터 문제가 된 차량의 자발적 리콜이 실시되어 520d는 35,115대, 320d는 14,108 대, 520d X드라이브는 12,377 대를 리콜조치가 되었습니다. 그러나 BMW 코리아가 EGR 문제는 결함시정계획서에 보고했으면서도 모듈 전체를 교체하지 않고 일부 부품, 또는 소프트웨어만 업데이트하는 제한적 리콜을 한 것으로 드러났고 결과적으로 리콜을 받은 차량에서도 화재가 발생하는 사고가 발생했습니다.

(2) BMW 품질관리 실패 원인

① 원가절감

자동차의 디젤엔진은 매연과 질소산화물을 모두 잡아야 합니다. 그러기 위해서는 매연은 DPF의 장착으로 해결하지만 질소산화물은 EGR과 SCR[04] 중 하나를 사용해야 하는데 SCR은 엔진설계도 바꾸어야 하고 비용도 비싸 선호하지 않는 편입니다. 따라서 대부분의 디젤엔진 제조사는 EGR을 부착하는 실정입니다. EGR 파이프는 배기량이 높은 만큼 상당한 고온의 배기가스를

04 EURO 4 이후 규격에는 오염물질을 더욱 적극적으로 제거하기 위한 방법을 쓰기 시작했는데, 대표적인 추세가 SCR과 EGR, 그리고 DPF 입니다. 이 중 SCR과 EGR은 질소산화물에 대응하는 것이며, DPF는 미세먼지에 대응하는 것입니다. SCR은 처음부터 연료의 완전연소를 추구하며 화학적인 방법으로 오염물질을 무해화하는 방법이며, EGR과 DPF는 엔진의 개량 없이 오염물질을 포집하고 태워 무해화하는 방법입니다.

견뎌야 하기에 대부분 주철이나 알루미늄 등 불연성 재질로 만들어야 하는데 최근에는 원가절감과 중량 감소를 목적으로 플라스틱 재질[가연성]로 만드는 추세라 화재의 위험성이 증가하고 있습니다.

② 잘못된 설계

일반적인 디젤 자동차엔진은 배기가스가 쿨러에서 1차 냉각된 뒤 EGR을 통과하도록 설계돼 있으나 BMW의 엔진은 이 위치가 서로 반대로 되어 있어서 화재가 발생하기 쉬웠습니다, BMW 차량은 '고온의 배기가스가 쿨러를 거치지 않고 EGR로 직행하기 때문에 EGR의 고장 가능성이 높아진다'는 전문가의 의견도 있습니다. 그렇게 되면 EGR이 고장 나고 밸브가 열린 상태로 고착되면 배기가스에 함유된 찌꺼기가 흡기 다기관에 쌓이고 찌꺼기에 불이 붙기 쉬워지는 것이죠. 다른 디젤 자동차들은 보통 EGR 쿨러 → 밸브 → 흡기 다기관의 순서로 되어 있지만, BMW 자동차는 밸브 → 쿨러 → 흡기 다기관의 순서로 배열돼 밸브가 800°C 이상의 고온의 배기가스를 그대로 흡수하면서 고장 가능성이 높아진 것입니다.

③ 고장원인 판단 실수

BMW 측은 화재원인으로 EGR 쿨러에서 흘러나온 냉각수 문제를 꼽았습니다. 그러나 리콜대상이 아닌 차량이나 안전점검을 받은 차량에서도 화재가 발생하여 일부 전문가들은 다른 원인을 제시하기도 했습니다. 그들은 배기가스 밸브문제가 원인이라고도 하였으며 제어 소프트웨어의 이상 작동도 원인이 될 수 있다고 했습니다. 즉, 화재를 일으킨 다양한 원인이 있을 수 있으나 한정된 원인만을 제시하고 해결책을 찾고 있었던 것입니다.

④ 사후관리 미흡

대량 리콜사태가 발생하기 전 몇 년간 화재가능성이 제기되고 있었으나 회사는 선제적 대응에 나서지 않았습니다. 리콜조치 이후에도 화재원인 규명과 적극적인 조치는 취해지지 않았습니다. 소비자들의 여론이 걷잡을 수 없을 만큼 악화된 후 회사는 공식사과를 하였으나 이미 소비자들은 BMW에 대한 신뢰를 거둔 상태였습니다.

(3) BMW 품질관리 실패의 영향

EGR을 장착한 차량화재 관련한 차종에 대하여 리콜을 시행하면서 106,317 대의 차량을 리콜하면서 BMW는 3년 만에 국내에서 점유율이 20% 밑으로 떨어졌고, 매출액은 16.6% 감소, 판매량은 15.3%가 감소하였으며 2018년에만 약 4,773억 원의 영업손실을 기록했습니다. 이러한 영업손실은 BMW 코리아가 한국에서 7년간 판매한 실적과 비슷하니 피해규모가 대단히 큰 것이었습니다. 또한 화재 및 리콜대응 비용인 품질보증충당부채전입액이 3,056억 원, 고객서비스 비용은 1,403억 원으로 무려 11배나 증가하였습니다. 이뿐만이 아닙니다. 판매부진 탓에 재고도 크게 늘어 재고액은 2,860억 원으로 67%나 급증하였습니다.

무엇보다 가장 뼈아픈 부분은 브랜드 이미지의 타격입니다. 브랜드가치 평가회사인 브랜드스탁에서는 BMW의 브랜드 평가지수를 전보다 66.6포인트나 떨어뜨리면서 2009년부터 수입차 부문에서 줄곧 1위였던 BMW는 4위로 추락하였습니다.

6

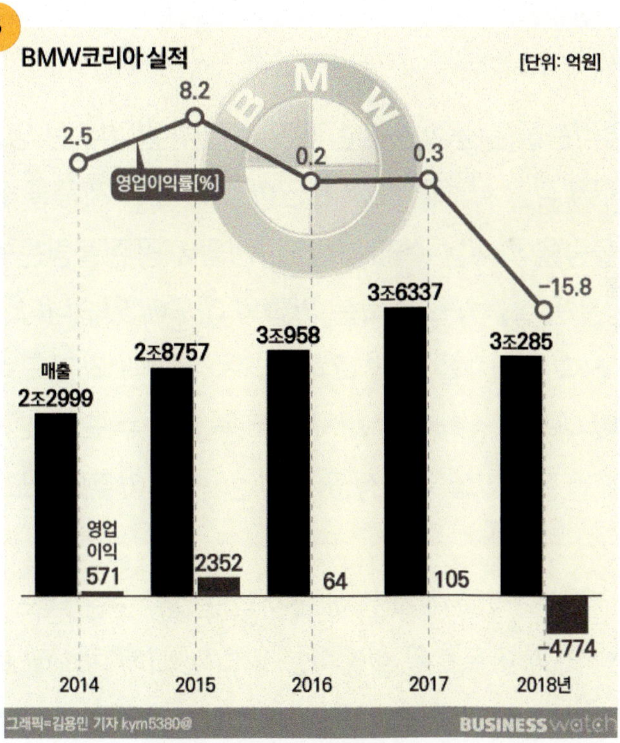

6 리콜사태로 인한 실적 급감

제3장

현 수준 파악과 목표설정

제2장에서 여러분들은 품질관리 실패가 기업에 얼마나 큰 영향을 미치는지를 구체적인 사례를 통해 확인하였습니다. 제품을 생산하는 기업은 품질불량을 벗어날 수 없습니다. 기업에 품질불량은 숙명과도 같은 것이죠. 관건은 품질불량을 대하는 기업의 태도에 있습니다. 삼성전자의 사례와 같이 신속한 대처를 하면 오히려 전화위복이 되기도 하지만, 타카타와 같이 대응에 실패하면 회사가 문을 닫을 수도 있죠. 제2장은 여러분들에게 품질관리의 중요성을 다시 한 번 보여주었다고 생각합니다.

제3장에서는 품질관리를 하기 위해 현재의 품질수준은 어느 정도이고, 얼마를 개선할 것인지 목표를 설정하는 방법에 대해 학습해 보겠습니다. 여러분들은 본격적인 품질관리 학습을 위한 첫 걸음을 내딛기 시작합니다.

3.1 고객 정의

2개의 그림을 보겠습니다. 첫 번째 그림은 "왜 연구개발을 합니까?"라는 질문에 민간기업이 대답한 결과[3개까지 중복응답 허용]입니다. 단연 고부가가치 제품의 창출과 소비자 니즈에 맞는 제품개발이 높습니다. 기업의 연구개발은 소비자들이 원하는 제품을 이익이 높게 만드는 것에 초점을 맞춘다는 뜻이겠죠. 두 번째 그림은 "신제품 실패의 원인은 무엇입니까?"라는 질문에 동일한 방식으로 대답한 결과입니다.[01] 기업은 가장 큰 신제품 실패 원인으로 부정확한 시장 분석을 꼽고 있습니다. 이와 같은 2개의 그림으로부터 우리가 알 수 있는 것은 '결국 기업은 소비자들이 원하는 것이 무엇인가?'를 알아야 한다는 것입니다. 정확한 시장분석이 바로 정확한 소비자 니즈의 다른 말이기 때문입니다. 따라서 이제 우리는 소비자들과 유사하지만 보다 넓은 개념의 '고객'에 대해 알아볼 것입니다.

1

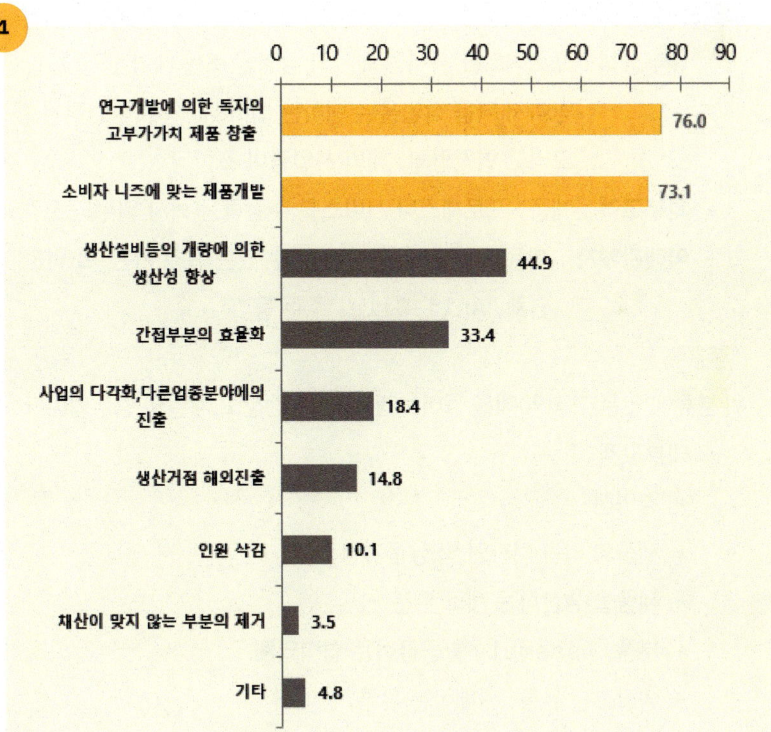

1
기업의
연구개발 목적

01 출처: "Winning at New Products", Robert G. Cooper, 1996

2

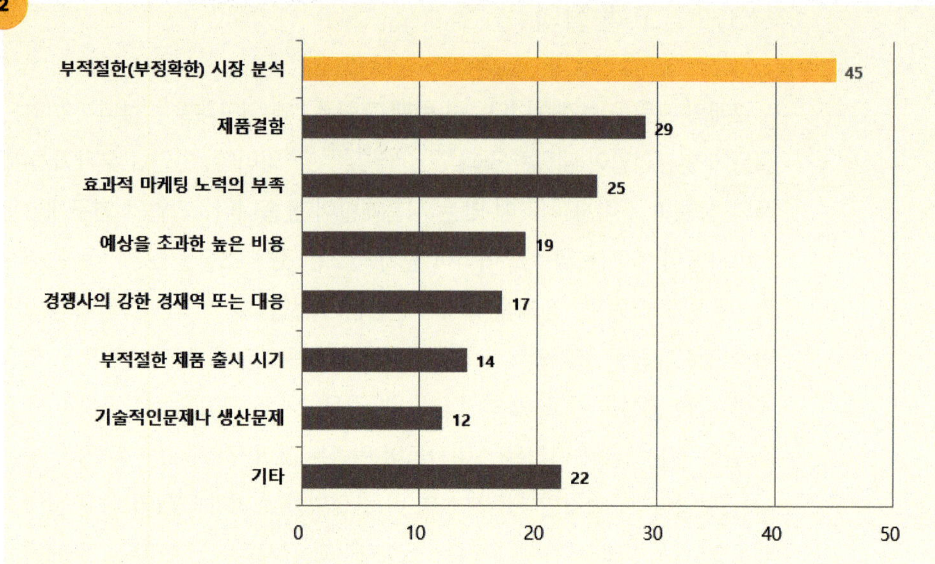

고객은 내부고객과 외부고객 그리고 이해관계자로 구분할 수 있습니다.

- **내부고객** : 프로젝트를 지시한 회사의 경영진 또는 내가 한 일을 받아서 다음 작업을 수행하는 회사 내·외부의 임직원 그리고 협력업체, 해외 사업장이 포함됨
- **외부고객** : 제품, 프로세스나 서비스를 수령하는 회사 외부의 고객
- **이해관계자** : 제품, 프로세스를 규제할 수 있는 규격 기관, 소비자 단체, Anti-Site, 주주 등

2 신제품 실패 원인

3 고객 목록 작성

위 분류에 맞는 고객의 예를 들어보겠습니다. 냉장고 개발의 경우입니다.

- 내부고객
  - ⋆ 경영진
  - ⋆ 제품의 외관 디자인 및 상품기획 부분
  - ⋆ 제품을 생산하는 제조 부분
  - ⋆ 부품, Assembly를 공급하는 협력업체
  - ⋆ 냉장고를 유통, 판매하는 유통/판매처
- 외부고객
  - ⋆ 판매한 제품을 서비스하는 국내·외 서비스 부분

* Buyer 및 냉장고를 구입하여 사용하는 실소비자

– 이해관계자

* 소비전력, 안전규격을 규제하는 국내·외 평가 기관

이와 같이 고객은 소비자보다 훨씬 넓은 의미를 가지고 있습니다. 정확한 시장분석을 위해서는 올바른 고객의 목소리를 파악해야 하는데 다음과 같이 고객의 목록을 작성하고 우선순위를 부여하는 것이 좋습니다. 우선순위를 정할 때는 '중요한 소수'와 '유용한 다수' 고객을 파악하고 가장 큰 가치를 부여하는 것이 좋습니다.

3

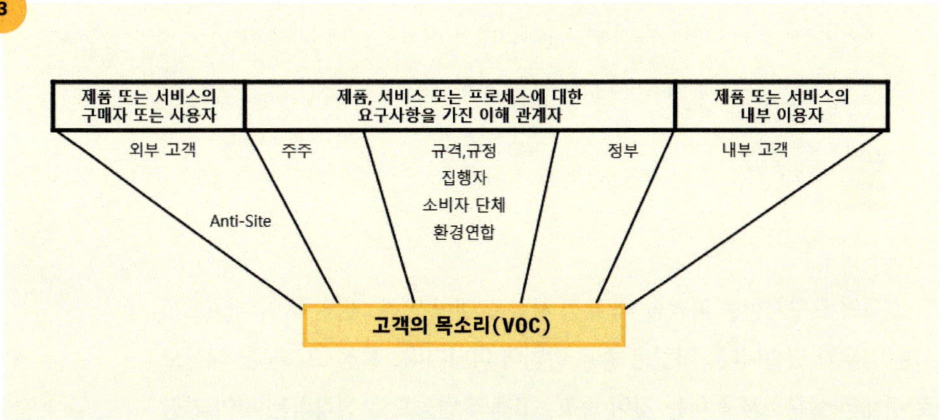

3.2 요구사항 분석

고객의 요구사항을 조사하면 제품의 특성은 어떻게 만들어져야 하는지, 이 제품을 통해 고객은 어떠한 이익을 얻을 수 있는지에 대해 고민해야 합니다. 제품의 특성으로는 품질, 비용, 납기, 서비스와 안전, 사회적 기여 등이 있습니다.

고객 요구사항의 구체화를 위해서는 다음과 같은 고객 데이터를 수집해야 합니다. 먼저 데이터 수집목적을 명확하게 한 후 데이터 수집에 필요한 조사방법과 데이터 수집계획을 수립합니다. 이후 데이터를 수집하고 수집된 데이터를 분석하고 체계화를 합니다.

4

요구사항
무엇을 원하는가?
→ **해결되어야 할 이슈 사항**

⇨

제품 특성
제품이 지니고 있는 특성 또는 성질
→**제품의 역할**

⇨

고객이익
제품을 통해 고객이 얻을 수 있는 이익
→ **문제가 해결 될 수 있는 방법으로 고객을 위해 하는 일**

5

데이터 수집 목적을 명확히 한다. ⇨ **사용할 조사 방법을 선정한다.** ⇨ **데이터 일관성과 안정성을 위한 계획을 세운다.** ⇨ **데이터 수집을 시작한다.** ⇨ **측정의 일관성과 안정성을 지속적으로 향상시킨다.**

데이터 수집 목적을 명확히 한다.
- 고객 세분화 목록을 작성한다.
- 고객 요구사항의 우선 순위 확인과 정량화 방법을 결정한다.
- 경쟁사에 대한 고객의 인지가 필요할 것인지 정한다.

사용할 조사 방법을 선정한다.
- 사용할 도구의 종류
- 조사 활동의 횟수
- 데이터 수집 활동의 활동

데이터 일관성과 안정성을 위한 계획을 세운다.
- 해당 측정 시스템 검증
- 데이터 정당성을 위해 적당한 샘플 크기를 선정한다.

(데이터 수집계획서 작성)

데이터 수집을 시작한다.
- 책임 소재, 결과물을 재확인 후 수집을 시작한다.
- 기존 데이터 활용 시 필히 발행부서 및 기간 등을 명시한다.

측정의 일관성과 안정성을 지속적으로 향상시킨다.
- 수집되는 데이터를 검토하고 체계화 시킨다.

고객의 요구사항을 파악할 때 특정 사항에 대한 만족, 불만족 여부를 조사하는 경우가 있습니다. 이것은 좋은 방법이 아닙니다. 특정 고객군을 대상으로 구체적 설문조사를 하는 것이 좋고, 고객의 입장으로 생각하는 것이 가장 좋은 방법입니다.

6

✓ **고객의 입장이 되어본다.**	**BEST**
✓ **포커스 그룹, 설문조사 등을 통해 질문한다.**	**Better**
✓ **만족/불만족의 의견을 분석한다.**	**Not bad**

고객의 입장이 되어보는 것으로 큰 효과를 본 사례가 있습니다. 코닥Kodak 社의 Kiosk 제품이 그것입니다. 코닥의 개발자들은 코닥 카메라의 고객들

7

이 빠른 시간 내에 필름현상을 원한다는 것과 일반 고객들이 쇼핑을 할 때 평균 1시간을 사용한다는 것을 발견했습니다. 코닥의 개발자들은 즉시 쇼핑몰이나 아울렛 몰에 즉석현상 Kiosk를 설치했고 고객들은 쇼핑 전에 필름 현상을 맡기고 쇼핑 후에 사진을 찾아갈 수 있었습니다. 여러분들이 예상하듯 코닥의 Kiosk는 대박을 터트렸습니다. 전형적인 고객의 입장이 되어보는 것인데요, 이러한 사례는 무척 많습니다.

4 요구사항 구체화 과정

5 고객 데이터 수집절차

6 고객의 입장이 되어보는 것이 최고

7 쇼핑몰에 설치된 코닥사의 Kiosk

고객의 요구사항을 파악하는데 유용한 방법 중 하나로 KANO 분석을 소개합니다. KANO 분석은 어떤 제품이나 서비스 특성이 고객 요구사항 형태와 관련이 있는지 이해하는 방법입니다. KANO 분석을 위해서는

- 모든 필수적인 요소는 충족되어야 합니다.
- 축약된 언어로 표현된 고객의 요구는 주의 깊게 검토하여 모든 요구사항을 정확하게 포착해야 합니다. 사실 고객은 개발자들이 원하는 형태로 요구사항을 정확하게 표현하지 않습니다.
- 감동적인 요소를 찾아내거나 창출하도록 노력해야 합니다. 진정한 차별화는 감동적인 요소를 만족시킬 때 일어난다는 것을 명심하세요.
- 그러나, 감동적인 요소의 충족은 경쟁에서 일시적으로 유리하도록 해 줄 뿐이며, 얼마 되지 않아 보편적인 기술이 되고 맙니다. 그렇기 때문에 경쟁에서의 선두를 유지하기 위해서는 지속적인 감동적인 요소의 발굴이 필요합니다.

1999년 일본의 교세라 폰이 출시되었을 때 카메라는 11만 화소이고 최대 20장의 사진을 JPG 형식으로 저장할 수 있었습니다. 당시 휴대폰에 이름도 '비디오 모바일 전화기'라고 광고를 했었죠. 지금 보면 터무니없는 성능이지만 당시에는 대단한 감동적인 요소였습니다. 그러나 이후 카메라가 장착된

휴대폰은 더 이상 감동이 아닌 당연한 필수적 요소가 되어버렸습니다. 이제는 필수적 요소가 되어버린 카메라의 장착여부가 아닌 카메라의 성능이 감동적 요소가 되고 있습니다. 따라서 고객의 요구사항이 반영된 제품개발을 위해서는 필수적 요소와 감동적 요소에 집중해야 합니다.

8

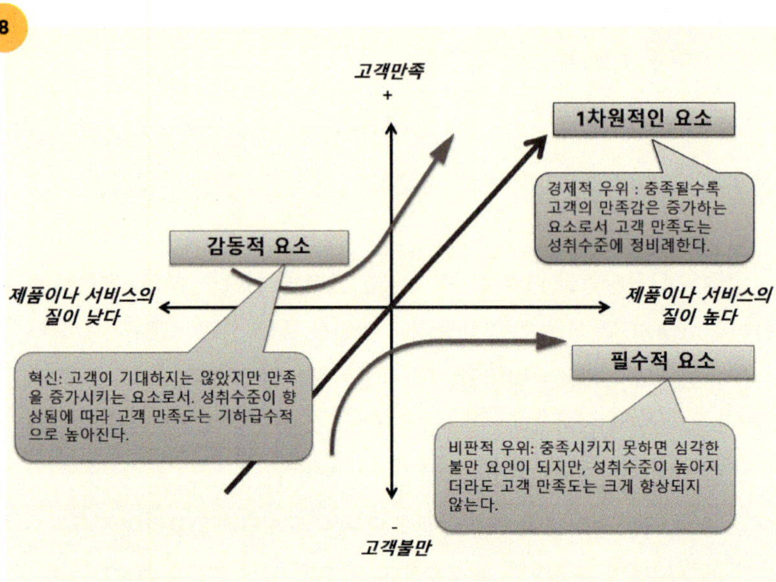

8 KANO 분석

9 최초의 카메라폰

3.3 CTQ's와 Y's의 선정

CTQ(Critical To Quality)는 고객이 생각하는 품질 또는 구매의 기준을 의미합니다. 소비자가 휴대폰을 구입할 때는 가격, 디자인, 카메라성능, 음악재생, 무게 등 다양한 구입기준이 있을 텐데요 이러한 구입기준이 CTQ가 될 수 있습니다. CTQ는 구매와 품질의 기준이 되는 것입니다. 이미 눈치를 채셨겠지만 CTQ는 하나일 필요가 없고 많을 수 있습니다. 그래서 CTQ's라고 표기했습니다.

그런데 이러한 CTQ를 선정하는 것이 휴대폰 구입기준처럼 명확하지 않는 경우도 많습니다. 고객이 똑 부러지게 얘기하지 않는 경우가 많기 때문입니다. 이런 경우에는 고객

9

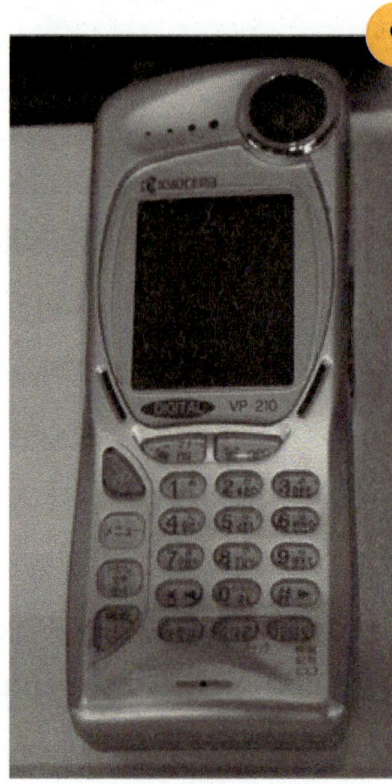

의 목소리를 잘 알아듣고 CTQ를 만들어내야 합니다. 다음의 경우를 살펴보세요. 고객의 목소리VOC, Voice Of Customer는 편안하고 무난하게 표현됩니다. 이러한 VOC로부터 개발자들은 척하면 척하게 VOC가 나오게 된 주요 이슈를 파악하고 명료한 CTQ로 전환을 해야 합니다. 이러한 것은 개발자들의 중요한 역량 중 하나입니다.

<VOC로부터 CTQ의 도출>

VOC	주요 Issue	CTQ	CTQ의 의미
"이런 설문에 답하기 싫다"	너무 오래 걸린다.	읽기 쉽고 답하기 쉬운 형식	설문을 완성하는데 걸리는 시간이 5분 이내이다.
"전문적인 용어를 이해할 수 없다"	불확실하다.	읽기 쉽고 이해용이	고객들이 설명서를 읽을 경우 한번에 이해할 수 있다.
"설비들이 고장 나지 않았으면 한다"	고장이 잦다.	설비 MTBF[02]	설비의 MTBF가 3,200시간 ± 160시간
"설비들이 제때 작동되지 않는다"	설치하는 시간이 너무 오래 걸린다.	설비 MTTR[03]	설치는 4시간 이내에 완료될 필요가 있다.

이렇게 도출된 CTQ들은 중요도에 따라서 우선순위화를 거치고 평가 가능한 목표값을 결정하게 됩니다. 개발 목표값인데요 이것을 Y라고 합니다. CTQ별로 Y값이 나오기 때문에 Y's로 표현됩니다.

$$Y = f(x)$$

와 같이 함수의 결과값이라고 생각하면 됩니다.
이때 x는 변수값이 되겠죠.

02 MTBF(Mean Time Between Failure) : 고장이 발생한 후 다음 고장이 발생할 때까지 소요된 평균 시간

03 MTTR(Mean Time To Repair) : 고장 후 수리(복구)까지 평균 소요시간

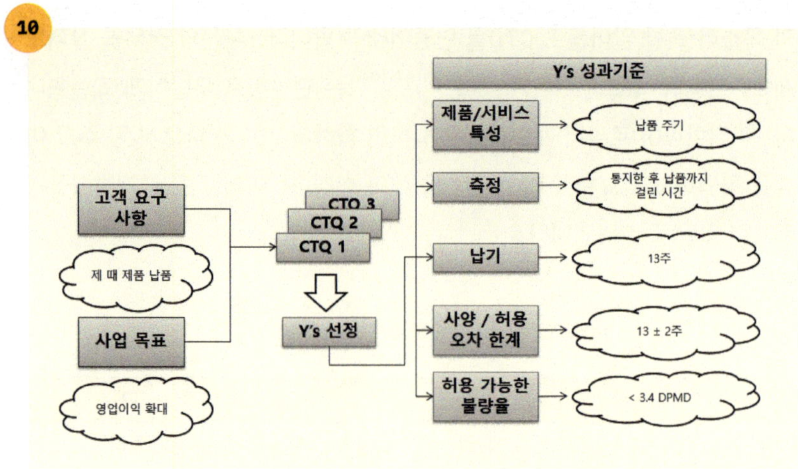

10 Y의 선정

아래의 표는 Y's의 선정 예시입니다. VOC로부터 CTQ가 선정되면 예상 가능한 목표값을 표시한 후 최종 달성해야 할 목표값인 Y를 선정합니다. 예를 들어 배터리 용량은 중요한 VOC이자 CTQ이지만 자체개발이 아니라 외부에서 구입하는 것이기 때문에 Y에서 제외된 경우이고, 한 대 당 가격이라는 CTQ에서 가격을 결정하는 많은 변수들 중에서 가장 중요하다고 판단된 것이 재료비이기 때문에 재료비가 Y로 선정된 것입니다. 마찬가지로 휴대용이성은 크기와 무게가 모두 Y가 될 수 있지만 크기로 선정한 경우입니다.

<Y's의 선정>

VOC	CTQ's	예상 Y's List	Y's 선정
통화음질이 좋아야 한다.	통화음질	수신강도	수신강도
이해하기 쉬운 매뉴얼이 필요하다.	도해식 설명	도해식 설명	
한번 충전으로 오래 사용해야 한다.	배터리 용량	배터리 용량	
판매가격이 저렴해야 한다.	한대 당 가격	재료비	재료비
휴대가 간편하다.	휴대용이성	크기, 무게	크기

이와 같이 Y를 선정할 때에도 고려해야할 것들이 있습니다. Y는 프로젝트의 중요한 목표값이 되기 때문에 엔지니어가 자의적으로 정하면 안 되고 다음의 내용들을 검토하여 선정하는 것이 좋습니다.

- 고객(Customer)이 누구인가?
- 회사 목표(Business Goals)와 일치하는가?
- 기준 규격(Existing Specifications)은 명확한가?
- 경쟁사(Competitors Benchmarking)의 수준은 어떠한가?
- 제반 규정/규칙(Regulations)은 만족하는가?

선정된 Y의 특성을 정리하면 다음과 같습니다. Y는 적시성, 정확성, 완결성, 가용성이 있어야합니다. 그리고 측정단위가 정량적으로 정해져야 합니다.

<Y의 특성과 측정단위>

특성	측정단위
적시성(Timeliness)	
– 개발계획에 따른 완료 시기	day
– Test Program의 개발	day
정확성(Accuracy)	
– 580ℓ급 냉장고의 소비전력	KWh/월
– 개발 BOM(Bills Of Material) 정확도	%
완결성(Completeness)	
– 개발단계 DRR(Design Readiness Review)에 필요한 자료 준비도	%
– 신제품 출하 전 Service Manual 교육 및 배포 여부	Yes/No
가용성(Availability)	
– 신제품의 부품 공용화율	%
– 신제품 부품 표준화율	%

3.4 Y's 데이터 수집계획

Y's의 성과기준을 설정한 후 이에 대한 현수준을 파악하기 위해 Y's에 대한 데이터 수집계획을 수립해야 합니다. 데이터 수집계획은 먼저 알고자 하는 내용으로부터 질문을 통해 결론[가설]을 설정하고, 가설에 따라 분석방법을 선택함으로써 필요한 데이터가 결정되고 데이터를 수집합니다. 또한, 신규

정보를 창출하는 경우에는 알고자 하는 내용을 질문하고, 확보된 데이터를 확인하여 데이터에 따라 분석방법이 결정되고, 분석을 통해 결론을 도출하여 질문의 내용을 확인하게 됩니다.

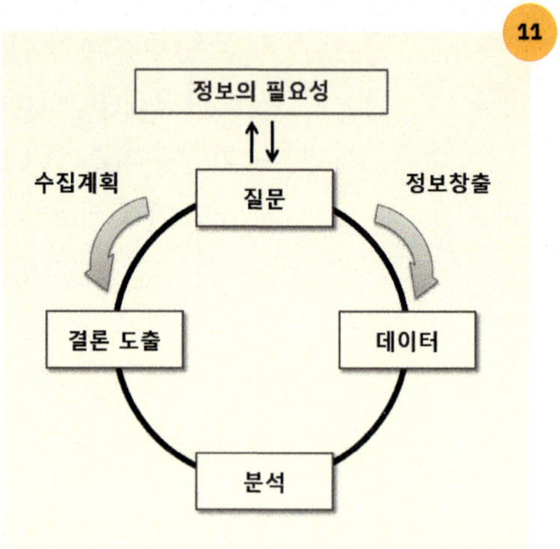

11
정보의 창출과 데이터 수집계획

데이터 수집계획을 수립할 때는 몇 가지를 고려해야 하는데 아래와 같습니다.

- 데이터 수집을 단순화 : 필요한 데이터양을 감소시키는 방향으로 샘플링 계획을 수립합니다.
- 데이터의 일관성 유지 : 구체적인 가이드라인과 데이터의 수집방법, 시기, 장소를 제공해야 합니다.
- 데이터 수집의 용이성 확보 : Check Sheet 또는 표를 미리 준비하여 데이터 수집이 편리하도록 합니다.
- 데이터 수집의 변동을 최소화 : 데이터 수집의 타당성을 해치지 않는 사람이 데이터를 하도록 계획을 수립합니다.
- 데이터 수집 교육 : 데이터 수집을 할 때 데이터 수집방법 뿐만 아니라 왜 데이터를 수집하는지를 이해하도록 교육합니다.

<데이터 수집 계획서>

Y's	데이터 유형04	Tool	When	Where	How Many	Measurement Method
소비전력(KWh/월)	계량형	Hybrid Recorder	오전9시	항온항습실	4	냉동 :-18°C [F] 냉장 :+3°C[A]
풍량(m3/min)	계량형	Anemoma-ster	오전9시	개발실	4	토출유량
용적 효율(%)	계량형	CAD/줄자	오전9시	개발실	3	캐비닛 치수측정
소음{dB(A)}	계량형	FFT	오전9시	무향실	4	기동 후 40±5분
재료비(원)	계량형	재료비 분석	오전9시	개발실	4	재질/중량 검토
불량율(%)	계수형	QINGS	오전9시	개발실	1	불량 유형별

04 계량형은 측정하는 데이터로 변하는 값입니다. 집집마다 있는 계량기를 생각하시면 됩니다. 계수형은 셀수 있는 값입니다. 불량률은 불량 개수를 세어야 계산할 수 있으니 계수형이 됩니다. 즉, 하나하나 수량을 세는 것은 계수형이고 그 외는 모두 계량형입니다. 그럼 몸무게와 키는 어떤 형일까요? 세는 것이 아니라 측정하는 것이니 계량형입니다.

제4장

측정단위

여러분들은 현 수준 파악과 목표설정을 위해 데이터 수집계획을 수립했습니다. 다음에는 무엇을 해야 할까요? 신뢰성이 높은 데이터를 만들기 위해 정확한 측정을 해야 합니다. 정확한 측정을 하려면 측정단위에 대한 이해로부터 시작해야 합니다.

우리는 일상에서 수많은 측정단위를 사용하고 있습니다. 시간, 온도, 무게 등이 대표적입니다. 단위가 없거나, 모르면 우리는 하루도 살아갈 수가 없습니다. 전 세계는 합의된 단위로 국제간 무역을 포함해 연관성을 가지고 밀착되어 있는 것입니다. 이 장에서는 데이터를 생성하기 위한 측정단위를 중심으로 학습해 보겠습니다. 01

4.1 SI 단위계

공학은 수학을 기본으로 물리적인 현상을 다양한 단위계와 기호를 사용하여 기술합니다. 공학에서 사용하는 단위계는 물리적인 의미를 함축하고 있기 때문에 공학단위를 정확하게 이해한다는 것은 공학을 이해하고 있다고 해도 무방합니다. 실제 여러분들이 공학계산을 어려워한다면 아마도 공학단위에 대한 이해가 부족한 것이 가장 큰 이유일 것입니다. 이 말은 공학단위가 대단히 중요하다고 것을 의미합니다.

물리학이나 공학에서 많이 사용하는 국제단위계[SI 단위]에서는 MKS단위를 사용하는데 MKS는 M[미터, m], 질량[킬로그램, kg], S[초, s]을 의미합니다.

- 1790년경 십진 미터법(프랑스)
- 1847년 CGS계
- 1875년 미터 협약조인(17개국)
- 1900년경 MKS계(미터-킬로그램-초)
- 1946년 MKS계 + A(암페어)
- 1954년 MKSA + K(켈빈도) + cd(칸델라)
- 1960년 국제단위계(SI)
- 1967년 mole(몰) 추가 (총 7개 기본단위)

또한, 우리가 다루는 사물의 크기가 현미경을 관찰할 정도로 매우 작은 것부터 거대한 크기까지 다양하기 때문에 여러분들은 단위변환에 익숙해져야 합니다. 단위변환을 위해 국제단위계에서 사용하는 승수와 접두어는 다음 표와 같습니다.

<승수와 접두어>

배수	접두어	기호	배수	접두어	기호
10^{24}	요타	Y	10^{-1}	데시	d

01 이 내용은 「조승현, 기계공학의 이해, 보문당, 2020」에 수록된 내용을 재인용하고 수정 및 추가하였습니다.

배수	접두어	기호	배수	접두어	기호
10^{21}	제타	Z	10^{-2}	센티	c
10^{18}	엑사	E	10^{-3}	밀리	m
10^{15}	페타	P	10^{-6}	마이크로	μ
10^{12}	테라	T	10^{-9}	나노	n
10^{9}	기가	G	10^{-12}	피코	p
10^{6}	메가	M	10^{-15}	펨토	f
10^{3}	킬로	k	10^{-18}	아토	a
10^{2}	헥토	h	10^{-21}	젭토	z
10^{1}	데카	da	10^{-24}	욕토	y

(1) 시간[02]

1889년부터 1967년까지, 단위 시간은 평균 태양일의 적정한 분수로 정의되었습니다. 평균 태양일이란 매일 태양이 최고점에 도달할 때까지 걸린 시간의 평균을 의미합니다. 1967년에 만들어진 현재의 표준은 원자시계에 근거를 두고 있는데, 원자시계는 세슘 원자의 에너지 준위가 가장 낮은 두 개의 상태의 에너지 차이를 이용하고 있습니다. 아주 정확하게 적절한 진동수의 마이크로파로 세슘 원자를 충돌시키면 이 두 개의 상태 사이에서 전이가 일어나는데 1초는 이 파의 진동이 9,192,631,770번 일어나는데 걸리는 시간으로 정의됩니다.

- 1ns 나노초 = 10^{-9}s 빛이 0.3m 진행하는 데 걸리는 시간
- 1μs 마이크로초 = 10^{-6}s 궤도상의 우주 왕복선이 8mm 진행하는 데 걸리는 시간
- 1ms 밀리초 = 10^{-3}s 소리가 0.35m 진행하는 데 걸리는 시간

(2) 길이[03]

미터 단위계에서 기본적인 단위의 정의는 상당한 기간을 두고 발전해 왔습니다. 1791년 프랑스 과학아카데미는 처음 미터 단위계가 제정되었을 때

02 대학물리학교재편찬위원회, 대학 물리학 I 10판, p. 6, ㈜북스힐, 2003.
03 상동

1m는 북극에서 적도까지의 자오선 길이의 1천만분의 1로 정의하였습니다. 초는 1m 길이의 진자가 한쪽 끝에서 다른 쪽 끝으로 흔들리는데 소요한 시간으로 정의하였습니다. 이러한 정의는 복잡하고 정확하게 재현하기가 쉽지 않으므로 국제적 협약에 의해 보다 정교한 정의로 대체되었는데요, 1960년 방전관 속 크립톤 ^{86}Kr 원자에서 방출되는 붉은 오렌지 빛의 파장을 사용하여 미터에 대한 원자 수준의 기준이 마련되었습니다. 1983년 길이의 표준은 혁신적으로 변해 진공 중에서 빛의 속력을 정확하게 299,792,458m/s로 정의하였습니다. 미터는 이 수와 위에서 정한 단위 시간과 일관성을 유지하도록 정의되었습니다. 따라서 새롭게 정의된 미터는 진공 중에서 빛이 1/299,792,458초 동안 진행한 거리로써 빛의 파장을 사용한 정의보다 훨씬 정교한 표준을 제공하고 있습니다.

- 1nm 나노미터 = 10^{-9}m 가장 큰 원자의 수 배
- 1μm 마이크로미터 = 10^{-6}m 어떤 박테리아나 살아있는 세포의 크기
- 1mm 밀리미터 = 10^{-3}m 볼펜 끝의 지름

(3) 질량[04]

질량의 표준인 킬로그램은 백금-이리듐 합금의 특별한 봉의 질량으로 정의합니다. 이 봉은 프랑스 파리 근처 Sevres에 위치한 질량과 측정에 관한 국제 표준 사무국에 보관되어 있습니다. 원자를 이용한 질량의 정의가 근본적이나 현재 우리는 거시 수준에서 측정하는 것보다 더 정확한 원자 수준에서의 질량 측정을 하지 못하고 있는 실정입니다. 1그램 이것은 기본 단위가 아님은 0.001킬로그램입니다.

- 1μg 마이크로그램 = 10^{-6}g = 10^{-9}kg 아주 작은 먼지의 질량
- 1mg 밀리그램 = 10^{-3}g = 10^{-6}kg 소금 알갱이의 질량
- 1g 그램 = 10^{-3}kg 종이 클립 한 개의 질량

04 상동

(4) 중력가속도[05]

중력가속도g는 중력에 의해 운동하는 물체가 지니는 가속도입니다. 갈릴레오 갈릴레이에 의해 지구 중력가속도는 물체의 질량과 관계없이 대략 일정하다는 것이 밝혀졌는데요, 지구의 반지름이 일정하지 않기 때문에 정확한 값은 위치마다 다릅니다. 지오이드를 기준으로 한 표준 중력가속도 값은 9.80665m/s²입니다. 우리가 잘 알고 있는 무게는 질량에 중력가속도를 곱한 값입니다.

(5) 힘[06]

힘은 물체를 움직이거나 변형하거나 속도와 방향을 바꾸는 작용을 의미하며, '힘이 세다', '힘이 약하다'라고 할 때 힘의 크기는 질량과 가속도의 곱으로 정의하고 뉴턴으로 읽습니다.

$$1\text{N} = 1\text{kg} \times 1\text{m/s}^2$$

뉴턴이란 아이작 뉴턴Sir Isaac Newton에서 유래했습니다. 이 단위는 1960년 CGPMthe General Conference on Weights and Measures에서 정식으로 도입되었습니다. 1뉴턴은 1kg의 질량mass을 갖는 물체를 1m/s²만큼 가속시키는데 필요한 힘으로 정의합니다. 두 물체가 중력으로 당기는 힘이 무게weight이므로 뉴턴은 무게의 단위로도 사용됩니다. 1kg의 질량은 지구 표면에서 9.80665N의 무게를 갖는데 약 100g의 무게가 1N에 해당한다고 할 수 있습니다.

힘을 정의할 때 힘의 크기, 힘의 방향, 힘의 작용점이 필요하며 힘은 벡터량으로 힘을 계산할 때는 좌표계를 설정하는 것이 중요합니다. 힘이 임의방향으로 작용할 때는 다음과 같이 방향으로 분해하여 표시할 수 있습니다.

05 https://ko.wikipedia.org

06 최종근 외, 해석 재료역학 3판, pp. 23, (주)북스힐, 2012.

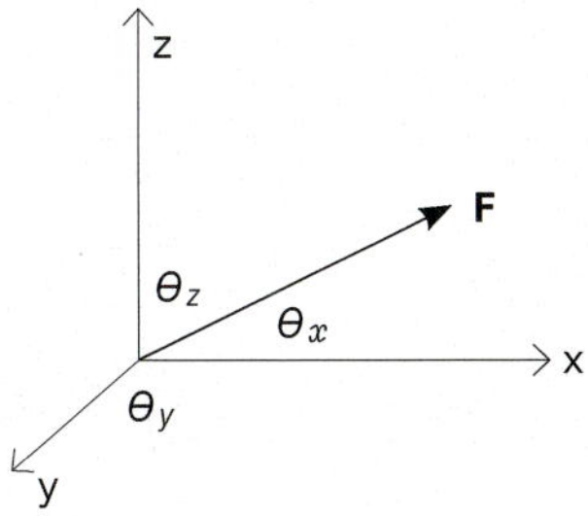

$$F_x = F\cos\theta_x$$
$$F_y = F\cos\theta_y$$
$$F_z = F\cos\theta_z$$
$$F = \sqrt{F_x^2 + F_y^2 + F_z^2}$$

<힘 단위>

v·d·e·h	뉴턴 N	다인 dyn	킬로그램힘 kgf	파운드힘lb_f	파운달pdl
1N(뉴턴)	≡ 1 kgm/s²	= 10^5dyn	≈ 0.10197kp	≈ 0.22481lb_f	≈ 7.2330pdl
1dyn(다인)	= 10^{-5}N	≡ 1 g·cm/s²	≈ 1.0197kp × 10^{-6}kp	≈ 2.2481 × $10^{-6}lb_f$	≈ 7.2330 × 10^{-5}pdl
1kp(킬로폰드)	= 9.80665N	= 980665dyn	≡ 1 gn·(1kg)	≈ 2.2046lb_f	≈ 70.932pdl
1lb_f(파운드힘)	≈ 4.448222N	≈ 444822dyn	≈ 0.45359kp	≡ 1 gn·(1lb)	≈ 32.174pdl
1pdl(파운달)	≈ 0.138255N	≈ 13825N	≈ 0.014908lb_f	≈ 0.03108lb_f	≡ 1lb·ft/s²

(6) 압력

단위 면적당 가해지는 힘을 압력[Pressure]라고 하며 단위는 파스칼[Pa]을 사용합니다.

$$1Pa = \frac{N}{m^2}$$

파스칼은 B.Pascal[1623 ~ 1662]에서 유래했습니다. 프랑스에서는103 Pa을 피에즈[pz]라고 하는데 1피에즈는 104dyn/cm²에 해당합니다. 다인[dyn]은 '누른다'라는 의미의 그리스어로써 힘의 단위로 1g의 질량에 1cm/s²의 가속도를 부여하는 힘으로 1873년 영국에서 공인을 받았습니다.

일기예보에서 많이 듣는 압력의 단위로 바아[bar]가 있습니다. 바아는 무게를 뜻하는 그리스어 바로스에서 유래하였고 1bar는 1m² 당 100,000N의 압력을 의미합니다. 이 단위는1911년, Bjerkness[노르웨이, 1862 ~1951]에 의하여 제안되고 1929년 국제적으로 채택되었습니다. 대기압은 일반적으로 밀리바를 사용하며 표준 해수면 압력을 1013.25밀리바[mbar]로 정의합니다.

유럽은 바아의 사용에 익숙해져 있고 압력계는 중요한 안전관리 단위이므로 변경하는 것이 위험하다는 인식을 바탕으로 ISO[국제 표준화 기구]에서는 bar를 파스칼과 함께 압력의 단위로 사용하고 있는 실정입니다.

$$1\ bar = 10^5 Pa = 1.02 kg_f/cm^2 = 750.062 mmHg$$

<압력 단위>

v·d·e·h	파스칼(Pa)	바(bar)	공학 기압(at)	기압(atm)	토르(torr)	제곱인치 당 파운드힘(psi)
1 Pa	≡1 N/m²	10^{-5}	1.0197×10^{-5}	9.8692×10^{-5}	7.5006×10^{-3}	145.04×10^{-6}
1 bar	100,000	≡10 dyn/cm²	1.0197	0.98692	750.06	14.504
1 at	98,066.5	0.980665	≡1 kg_f/cm^2	0.96784	735.56	14.223
1 atm	101,325	1.01325	1.0332	≡1atm	760	14.696
1 Torr	133.322	1.332×10^{-3}	1.3595×10^{-3}	1.3158×10^{-3}	≡1	19.337×10^{-3}
1 psi	6,894.76	68.948×10^{-3}	70.307×10^{-3}	68.046×10^{-3}	51.715	≡1 lb_f/in^2

(7) 일

줄은 에너지 또는 일의 국제단위이며 1줄은 1뉴턴의 힘으로 물체를 1미터 이동하였을 때 한 일이나 이에 필요한 에너지입니다. 이 양은 기호 N·m을 사용하여 뉴턴 미터로도 측정합니다.

$$1J = 1N \cdot m$$
$$1J = 1kg \cdot \frac{m^2}{s^2}$$

전기 에너지에서의 1줄은 1와트의 전력이 1초 동안 흘렀을 때의 에너지를 의미합니다.

$$1J = 1W \cdot s$$

(8) 동력

단위 시간 동안에 한 일의 양을 동력[Power]라고 하고, 일률이라고도 합니다. 단위는 와트[W]를 사용합니다. 1 와트는 스코틀랜드의 기계공학자 제임스 와트에서 유래하며 1초 동안의 1 줄[J/초]에 해당하는 일률의 SI 단위로서 1889년에 영국 학술 협회의 총회에서 채택되었습니다. 일률이나 전력 단위에 시간 단위를 사용하면서 에너지를 나타내는 단위로 자주 쓰이고 있습니다.

$$1W = 1\frac{J}{s} = 1\frac{kg \cdot m^2}{s^3} = 1\frac{N \cdot m}{s}$$

전력의 단위로도 사용되며 1 W = 1 Volt × 1 암페어[Ampere][07]를 의미합니다. 볼트[V, Volt]는 전압의 단위를 나타내며 1볼트는 저항이 1옴[Ohm][08]인 도체에 1암페어의 전류가 통하였을 때 그 도체의 양끝에 생기는 전위차를 나타냅니다.

<동력 단위>

v·d·e·h	W	Kgf·m/s	PS	kcal/h
1 와트 (W)	1	0.102	0.00136	약 0.860
1 Kgf·m/s	9.80665	1	약 0.01333	약 8.4322
1 마력 (PS)	735.49875	75	1	약 632.415
1 kcal/h	1.163	약 0.1186	약 0.00158	1

(9) 에너지

일을 할 수 있는 능력을 에너지라고 합니다. 형태에 따라 운동에너지, 열에너지, 전기에너지, 원자력에너지 등이 있고 단위는 일의 단위인 줄[J]과 같고, 에너지 형태에 따라 다양한 에너지를 사용합니다.

07 암페어(A, Ampere)는 프랑스의 물리학자 앙드레 마리 앙페르(Ampère, A.M.)의 이름에서 유래한 전류의 국제 기준 단위로써 1암페어는 1초 동안 1쿨롱(C)의 전기량이 흐를 때의 전류의 세기이다.

08 옴(Ω, Ohm)은 독일의 물리학자 옴(Ohm, G. S.)의 이름에서 유래한 전기 저항의 단위를 나타내며 1옴은 양끝에 1볼트의 전위차(電位差)가 있는 도선(導線)에서 1암페어의 전류가 흐를 때 나타내는 저항을 이른다.

<에너지 단위>

	단위
운동에너지	1
열에너지	1cal = 4.18681J
전기에너지	1Wh = 3,600J
원자력에너지	1eV = 1.60217733 × 10^{-19}J

4.2 유도단위

공학단위는 기본단위로 다양한 물리량을 표시할 수 있는데 이러한 단위를 유도단위라고 합니다.

<기본단위로 표시된 유도단위>

유도량	SI 유도단위	
	명칭	기호
넓이	제곱미터	m^2
부피	세제곱미터	m^3
속력, 속도	미터 매 초	m/s
가속도	미터 매 초 제곱	m/s^2
파동수	역 미터	m^{-1}
밀도, 질량밀도	킬로그램 매 세제곱미터	kg/m^3
비(比) 부피	세제곱미터 매 킬로그램	m^3/kg
전류밀도	암페어 매 제곱미터	A/m^2
자기장의 세기	암페어 매 미터	A/m
(물질량의) 농도	몰 매 세제곱미터	mol/m^3
광휘도	칸델라 매 제곱미터	cd/m^2

<특별한 명칭과 기호를 가진 단위>

유도량	SI 유도단위			
	명칭	기호	다른 SI 단위로 표시	SI 기본단위로 표시
평면각	라디안	rad		$m \cdot m^{-1} = 1$
입체각	스테라디안	sr		$m^2 \cdot m^{-2} = 1$
주파수	헤르츠	Hz		s^{-1}
힘	뉴턴	N		$m \cdot kg \cdot s^{-2}$
압력, 응력	파스칼	Pa	N/m^2	$m^{-1} \cdot kg \cdot s^{-2}$
에너지, 일, 열량	줄	J	N·m	$m^2 \cdot kg \cdot s^{-2}$
일률, 전력	와트	W	J/s	$m^2 \cdot kg \cdot s^{-3}$
전하량, 전기량	쿨롱	C		s·A
전위차, 기전력	볼트	V	W/A	$m^2 \cdot kg \cdot s^{-3} \cdot A^{-1}$
전기용량	패럿	F	C/V	$m^{-2} \cdot kg^{-1} \cdot$ s4·A2
전기저항	옴	Ω	V/A	$m^2 \cdot kg \cdot s^{-3} \cdot A^{-2}$
전기전도도	지멘스	S	A/V	$m^{-2} \cdot kg^{-1} \cdot$ s3·A2
자기선속	웨버	Wb	V·s	$m^2 \cdot kg \cdot s^{-2} \cdot A^{-1}$
자기선속밀도	테슬라	T	Wb/m^2	$kg \cdot s^{-2} \cdot A^{-1}$
인덕턴스	헨리	H	Wb/A	$m^2 \cdot kg \cdot s^{-2} \cdot A^{-2}$
섭씨온도	섭씨도	°C		K
광선속	루멘	lm	cd·sr	$m^2 \cdot m^{-2} \cdot cd = cd$
조명도	럭스	lx	lm/m^2	$m^2 \cdot m^{-4} \cdot cd = m^{-2} \cdot cd$
(방사능핵종의) 방사능	베크렐	Bq		s^{-1}
흡수선량, 비(부여)에너지	그레이	Gy	J/kg	$m^2 \cdot s^{-2}$
선량당량, 환경선량당량	시버트	Sv	J/kg	$m^2 \cdot s^{-2}$
방향선량당량, 개인선량	캐탈	kat		$mol \cdot s^{-1}$
촉매활성도	파스칼 초	Pa·s		$m^{-1} \cdot kg \cdot s^{-1}$
점성도	뉴턴 미터	N·m		$m^2 \cdot kg \cdot s^{-2}$
힘의 모멘트	뉴턴 매 미터	N/m		$kg \cdot s^{-2}$
표면장력	라디안 매 초	rad/s		$m \cdot m^{-1} \cdot s^{-1}$

유도량	SI 유도단위			
	명칭	기호	다른 SI 단위로 표시	SI 기본단위로 표시
각속도	라디안 매 초 제곱	rad/s^2		$m \cdot m^{-1} \cdot s^{-1}$
각가속도	와트 매 제곱미터	W/m^2		$kg \cdot s^{-3}$
열속밀도, 복사조도	와트 매 제곱미터	W/m^2		$kg \cdot s^{-3}$
열용량, 엔트로피	줄 매 켈빈	J/K		$m^2kg \cdot s^{-2} \cdot K^{-1}$
비열용량, 비엔트로피	줄 매 킬로그램 켈빈	J/(kg·K)		$m^2 \cdot s^{-2} \cdot K^{-1}$
비에너지	줄 매 킬로그램	J/kg		$m^2 \cdot s^{-2}$
열전도도	와트 매 미터 켈빈	W/(m·K)		$m \cdot kg \cdot s^{-3} \cdot K^{-1}$
에너지 밀도	줄 매 세제곱미터	J/m^3		$m^{-1} \cdot kg \cdot s^{-2}$
전기장의 세기	볼트 매 미터	V/m		$m \cdot kg \cdot s^{-3} \cdot A^{-1}$
전하밀도	쿨롱매 세제곱미터	C/m^3		$m^{-3} \cdot s \cdot A$
전기선속밀도	쿨롱매 제곱미터	C/m^2		$m^{-2} \cdot s \cdot A$
유전율	패럿 매 미터	F/m		$m^{-3} \cdot kg^{-1} \cdot$s4·A2
투자율	헨리 매 미터	H/m		$m \cdot kg \cdot s^{-2} \cdot A^{-2}$
몰에너지	줄 매 몰	J/mol		$m^2 \cdot kg \cdot s^{-2} \cdot mol^{-1}$
몰엔트로피, 몰열용량	줄 매 몰 켈빈	J/(mol·K)		$m^2 \cdot kg \cdot s^{-2} \cdot K^{-1} \cdot mol^{-1}$
(X선,Y선의) 조사선량	쿨롱 매 킬로그램	C/kg		$kg^{-1} \cdot s \cdot A$
흡수선량률	그레이 매 초	Gy/s		$m^2 \cdot s^{-3}$
복사도	와트 매 스테라디안	W/sr		$m^4 \cdot m^{-2} \cdot kg \cdot s^{-3} = m^2 \cdot kg \cdot s^{-3}$
복사휘도	와트 매 제곱미터 스테라디안	$W/(m^2 \cdot sr)$		2·m $^{-2} \cdot kg \cdot s^{-3} = kg \cdot s^{-3}$

4.3 기호의 표기법

일반 원칙은 로마체[직립체] 소문자를 단위 기호로 사용합니다.

- m, g, s, h, …
- 고유명사에서 유래한 경우 예외 : A, N, Hz

반점[프]이나 온점[영]은 소수점 기호로만 사용합니다.

- 국내의 경우 온점 사용합니다.
- 읽기 쉽게 3자리씩 묶어 쓸 수 있습니다.
- 1,000,000.485 (×) 1 000 000.485(O)

단위 기호는 로마체, 양의 기호는 이탤릭체를 사용합니다.

- 단위 기호 : t(톤), s(초), Pa(파스칼)
- 양 기호 : *t*(시간), *m*(질량)

복수의 경우도 기본 단위를 사용합니다.

- 5 s (O), 5 sec.(×), 5 sec(×), 5 secs(×)

양의 수치와 단위기호 사이는 한칸 띄웁니다.

- 35 mm, 32 °C, 25 % 등
- °, ′, ″는 예외입니다. 예) 25°, 31′, 12″

제5장

기초통계

1

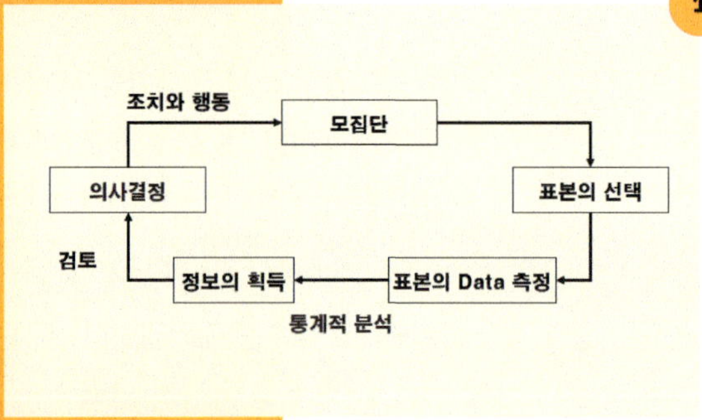

제3장에서는 현재의 품질수준과 얼마를 개선할 것인지 목표를 설정하는 방법에 대해 학습했습니다. 제3장의 마지막이 데이터 수집계획으로 끝났는데요. 현 수준을 평가하고 목표를 설정하는 것은 숫자로 표현되어야 하니까 결국 데이터 분석이 필요합니다. 그리고 제4장에서는 데이터를 생성하기 위한 측정단위에 대해 살펴보았습니다.

여러분들은 제5장에서는 데이터분석을 위한 기초통계를 학습합니다.

통계Statistics는 불확실성이 내포된 데이터의 수집, 분석, 추정, 검정을 통하여 의사결정에 필요한 정보의 획득과 처리방법을 연구하는 것으로서 어느 대상이나 집단에 속한 수량적 자료를 체계적으로 모은 것입니다. 통계는 수량적 자료의 수집, 도표화, 분석, 해석, 보고 등을 다루는 과학이라고 할 수 있습니다.

왼쪽 그림과 같이 통계는 의사결정을 위한 툴Tool입니다. 기업의 경영자는 항상 고독한 결정을 해야 하는 위치에 있습니다. 이때 통계를 기반으로 한 자료는 경영자들이 리스크를 최소화하고 합리적 판단을 하는데 매우 중요한 역할을 하게 됩니다. 따라서 엔지니어가 기술직무능력 외에 통계분석 능력을 갖춘다면 기업에서 대단히 큰 역할을 할 수 있습니다.

2

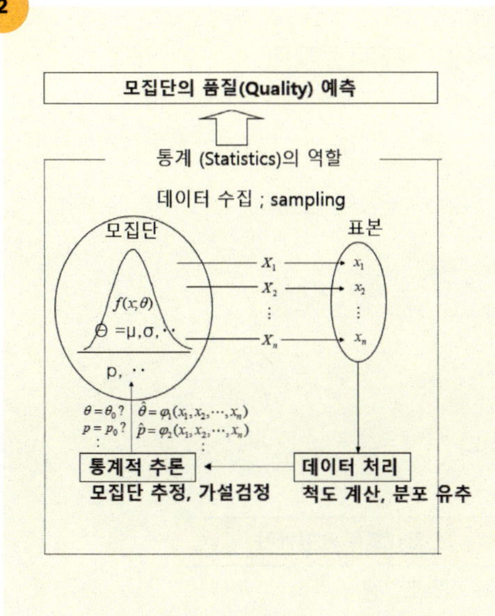

앞서 설명한 바와 같이 통계는 의사결정을 위한 과학적 툴입니다. 그렇다면 의사결정의 대상은 무엇일까요? 대상은 모집단입니다. 정말 알고 싶은 전체 대상을 모집단이라고 할 수 있습니다. 모집단의 크기가 너무 크면예를 들어 인구총수 일부를 추출해서 평가를 합니다. 이것을 샘플링이라고 합니다. 국민의 여론을 파악하기 위해 1,000명을 대상으로 여론조사를 한다면 1,000명을 추출하는 것을 샘플링표본이라고 합니다. 샘플링은 모집단의 특성을 정확하게 반영을 해야 하는데요, 이 부분은 별도로 설명을 하겠습니다.

예를 들어보겠습니다. 국민의 여론을 알고 싶어 1,000 명의 국민을 샘플링합니다. 그리고 1,000명을 대상으로 평균으로 통계적 분석을 했다고 가정합니다. 그러나 사실 1,000명의 평균이 궁금한 것이 아닙니다. 정말 알고 싶은 것은 모집단, 즉 전체 국민의 평균인 것이죠. 이와 같이 샘플링의 평균으로 모집단의 평균을 예측하는 것을 통계적 추론이라고 합니다. 결국 품질관리에서 통계의 역할은 모집단의 품질수준을 예측하는 것입니다.

1
의사결정을 위한 통계적 분석

2
통계의 역할

5.1 데이터 유형

데이터는 수치형 자료와 범주형 자료로 분류할 수 있습니다. 수치형 자료는 양적 자료이고 범주형 자료는 질적 자료입니다. 수치형 자료는 다시 계량형[연속형] 자료와 계수형[이산형] 자료로 구분할 수 있는데 여기서 주목할 것은 계량형 자료는 측정된 자료로 셀 수 없는 값이고 이산형 자료는 셀 수 있는 값이라는 것입니다.

이러한 내용을 정리하면 다음과 같습니다.

3

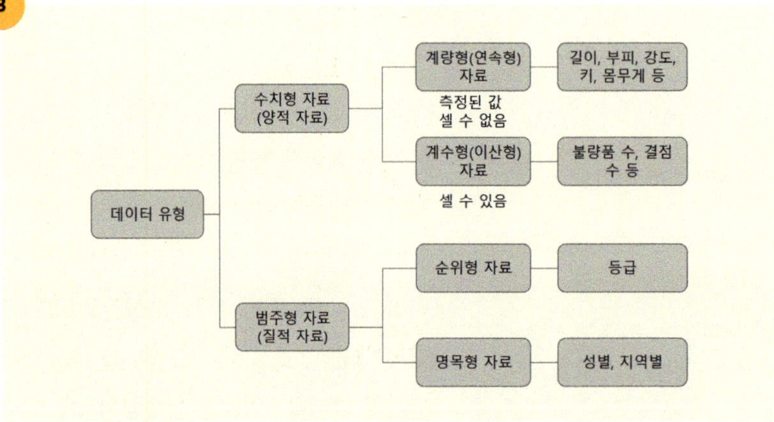

3 데이터 유형

데이터 유형에 따라 표현하는 방법도 달라집니다.

데이터 유형	숫자로 표현하기	그래프로 표현하기
수치형 (계량형, 계수형)	– 중심위치 평가 척도 : 평균, 중앙값, 최빈값 – 산포 평가 통계량 : 분산, 표준편차, 사분위수 범위	⋆ 히스토그램 ⋆ 상자그림 ⋆ 산점도
범주형 (순위형, 명목형)	빈도, 백분율	⋆ 원형그래프 ⋆ 막대그래프 ⋆ 파레토차트

5.2 모수와 통계량

모수[모집단]을 나타내는 특성값으로는 모평균, 모분산, 모표준편차 등이 있습니다. 그리고 샘플링의 특성값으로 모집단의 특성을 추론할 수 있는 것에는 표본평균, 표본분산, 표본표준편차가 있습니다. 샘플링의 특성값을 통계량이라고도 합니다.

4

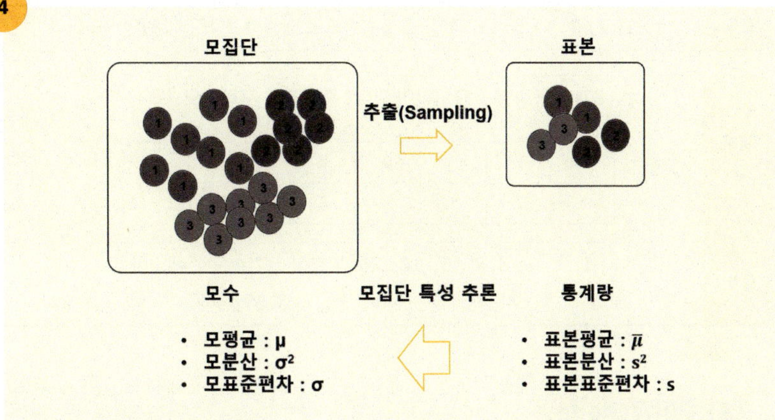

4 모수와 통계량

5.3 통계값

(1) 평균값(Mean)

통계값 중 대표적인 것이 평균입니다. n 개 관측치의 총합을 관측치의 개수로 나눈 값으로 극단값[outlier]에 대해 민감합니다. 즉, 평균은 극단값에 의해 왜곡될 수 있다는 것을 유의하세요.

예시 1

7개의 공정별 소요시간이 있다. 각 공정당 소요되는 평균 시간을 구하시오. (단위 : 분)

A	B	C	D	E	F	G
1	2	1	3	5	4	26

풀이

$$\bar{x} = \frac{1+2+1+3+5+4+26}{7} = 6$$

G공정의 26분이 평균에 미치는 영향이 크다는 것을 알 수 있습니다.

(2) 중앙값(Median)

데이터를 크기순으로 배열했을 때 가운데에 위치하는 값이며 극단값Outlier에 의한 영향을 적게 받습니다.

예시 2

7개의 공정별 소요시간이 있다. 중앙값을 구하시오.(단위 : 분)

A	B	C	D	E	F	G
1	2	1	3	5	4	26

풀이 1, 1, 2, 3, 4, 5, 26 과 같이 크기순으로 배열하고 가운데 값인 3입니다.

예시 3

8개의 공정별 소요시간이 있다. 중앙값을 구하시오.(단위 : 분)

A	B	C	D	E	F	G	H
1	2	1	3	5	4	26	10

풀이 1, 1, 2, 3, 4, 5, 10, 26 과 같이 크기순으로 배열하고 4번째와 5번째의 평균값인 3.5입니다.

(3) 최빈값(Mode)

데이터의 빈도수Frequency가 가장 큰 것으로 극단값outlier에 의한 영향을 적게 받습니다. 앞의 문제에서 최빈값은 빈도수가 2 개인 '1'이 됩니다.

(4) 분산(Variance)과 표준편차(Standard deviation)

여러분들이 휴대폰용 배터리를 결정한다고 생각해봅시다. A와 B 배터리의 충전 후 사용시간을 측정한 데이터의 분포가 아래와 같을 때 여러분들은 어떤 배터리를 선호하겠습니까? 그림의 말풍선과 같이 B 배터리의 평균 사용시간은 A 배터리보다는 높지만 B 배터리의 산포가 커서 왼쪽 끝단의 경우는 A 배터리보다 낮을 수 있습니다. 따라서 어떤 것을 결정할 때 평

5 배터리의 사용시간

5

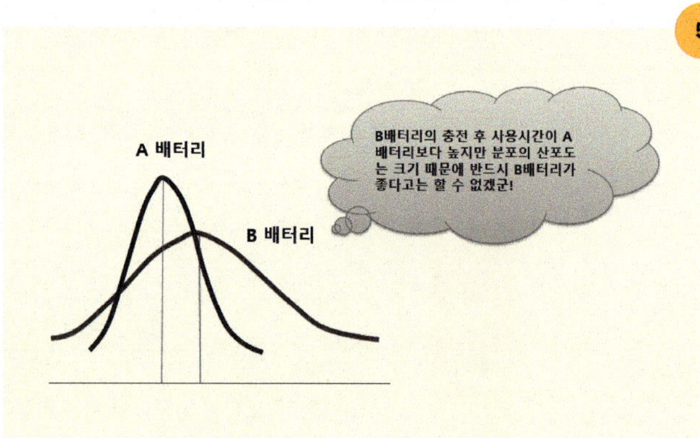

균만을 고려하여 판단하는 것은 잘못된 결과를 가져올 수 있기 때문에 자료값들이 흩어져 있는 정도인 산포를 함께 고려해야만 합니다.

결국 산포를 파악하는 것이 중요하다는 건데요. 데이터의 산포는 분산과 표준편차로 계산됩니다. 분산과 표준편차는 평균값으로부터 데이터들이 떨어진 거리로서 데이터의 흩어진 정도를 나타냅니다. 분산과 표준편차의 계산식을 정리하면 다음과 같습니다. 여기서 주목할 것은 표본을 대상으로 계산을 할 때는 데이터의 개수에서 1을 뺀다는 것입니다. 이것은 수많은 데이터를 분석한 경험에 의한 것입니다.

	모집단	표본
개수	N	n
평균	μ	$\bar{x}$
분산	$\sigma^2 = \frac{\sum_{i=1}^{N}(x_i-\mu)^2}{N}$	$s^2 = \frac{\sum_{i=1}^{n}(x_i-\bar{x})^2}{n-1}$
표준편차	$\sigma = \sqrt{\sigma^2} = \sqrt{\frac{\sum_{i=1}^{N}(x_i-\mu)^2}{N}}$	$s = \sqrt{s^2} = \sqrt{\frac{\sum_{i=1}^{n}(x_i-\bar{x})^2}{n-1}}$
표본평균의 표준오차[01]		$\frac{s}{\sqrt{n}}$

(5) 범위(Range)

데이터의 최대값과 최소값 사이의 간격을 수치로 표시한 것을 범위라고 합니다. 범위를 표기하는 방법 중 사분위수가 있는데 사분위수는 데이터를 순서에 따라 배열했을 때 4등분 하는 수를 의미합니다.

- Q1 : 제 1 사분위수(First Quartile) = 25 %에 해당하는 값
- Q2 : 제 2 사분위수(Second Quartile :중앙값) = 50 %에 해당하는 값

01 표본평균의 표준편차를 나타내는 값으로 표본의 표준편차를 $\sqrt{\text{표본개수}}$로 나눈 값입니다.

- Q3 : 제 3 사분위수(Third Quartile) = 75 %에 해당하는 값
- 사분위 범위(IQR :Inter Quartile Range) : Q3-Q1

예시 4	다음과 같은 데이터가 있을 때 사분위수와 IQR을 구하여 보자. 2, 8, 20, 4, 9, 5, 4, 3
풀이	순서에 의해 배열 : 2 3 | 4 4 | 5 8 | 9 20 Q1 = 3.25, Q2 = 4.5, Q3 = 8.75, IQR = 4.5

(6) 이항분포

결과가 양품인지 불량품인지 또는 성공인지 실패인지 두 가지로만 구분되는 실험[베르누이 시행]을 n회 반복 시행했을 때, 성공 횟수 x 는 다음의 분포를 따르고 이것을 이항분포라고 합니다.

$$P(x) = \binom{n}{x} p^{x}(1-p)^{n-x}, \quad x = 0, 1, ..., n$$

n : 총 시행 수

p : 시행에서 성공을 나타내는 확률로 0과 1 사이의 값

x : n 번의 시행 중 성공 횟수

$$\binom{n}{x} = \frac{n!}{x!(n-x)!}$$

평균 : np

분산 : $np(1-p)$

표준편차 : $\sqrt{np(1-p)}$

예시 5	어느 생산 공정의 불량률이 1 %라고 할 때, 이 공정에서 생산된 제품 중에서 취한 크기 n=10 인 샘플에 불량품이 1개 이하 들어 있을 확률은 얼마인가? 평균과 분산은 얼마인가?

풀이

$$P(x) = \binom{n}{x} p^x (1-p)^{n-x},\ x = 0,\ 1,\ \ldots.,\ n$$

n : 총 시행 수

p : 시행에서 성공을 나타내는 확률로 0과 1 사이의 값

x : n 번의 시행 중 성공 횟수

$$\binom{n}{x} = \frac{n!}{x!(n-x)!}$$

평균 : np

분산 : np(1-p)

$P(x \le 1) = P(x = 0) + P(x = 1)$

$= 1 \times 0.010 \times 0.9910 + 10 \times 0.011 \times 0.999$

$= 0.9044 + 0.0914 = 0.9958$

평균 = np = 10 × 0.01 = 0.1

분산 = np(1-p) = 10×0.01×0.99 = 0.099

(7) 정규분포(Normal distribution)

6 정규분포 곡선

'표준의', '자연스러운', '정상의' 등 normal의 사전적 의미가 뜻하듯 정규분포는 정상적인 데이터분포 형태를 말합니다. 만약 공정데이터가 정규분포를 벗어나고 있다면 이러한 공정은 개선대상이라고 판단해야 합니다. 정규분포 곡선은 좌우대칭이고 종 모양이며 가우스 곡선이라고도 합니다.

6

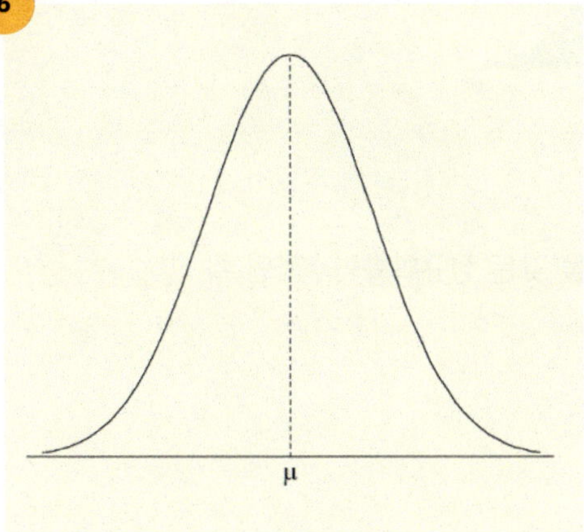

정규분포는 계량형 확률분포[02]의 한 예에 해당됩니다. 정규분포는 두 개의 모수로 표현되는데 평균과 분산으로 표현되는 것

02 계량형 확률분포는 실험결과가 계량(연속)형 값을 취하는 상황을 모형화하기 위해 사용됩니다. 계량형 확률분포에 대한 확률 함수는 확률밀도 함수(PDF, Probability Density Function)로 표시합니다. 따라서 정규분포는 일반적인 계량형 데이터들이 갖는 분포를 나타냅니다. 신뢰성 데이터는 지수분포 혹은 와이블 분포를 따르는 경우가 많으며, 한쪽 규격만이 정해져 있거나 공정에 이상이 있을 경우에는 일반적으로 데이터가 정규분포를 따르지 않게 됩니다.

입니다. 그러나 여기서 주의할 것은 정규분포가 확률분포의 한 예이지 '정규분포=확률분포'의 등식이 성립하지 않는다는 것입니다. 왜냐하면 정규분포는 평균을 기준으로 데이터가 좌, 우로 퍼져있는 모습을 시각적으로 나타낸 것이지만, 확률분포는 자료가 퍼져있는 모습과 함께 자료가 특정 범위에 속할 가능성을 정량적인 확률로 나타내는 수학함수가 포함된 것을 의미하기 때문입니다.

예를 들어 확률밀도함수를 설명해 보겠습니다.

아래 그림은 품질관리 성적분포가 정규분포라고 가정했을 때 확률분포함수[확률밀도함수]를 나타낸 것입니다. 확률밀도함수의 곡선의 면적은 1.0이 되는데, 이것은 학생들의 성적이 X 축 분포에 들어올 가능성이 100%라는 의미가 됩니다.

같은 그림에서 성적이 80점 이상 되는 학생들의 비율은 색깔로 표시된 영역으로 면적이 0.13이며 확률은 13%가 됩니다.

7

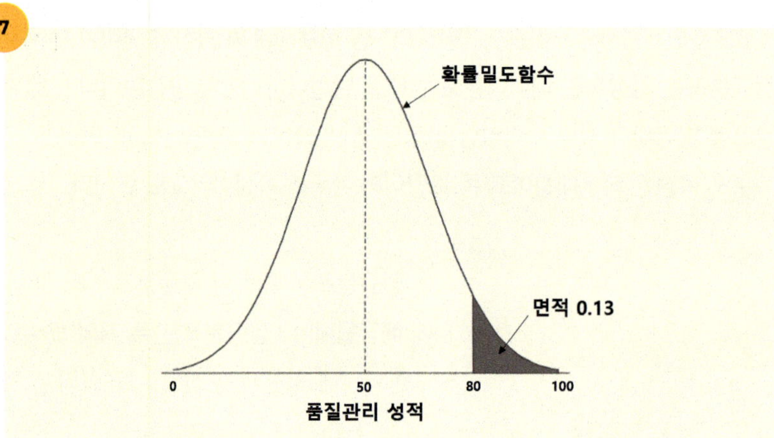

7
확률밀도함수

위 그림에서 성적분포가 평균 μ와 분산 σ^2을 갖는 정규확률변수라면 확률밀도함수는 다음과 같습니다.

$$f(x) = \frac{1}{\sqrt{2\pi\sigma}} e^{-\frac{(x-\mu)^2}{2\sigma^2}}$$

8
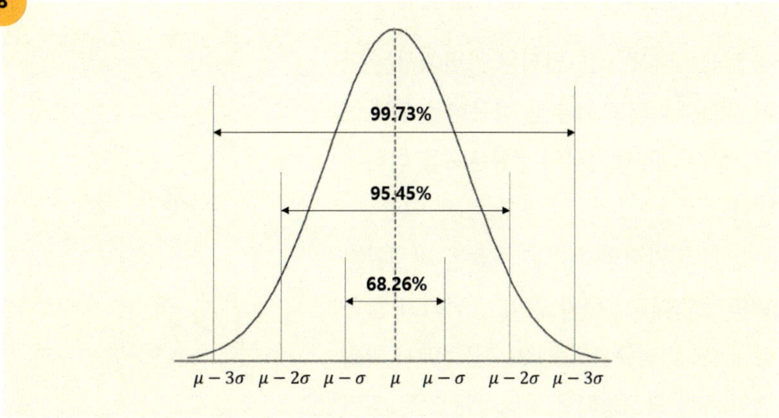

8
정규분포의 확률밀도곡선

9
표준 정규분포

정규분포를 나타내는 확률밀도함수는 평균과 표준편차로 나타내는데 이 평균과 표준편차를 표준화하면 다양한 정규분포를 한 개의 함수식으로 나타낼 수 있습니다. 이것을 표준 정규분포SND, Standard Normal Distribution라고 합니다. 표준 정규분포는 평균이 0이고 표준편차가 1인 정규분포를 의미합니다.

9
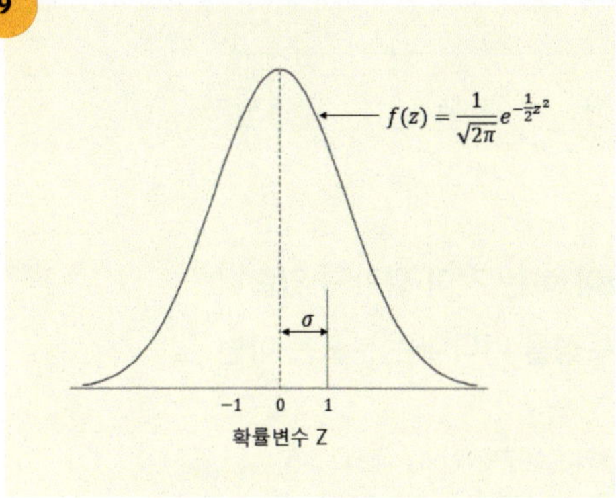

$$Z = \frac{X-\mu}{\sigma}$$

Z : 표준화된 수치, 표준 정규확률변수
X : 표준화하기 전 데이터
μ : X의 평균
σ : X의 표준편차

실제 경험에 따르면 비정규성의 모습을 보이는 대부분의 데이터 집단은 사실상 정규성을 따르는 분포를 기초로 한 것이 대부분이었습니다. 안정된 공정에서는 이상요인이 존재하지 않고, 중심의 변동이 우연요인[Common cause, Random cause]에 의해 발생합니다. 즉, 안정된 공정에서는 단기 샘플데이터도 대부분 정규성을 만족하고, 장기 샘플데이터도 정규분포를 나타냅니다.

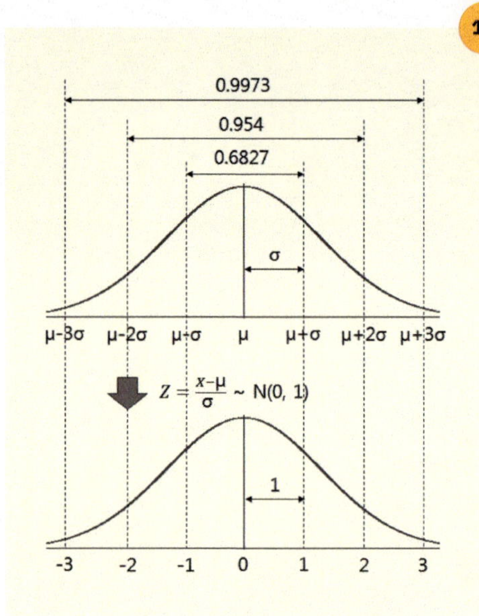

반면에 안정되지 않은 공정은 비정규분포를 보입니다. 이와 같이 안정되지 않은 상태 즉, 비정규분포를 갖는 공정에서 확률에 기초한 공정능력을 추정하는 것은 의미가 없습니다. 이러한 공정에서 중요한 것은 공정능력을 파악하는 것이 아니라 이상요인을 규명, 추적, 제거하여 공정을 안정화하는 것입니다.

10
정규분포의 표준정규분포 전환

11
안정된 공정

12
불안정된 공정

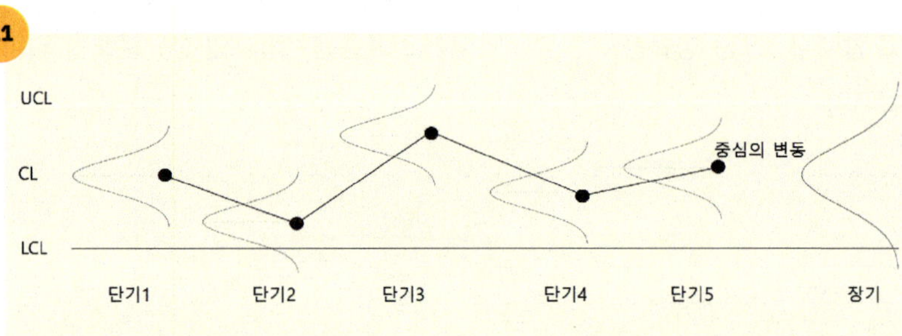

데이터가 정규분포를 따르지 않을 때 살펴봐야 하는 것이 몇가지 있습니다. 혹시 와이블[Weibull][03] 등 시간에 따른 고장특성을 나타내는 분포는 아닌

03 와이블 분포는 생존분석(survival analysis)에 사용되는 분포인데 parameter에 따라 시간 t 에 따라 변하지 않는 것도 고려할 수 있고, 증가하는 경우도 고려할 수 있고 또한 시간 t에 따라 감소하는 경우도 고려할 수 있습니다. 어떤 제품이 고장날 가능성이 시간에 따라 변하지 않으면 지수분포를 사용해서 모형추정을 하면 되지만 만일 어떤 제품은 노후화가 되어 시간이 지날수록 고장 날 가능성이 많아진다면 지수분포를 사용할 수 없고 와이블 분포 등을 사용해야 합니다. 또한 어떤 제품은 시간이 지날수록 사용자가 사용법에 익숙해져서 고장을 내지 않으므로 고장확률이 줄어든다고 하더라도

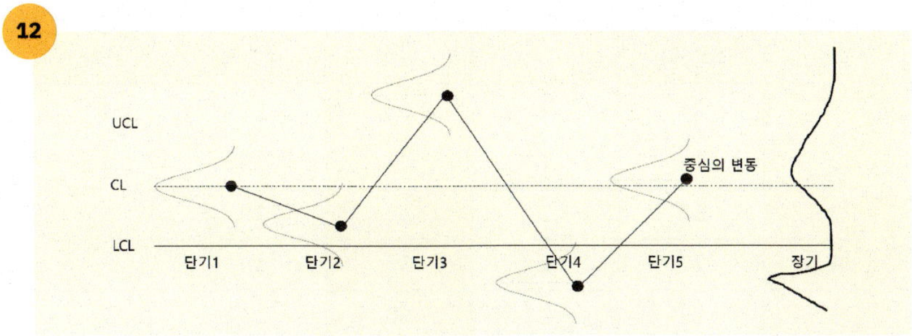

지, 데이터가 너무 작지 않은지, 이상요인 데이터가 너무 많지는 않은지 등을 살펴보는 것이죠. 정규성을 분석하기 위한 적정 데이터 수는 일반적으로 30개 이상을 추천합니다.

이러한 비정규분포를 갖는 데이터를 대칭적으로 만들기 위해서 로그나 루트와 같은 수치함수를 사용하기도 합니다. 이것은 대칭적인 분포정규분포로 만들어서 통계분석의 타당성을 갖게 하기 위함입니다.

5.4 기술통계량

이론적으로 살펴본 기초통계에 대해 미니텝 SW의 예제를 사용해 실습을 해보겠습니다.

예시 6	음료용기의 뚜껑을 제조하는 회사입니다. 사용자가 뚜껑을 여는데 필요한 회전력이 얼마인지를 분석해보겠습니다. 측정데이터 개수는 70개이고 목표값은 18 N 입니다. –뚜껑을 여는데 필요한 회전력은 얼마인가 ? –회전력을 측정한 데이터는 정규분포인가 ?

① 미니텝 SW를 활성화하고 데이터[04]를 입력합니다.

와이블 분포를 사용합니다. 즉, 지수분포를 사용한다는 것은 위험률이 시간 t 에 따라 변하지 않는다는 가정을 하는 것이죠. 따라서 와이블 분포는 부품의 수명추정분석, 신뢰성분야의 실패분석, 제품제조에 걸리는 시간 등을 분석할 때 사용됩니다.

04 www.datalabs.co.kr/support/의 Minitab 실습예제 자료를 인용했습니다.

번호	회전력	기계	번호	회전력	기계
1	24	2	36	16	1
2	14	1	37	14	1
3	18	1	38	15	1
4	27	2	39	14	2
5	17	2	40	14	2
6	32	2	41	25	1
7	31	2	42	15	1
8	27	2	43	16	1
9	21	2	44	15	1
10	27	1	45	19	2
11	24	1	46	15	1
12	21	2	47	15	2
13	24	1	48	19	1
14	26	2	49	19	1
15	31	2	50	30	2
16	34	2	51	24	2
17	28	1	52	10	1
18	32	2	53	15	2
19	24	2	54	17	2
20	16	2	55	17	2
21	22	1	56	21	2
22	37	2	57	34	2
23	36	2	58	22	1
24	21	1	59	17	1
25	16	1	60	15	1
26	17	1	61	17	1
27	22	1	62	20	2
28	34	2	63	17	1
29	20	2	64	20	1
30	19	2	65	15	1

번호	회전력	기계	번호	회전력	기계
31	16	1	66	17	1
32	16	1	67	24	2
33	18	1	68	20	1
34	30	1	69	17	2
35	21	2	70	34	2

② 통계분석 > 기초통계 > 기술통계량 표시

③ 기술통계량으로 평균, 평균의 표준오차, 표준편차, 제1 사분위수, 중위수, 제3 사분위수를 선택합니다.

13 기술통계량

④ 결과분석

14 회전력 기술통계값

70개 평가결과의 평균값은 21.386 N이고, 평균의 표준오차는 0.781입니다. 절삭평균Trimean05은 21.032, 표준편차는 6.530, 최소값과 최

13

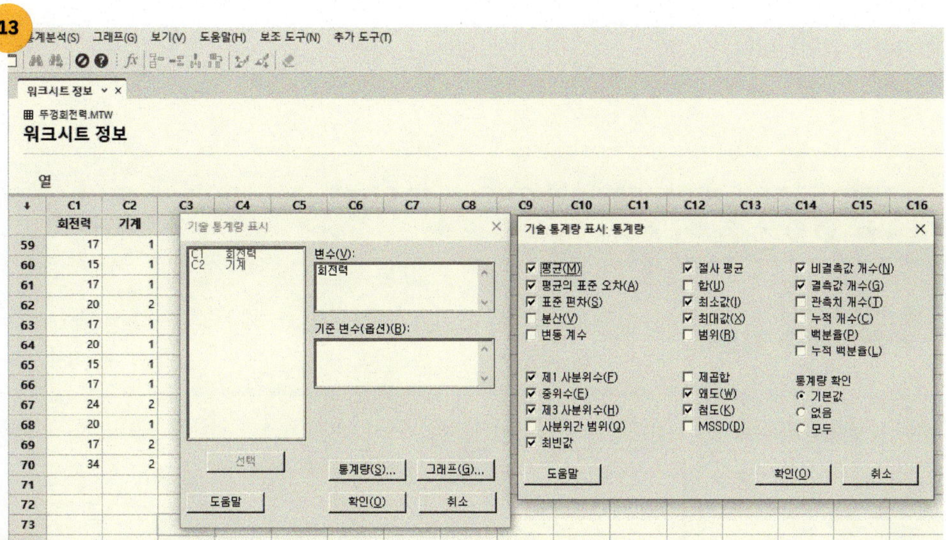

14

통계량

변수	N	N*	평균	평균의 표준 오차	TrMean	표준 편차	최소값	Q1	중위수	Q3	최대값	최빈값
회전력	70	0	21.386	0.781	21.032	6.530	10.000	16.000	20.000	25.250	37.000	17

변수	최빈값 개수	왜도	첨도
회전력	9	0.78	-0.38

05 데이터의 양쪽 5%를 빼고 계산한 값으로 이상치를 포함하지 않았다는 의미입니다.

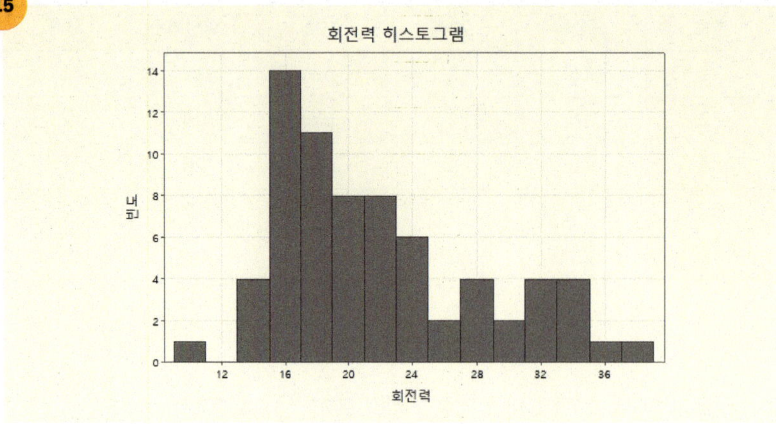

15
회전력 히스토그램

대값은 각각 16과 37이고, 최빈값은 17로 9개입니다.

측정데이터의 정규성을 파악하기 위해 회전력을 95% 신뢰구간으로 분석을 했습니다. 그래픽 요약 보고서를 보면 P값이 0.005로 95% 신뢰구간의 기준값인 0.05보다 작습니다. 이것은 회전력의 측정데이터가 정규분포가 아니라는 의미입니다.

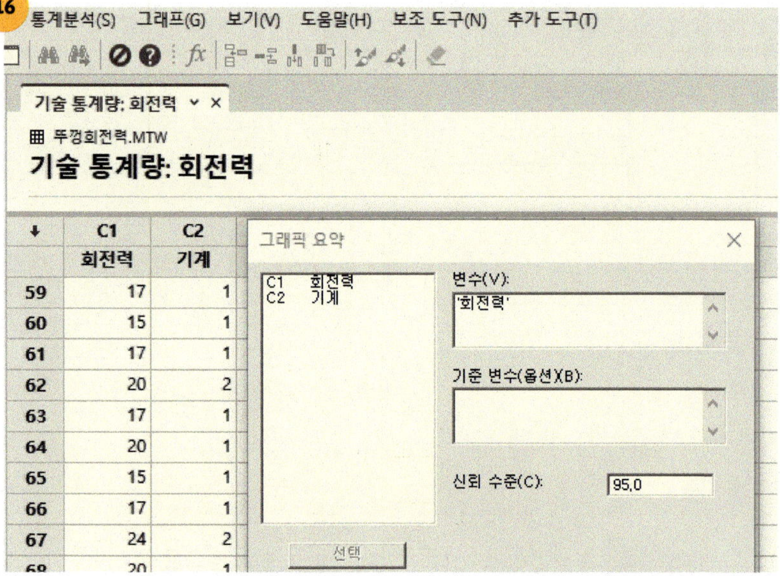

16
그래픽요약

17
회전력에 대한 그래픽 요약 보고서

17

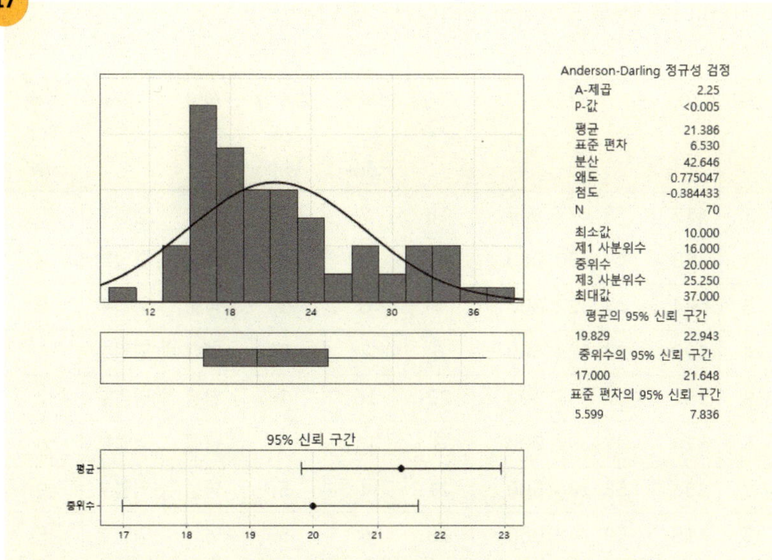

예시 7	회사의 직원 46명의 연봉으로 기술통계량을 분석해보겠습니다. 기술통계량 분석으로 알고 싶은 것은 ① 전 직원의 평균연봉, 최고 연봉과 최저 연봉 ② 부서별 평균연봉 비교와 부서내 연봉 차이 ③ 직원의 연봉과 평균 연봉의 차이 ④ 직원의 연봉과 소속 부서별 평균 연봉과의 차이 ⑤ 직원들의 연봉분포는 정규분포를 따르는가?

① 미니텝 SW를 활성화하고 데이터[06]를 입력합니다.

번호	ID	연봉	근무 년수	입사 전 경력 년수	고졸 후 교육 년수	성별	부서	부하 직원 수
1	412	58,477,500	18	7	9	남성	영업부	5
2	458	49,380,000	15	3	9	여성	영업부	4
3	604	44,322,000	5	6	1	남성	영업부	0
4	598	37,123,500	6	2	0	여성	영업부	1
5	351	62,833,500	22	16	7	남성	영업부	7
6	674	47,292,000	3	11	3	남성	영업부	6
7	356	58,186,500	21	4	5	남성	영업부	9
8	415	59,742,000	18	6	5	여성	영업부	5
9	693	43,477,500	0	1	4	여성	영업부	4
10	694	49,173,000	0	1	7	남성	영업부	0
11	625	65,511,000	6	9	4	남성	구매부	2
12	354	53,200,500	3	6	6	여성	구매부	3
13	268	44,814,000	2	0	3	여성	구매부	5
14	984	54,646,500	9	4	4	여성	구매부	2
15	651	84,489,000	12	3	8	남성	구매부	6
16	359	54,856,500	6	1	4	남성	구매부	2
17	647	53,202,000	9	5	4	여성	구매부	5
18	845	39,867,000	0	6	2	여성	구매부	2
19	972	71,304,000	15	5	6	남성	홍보부	4
20	539	35,481,000	0	0	0	여성	홍보부	2
21	649	56,322,000	19	9	4	남성	홍보부	6
22	824	54,867,000	4	4	8	남성	홍보부	8
23	649	82,018,500	20	3	6	여성	홍보부	4
24	624	79,851,000	25	0	6	남성	홍보부	3
25	891	47,137,500	7	6	5	여성	홍보부	6
26	974	59,614,500	9	6	5	여성	기술부	1

06 www.datalabs.co.kr/support/의 Minitab 실습예제 자료를 인용했습니다.

번호	ID	연봉	근무 년수	입사 전 경력 년수	고졸 후 교육 년수	성별	부서	부하 직원 수
27	648	39,678,000	1	3	2	여성	기술부	0
28	321	51,948,000	5	4	4	남성	기술부	0
29	264	53,446,500	6	4	4	남성	기술부	2
30	291	69,316,500	14	5	6	여성	기술부	5
31	267	51,346,500	6	2	6	남성	기술부	3
32	548	39,822,000	5	1	0	남성	기술부	2
33	555	54,768,000	6	6	4	여성	기술부	2
34	366	52,303,500	7	5	4	여성	기술부	1
35	246	61,882,500	9	4	6	남성	기술부	4
36	215	58,996,500	9	3	6	여성	기술부	1
37	814	53,230,500	8	2	2	여성	기술부	2
38	212	54,730,500	6	5	2	남성	기술부	3
39	526	102,637,500	25	2	12	남성	기술부	1
40	778	103,869,000	22	3	10	남성	기술부	45
41	486	98,230,500	27	0	12	여성	기술부	44
42	913	73,042,500	6	19	8	남성	기술부	40
43	679	77,547,000	18	6	6	남성	기술부	1
44	602	69,276,000	20	3	4	남성	기술부	1
45	359	52,480,500	9	6	2	여성	기술부	3
46	675	82,348,500	12	5	8	여성	기술부	0

② 통계분석 > 기초통계 > 기술통계량 표시

③ 기술통계량으로 평균, 평균의 표준오차, 표준편차, 제1 사분위수, 중위수, 제3 사분위수, 최소값, 최대값을 선택합니다.

④ 결과분석

i) 전 직원의 평균연봉, 최고 연봉과 최저 연봉

46 명의 평균연봉은 59,741,087 원이고 평균연봉의 표준오차는 2,432,625 원입니다. 표준편차는 16,498,866 원, 최소연봉과 최대연봉은 각각 35,481,000 원과 103,869,000 원입니다.

18

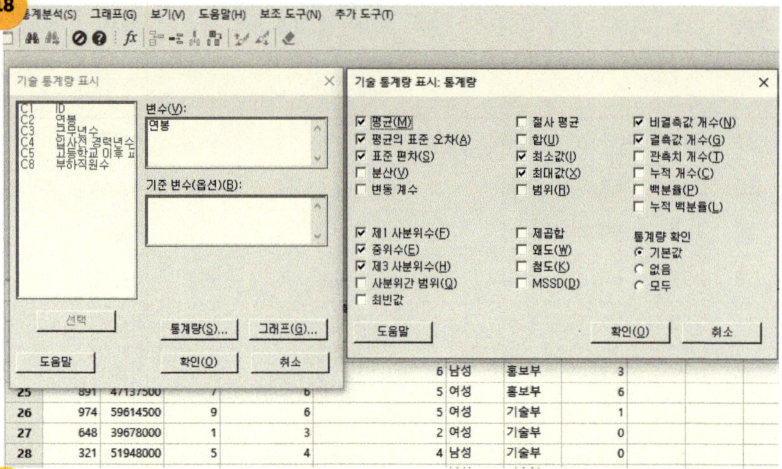

18
개인 연봉 분석용
기술통계량

19

통계량

변수	N	N*	평균	평균의 표준 오차	표준 편차	최소값	Q1	중위수	Q3	최대값
연봉	46	0	59741087	2432625	16498866	35481000	49328250	54812250	69286125	103869000

19
연봉 통계값

ii) 부서별 평균연봉 비교와 부서 내 연봉 차이

변수로 연봉을 지정하고 기준변수로 부서를 지정한 후 기술통계량을 선택합니다.

20

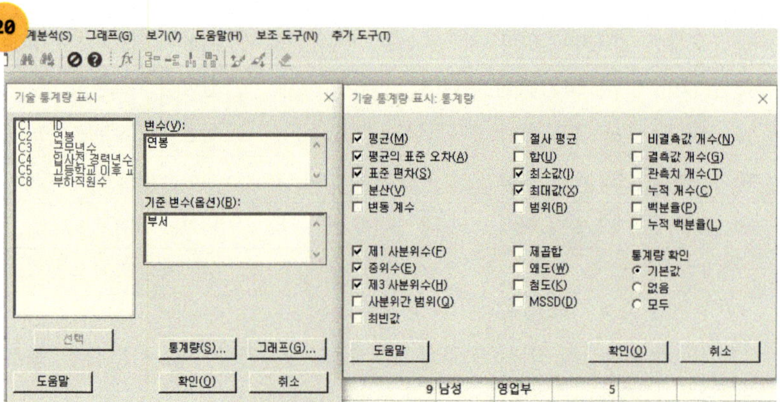

20
부서별
연봉비교용
기술통계량

21

통계량

변수	부서	N	N*	평균	평균의 표준 오차	표준 편차	최소값	Q1	중위수	Q3
연봉	구매부	8	0	56323313	4828213	13656248	39867000	46910625	53924250	62847375
	기술부	21	0	64786429	4110804	18838069	39678000	52392000	58996500	75294750
	영업부	10	0	51000750	2661381	8416027	37123500	44110875	49276500	58793625
	홍보부	7	0	60997286	6557794	17350291	35481000	47137500	56322000	79851000

변수	부서	최대값
연봉	구매부	84489000
	기술부	103869000
	영업부	62833500
	홍보부	82018500

21
부서별 연봉
기술통계값

기술통계값에 따르면 평균연봉이 가장 높은 부서는 기술부이고 가장 낮은 부서는 영업부입니다. 그런데 부서 내 연봉차도 기술부가 가장 크군요.

iii) 직원의 연봉과 평균연봉의 차이

직원의 연봉과 평균연봉의 차이를 계산하기 위해서 기술통계량 저장 옵션을 사용합니다. 이렇게 평균연봉을 저장한 후 개인연봉과 평균연봉의 차를 계산하는 것이죠.

미니텝 SW에서 통계분석 > 기초통계 > 기술통계량 저장 순으로 들어간 후 옵션을 누르면 출력행을 저장하는 것을 선택할 수 있습니다. 선택한 후 확인버튼을 누르면 미니텝의 워크시트에 평균연봉과 비결측값 개수 셀이 생성됩니다. 비결측값 개수는 평균연봉에 사용된 직원수를 의미합니다.

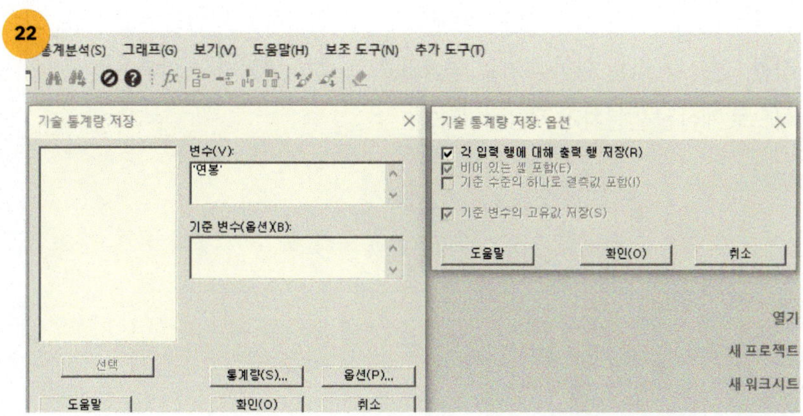

22
평균연봉을 저장하는 옵션

23

C1 ID	C2 연봉	C3 근무년수	C4 입사전 경력년수	C5 고등학교 이후 교육년수	C6-T 성별	C7-T 부서	C8 부하직원수	C9 평균1	C10 비결측값 개수1
412	58477500	18	7	9	남성	영업부	5	59741087	46
458	49380000	15	3	9	여성	영업부	4	59741087	46
604	44322000	5	6	1	남성	영업부	0	59741087	46
598	37123500	6	2	0	여성	영업부	1	59741087	46
351	62833500	22	16	7	남성	영업부	7	59741087	46
674	47292000	3	11	3	남성	영업부	6	59741087	46
356	58186500	21	4	5	남성	영업부	9	59741087	46
415	59742000	18	6	5	여성	영업부	5	59741087	46
693	43477500	0	1	4	여성	영업부	4	59741087	46
694	49173000	0	1	7	남성	영업부	0	59741087	46
625	65511000	6	9	4	남성	구매부	2	59741087	46
354	53200500	3	6	6	여성	구매부	3	59741087	46
268	44814000	2	0	3	여성	구매부	5	59741087	46
984	54646500	9	4	4	여성	구매부	2	59741087	46
651	84489000	12	3	8	남성	구매부	6	59741087	46
359	54856500	6	1	4	남성	구매부	2	59741087	46
647	53202000	9	5	4	여성	구매부	5	59741087	46
845	39867000	0	6	2	여성	구매부	2	59741087	46
972	71304000	15	5	6	남성	홍보부	4	59741087	46
539	35481000	0	0	0	여성	홍보부	2	59741087	46
649	56322000	19	9	4	남성	홍보부	6	59741087	46
824	54867000	4	4	8	남성	홍보부	8	59741087	46
649	82018500	20	3	6	여성	홍보부	4	59741087	46
624	79851000	25	0	6	남성	홍보부	3	59741087	46
891	47137500	7	6	5	여성	홍보부	6	59741087	46
974	59614500	9	6	5	여성	기술부	1	59741087	46

23
평균연봉 셀 생성

이제 직원연봉과 평균연봉을 계산해보죠.

미니텝 SW에서 계산 > 계산기로 들어간 후 결과 저장에 '연봉차'를 입력한 후 식을 입력하는 곳에 연봉-평균1 이라고 입력하고 확인을 누릅니다. 그러면 '연봉차'라는 셀이 추가로 생성되고 그 셀에 연봉차 = 연봉 – 평균1의 식으로 계산된 연봉차가 저장됩니다.

24

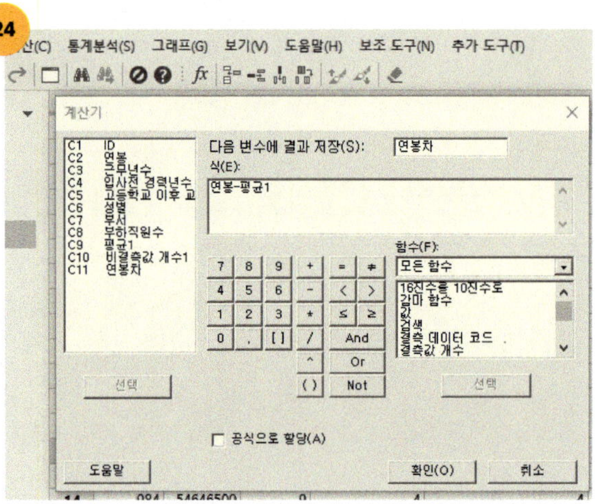

24
연봉차 계산식

25

C1 ID	C2 연봉	C3 근무년수	C4 입사전 경력년수	C5 고등학교 이후 교육년수	C6-T 성별	C7-T 부서	C8 부하직원수	C9 평균1	C10 비결측값 개수1	C11 연봉차
412	58477500	18	7	9	남성	영업부	5	59741087	46	-1263587
458	49380000	15	3	9	여성	영업부	4	59741087	46	-10361087
604	44322000	5	6	1	남성	영업부	0	59741087	46	-15419087
598	37123500	6	2	0	여성	영업부	1	59741087	46	-22617587
351	62833500	22	16	7	남성	영업부	7	59741087	46	3092413
674	47292000	3	11	3	남성	영업부	6	59741087	46	-12449087
356	58186500	21	4	5	남성	영업부	9	59741087	46	-1554587
415	59742000	18	6	5	여성	영업부	5	59741087	46	913
693	43477500	0	1	4	여성	영업부	4	59741087	46	-16263587
694	49173000	0	1	7	남성	영업부	0	59741087	46	-10568087
625	65511000	6	9	4	남성	구매부	2	59741087	46	5769913
354	53200500	3	6	6	여성	구매부	3	59741087	46	-6540587
268	44814000	2	0	3	여성	구매부	5	59741087	46	-14927087
984	54646500	9	4	4	여성	구매부	2	59741087	46	-5094587
651	84489000	12	3	8	남성	구매부	6	59741087	46	24747913
359	54856500	6	1	4	남성	구매부	2	59741087	46	-4884587
647	53202000	9	5	4	여성	구매부	5	59741087	46	-6539087
845	39867000	0	6	2	여성	구매부	2	59741087	46	-19874087
972	71304000	15	5	6	남성	홍보부	4	59741087	46	11562913
539	35481000	0	0	0	여성	홍보부	2	59741087	46	-24260087
649	56322000	19	9	4	남성	홍보부	6	59741087	46	-3419087
824	54867000	4	4	8	남성	홍보부	8	59741087	46	-4874087
649	82018500	20	3	6	여성	홍보부	4	59741087	46	22277413
624	79851000	25	0	6	남성	홍보부	3	59741087	46	20109913
891	47137500	7	6	5	여성	홍보부	6	59741087	46	-12603587
974	59614500	9	6	5	여성	기술부	1	59741087	46	-126587

25
연봉차 계산값

iv) 직원의 연봉과 소속 부서별 평균연봉과의 차이

직원의 연봉과 평균연봉의 차이를 계산하는 방식과 동일합니다.

26

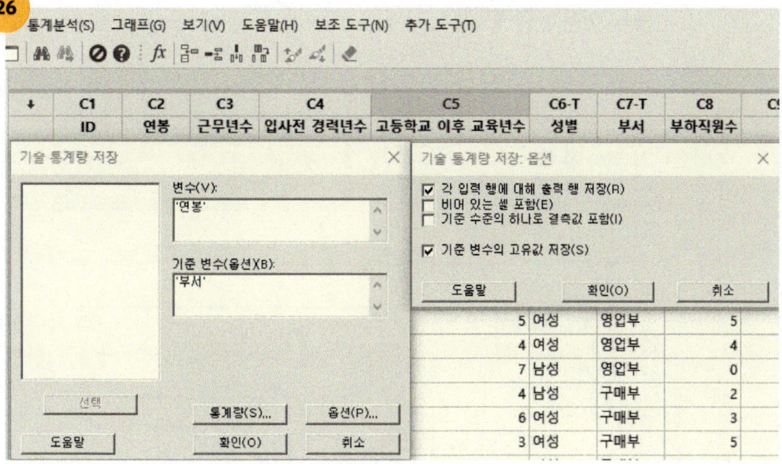

26
부서별
평균연봉을
저장하는 옵션

부서별 평균연봉을 저장하는 옵션을 저장한 후 확인을 실행하면 부서별 평균연봉'평균1'로 이름이 생성되는데 사용자가 임의로 수정 가능합니다과 비결측값 개수가 생성됩니다. 비결측값은 부서별 인원수를 의미합니다.

27

C1	C2	C3	C4	C5	C6-T	C7-T	C8	C9-T	C10	C11
ID	연봉	근무년수	입사전 경력년수	고등학교 이후 교육년수	성별	부서	부하직원수	기준 변수의 고유값 저장1	평균1	비결측값 개수1
412	58477500	18	7	9	남성	영업부	5	영업부	51000750	10
458	49380000	15	3	9	여성	영업부	4	영업부	51000750	10
604	44322000	5	6	1	남성	영업부	0	영업부	51000750	10
598	37123500	6	2	0	여성	영업부	1	영업부	51000750	10
351	62833500	22	16	7	남성	영업부	7	영업부	51000750	10
674	47292000	3	11	3	남성	영업부	6	영업부	51000750	10
356	58186500	21	4	5	남성	영업부	9	영업부	51000750	10
415	59742000	18	6	5	여성	영업부	5	영업부	51000750	10
693	43477500	0	1	4	여성	영업부	4	영업부	51000750	10
694	49173000	0	1	7	남성	영업부	0	영업부	51000750	10
625	65511000	6	9	4	남성	구매부	2	구매부	56323313	8
354	53200500	3	6	6	여성	구매부	3	구매부	56323313	8
268	44814000	2	0	3	여성	구매부	5	구매부	56323313	8
984	54646500	9	4	4	여성	구매부	2	구매부	56323313	8
651	84489000	12	3	8	남성	구매부	6	구매부	56323313	8
359	54856500	6	1	4	남성	구매부	2	구매부	56323313	8
647	53202000	9	5	4	여성	구매부	5	구매부	56323313	8
845	39867000	0	6	2	여성	구매부	2	구매부	56323313	8
972	71304000	15	5	6	남성	홍보부	4	홍보부	60997286	7
539	35481000	0	0	0	여성	홍보부	2	홍보부	60997286	7
649	56322000	19	9	4	남성	홍보부	6	홍보부	60997286	7
824	54867000	4	4	8	남성	홍보부	8	홍보부	60997286	7
649	82018500	20	3	6	여성	홍보부	4	홍보부	60997286	7
624	79851000	25	0	6	남성	홍보부	3	홍보부	60997286	7
891	47137500	7	6	5	여성	홍보부	6	홍보부	60997286	7
974	59614500	9	6	5	여성	기술부	1	기술부	64786429	21
648	39678000	1	3	2	여성	기술부	0	기술부	64786429	21
321	51948000	5	4	4	남성	기술부	0	기술부	64786429	21

이후 직원들의 부서별 평균연봉과의 차이를 계산하려면 다시 '계산기' 기능을 이용하면 됩니다.

27 부서별 평균연봉 (평균1) 생성

28

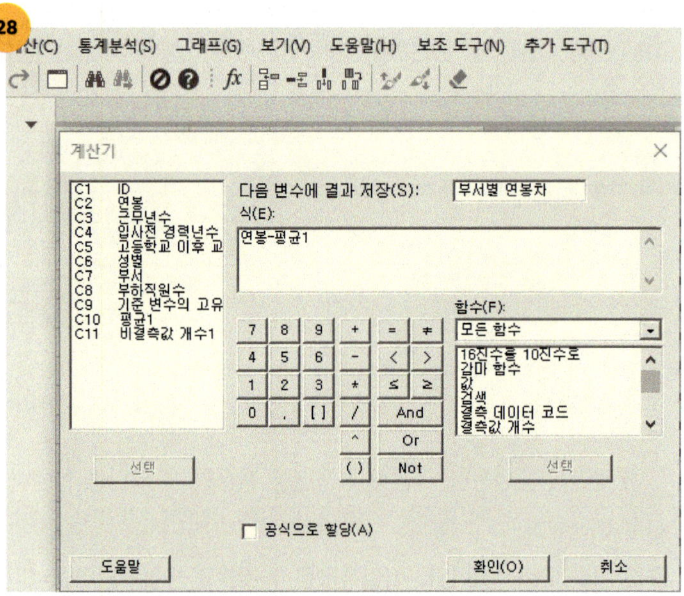

28 직원들의 부서별 평균연봉과의 차이 계산

29

	C1	C2	C3	C4	C5	C6-T	C7-T	C8	C9-T	C10	C11	C12
	ID	연봉	근무년수	입사전 경력년수	고등학교 이후 교육년수	성별	부서	부하직원수	기준 변수의 고유값 저장1	평균1	비결측값 개수1	부서별 연봉차
1	412	58477500	18	7	9	남성	영업부	5	영업부	51000750	10	7476750
2	458	49380000	15	3	9	여성	영업부	4	영업부	51000750	10	-1620750
3	604	44322000	5	6	1	남성	영업부	0	영업부	51000750	10	-6678750
4	598	37123500	6	2	0	여성	영업부	1	영업부	51000750	10	-13877250
5	351	62833500	22	16	7	남성	영업부	7	영업부	51000750	10	11832750
6	674	47292000	3	11	3	남성	영업부	6	영업부	51000750	10	-3708750
7	356	58186500	21	4	5	남성	영업부	9	영업부	51000750	10	7185750
8	415	59742000	18	6	5	여성	영업부	5	영업부	51000750	10	8741250
9	693	43477500	0	1	4	여성	영업부	4	영업부	51000750	10	-7523250
10	694	49173000	0	1	7	남성	영업부	0	영업부	51000750	10	-1827750
11	625	65511000	6	9	4	남성	구매부	2	구매부	56323313	8	9187688
12	354	53200500	3	6	6	여성	구매부	3	구매부	56323313	8	-3122813
13	268	44814000	2	0	3	여성	구매부	5	구매부	56323313	8	-11509313
14	984	54646500	9	4	4	여성	구매부	2	구매부	56323313	8	-1676813
15	651	84489000	12	3	8	남성	구매부	6	구매부	56323313	8	28165688
16	359	54856500	6	1	4	남성	구매부	2	구매부	56323313	8	-1466813
17	647	53202000	9	5	4	여성	구매부	5	구매부	56323313	8	-3121313
18	845	39867000	0	6	2	여성	구매부	2	구매부	56323313	8	-16456313
19	972	71304000	15	5	6	남성	홍보부	4	홍보부	60997286	7	10306714
20	539	35481000	0	0	0	여성	홍보부	2	홍보부	60997286	7	-25516286
21	649	56322000	19	9	4	남성	홍보부	6	홍보부	60997286	7	-4675286
22	824	54867000	4	4	8	남성	홍보부	8	홍보부	60997286	7	-6130286
23	649	82018500	20	3	6	여성	홍보부	4	홍보부	60997286	7	21021214
24	624	79851000	25	0	6	남성	홍보부	3	홍보부	60997286	7	18853714
25	891	47137500	7	6	5	여성	홍보부	6	홍보부	60997286	7	-13859786
26	974	59614500	9	6	5	여성	기술부	1	기술부	64786429	21	-5171929
27	648	39678000	1	3	2	여성	기술부	0	기술부	64786429	21	-25108429

29
직원들의 부서별 평균연봉과의 차이 계산

30
정규분포 여부를 확인할 그래픽 요약

v) 직원들의 연봉분포는 정규분포를 따르는가?

통계분석 > 기초통계 > 그래픽요약으로 들어가 연봉을 변수로 지정하고, 신뢰구간 95.0 을 확인한 후 확인버튼을 누릅니다. 그래픽 요약보고서에 따르면 직원의 연봉은 P값이 0.005 보다 작아서 정규분포를 따르지 않습니다.

30

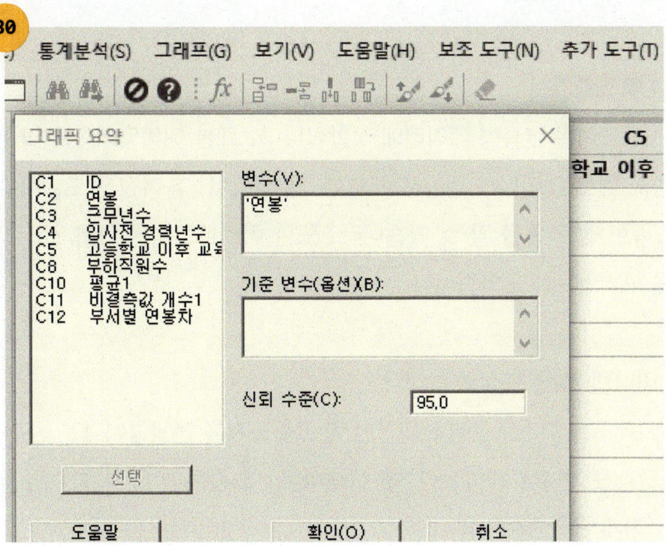

31

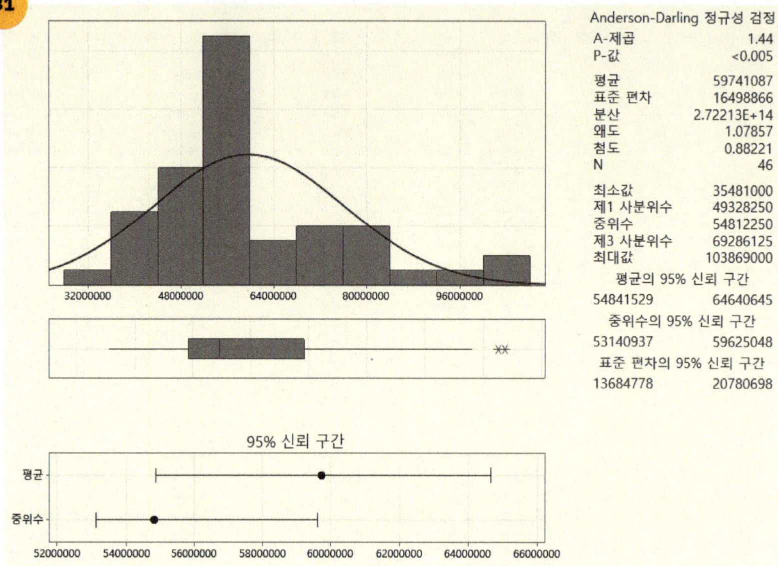

31 직원연봉의 그래픽 요약보고서

5.5 그래프 분석

모든 경우가 마찬가지지만 문자나 숫자를 그림으로 표현하는 것이 사용자를 이해시키는데 매우 유용합니다. 특히 복잡한 통계의 결과를 그림으로 요약하는 것은 매우 강력한 툴이라고 할 수 있습니다. 대표적인 그래프의 종류를 살펴보도록 하겠습니다.

(1) 히스토그램

히스토그램은 연속형 데이터에 적합합니다. 표본 데이터의 형태나 분포를 확인하기 위해 데이터의 정규분포 여부, 중심위치, 흩어진 정도, 치우친 정도, 뾰족한 정도 등을 알 수 있습니다. 또한 히스토그램은 그룹 간 데이터의 차이를 구별하도록 도와줍니다.

① 미니텝 SW를 활성화 합니다.

② 그래프 > 히스토그램 > 적합선 및 그룹표시를 선택합니다.

③ 그래프 변수로 '회전력'를 선택하고, 그룹화에 대한 범주형 변수로 '기계'를 선택합니다.

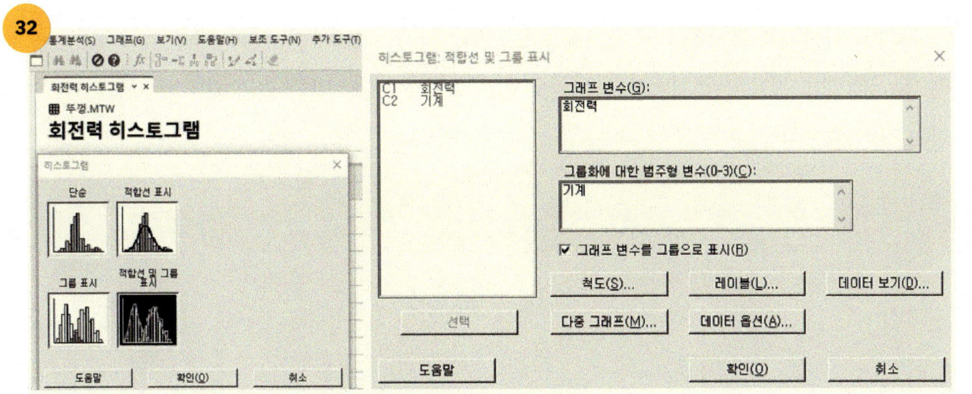

32
뚜껑 회전력의 히스토그램 설정

다중 그래프를 클릭하고 그래프변수 표시방법으로 동일한 그래프에 겹쳐짐을 지정한 후 확인을 누릅니다.

33
다중 그래프를 겹치게 보이도록 설정

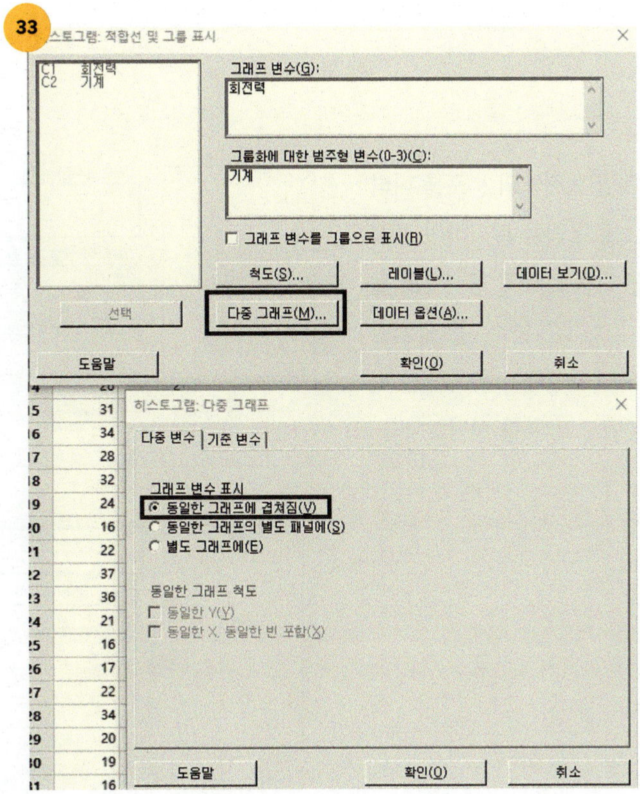

기계별 회전력의 분포를 히스토그램으로 보여줍니다. 기계 1은 36개, 기계 2는 32개의 분포가 겹쳐지고 추세선도 함께 표시됩니다. 이와 같이 표기하는 것이 정상적입니다.

34

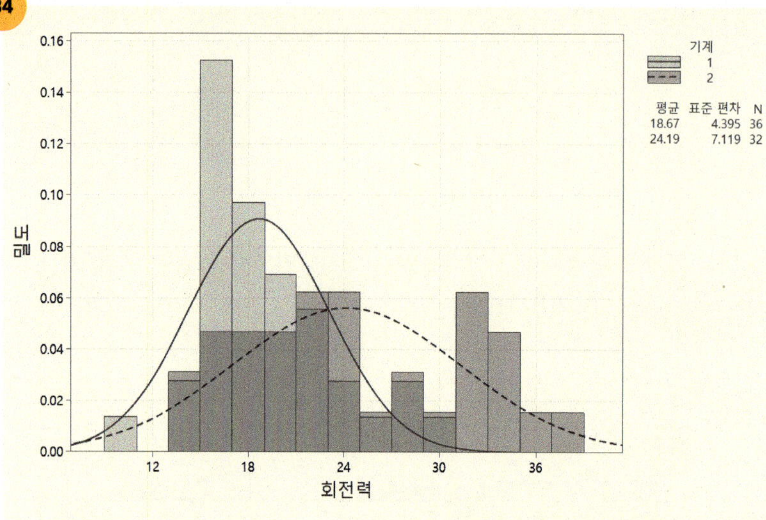

34
기계별 회전력 히스토그램 (그래프 겹침)

35
기계별 회전력 히스토그램을 분리하는 설정

기계별 회전력의 분포를 나타낸 히스토그램을 분리하여 표시하려면 다중 그래프 옵션으로 들어간 후 '기준 변수'를 클릭한 후 별도의 패널에 그룹이 있는 기준 변수로 '기계'를 지정합니다.

35

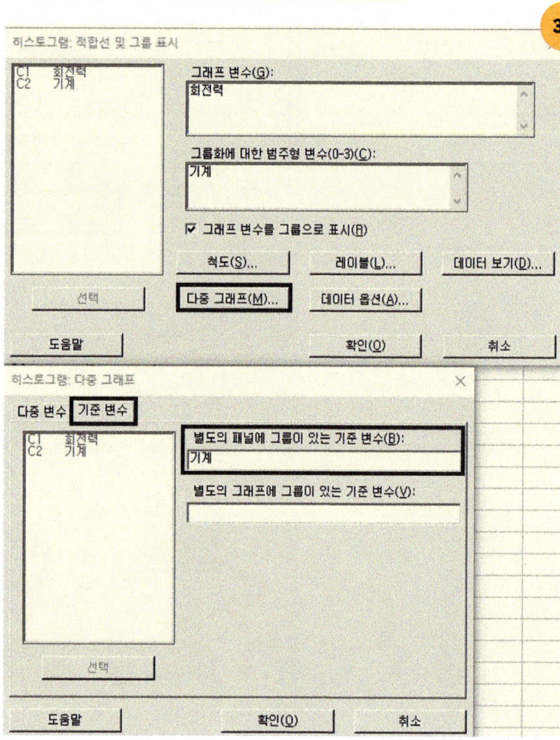

기계별 회전력의 분포를 나타낸 히스토그램이 회전력을 기준으로 분리되어 표시됩니다.

36

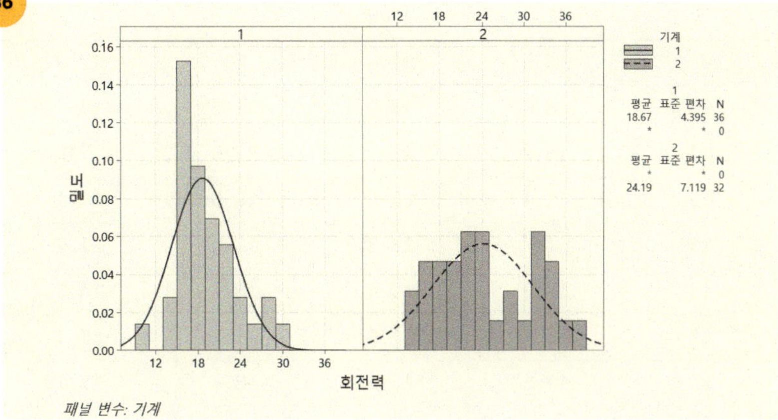

36
기계별 회전력 히스토그램 (그래프 분리)

만약 데이터가 여러 개의 그룹으로 분리할 수 있고, 그룹별 데이터의 분포를 비교하고 싶다면 히스토그램의 '다중 변수' 기능을 활용할 수 있습니다. 주식의 예[07]를 들어 살펴보겠습니다.

예시 8	고객의 거래율 증가를 위해 캠페인 방식에 따라 증가율 효과를 월 평균 거래율로 분석하려고 합니다. ① 그룹 1 : 캠페인을 진행하지 않음 ② 그룹 2 : 주가보고서를 이메일로 수신함 ③ 그룹 3 : 월간 뉴스레터를 수신함 ④ 그룹 4 : 모의 상품거래에 참여함

	Group A	Group B	Group C	Group D
1	6.2	7.4	16.8	9.3
2	11.4	14.8	19.9	9.7
3	22.2	21	18	16
4	9.5	11.4	23.1	18.6
5	17.3	22.4	25.7	28.3

07 www.datalabs.co.kr/support/의 Minitab 실습예제 자료를 인용했습니다.

	Group A	Group B	Group C	Group D
6	14.3	17	18.1	16.9
7	6.3	11.2	21.4	21.2
8	13	21.8	22.2	8.5
9	15.5	11.3	19	12.9
10	18.8	14.9	21.2	11.1
11	15.7	21.9	23.5	7.8
12	11.4	11.8	18.5	17.1
13	18	13.8	19	21.2
14	13.5	19.4	16.7	14.5
15	16.8	17.5	21.7	11.4
16	11.5	15.6	18.4	17.1
17	14.3	12.3	18.1	9.6
18	15.7	12.5	16.8	17.5
19	11.8	14.7	22.8	15.9
20	13.7	16.1	17.9	11.2
.	.	.	.	.
.	.	.	.	.
.	.	.	.	.

① 미니텝 SW를 활성화 합니다.

② 그래프 > 히스토그램 > 단순을 선택합니다.

③ 그래프 변수로 '그룹 A'에서 '그룹 D'를 모두 선택합니다.

④ 다중 그래프에서 '동일한 그래프의 별도 패널에'와 '동일한 그래프 척도'에서 동일한 Y, 동일한 X를 선택합니다.

37

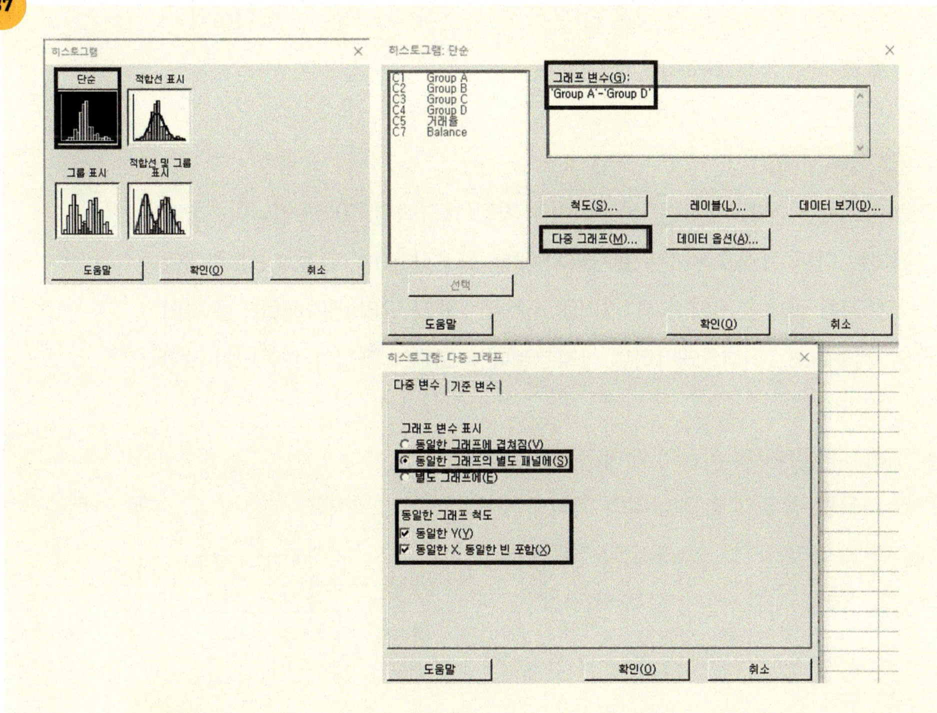

38

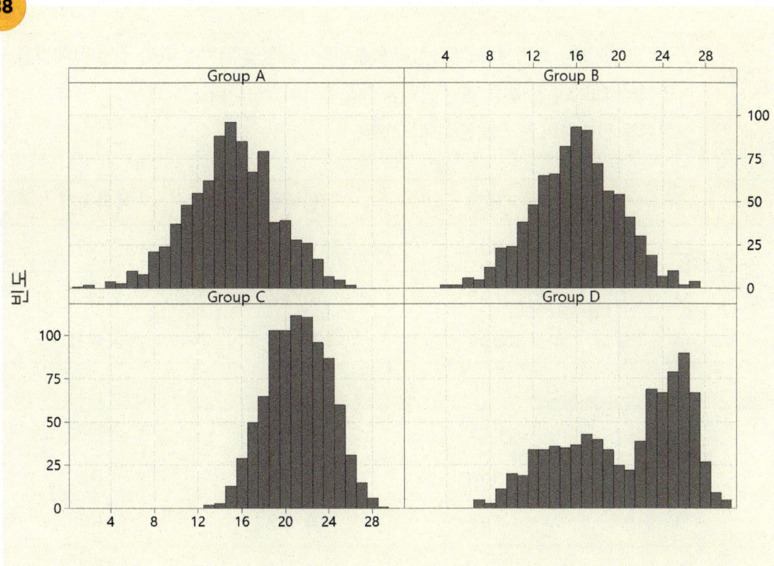

37
다중 히스토그램 분석을 위한 설정

38
주식 그룹별 월 평균 거래율 분포

히스토그램 분석에 따르면 어떠한 캠페인이 월 평균 거래율을 높이는데 효과적입니까? 거래율이 높은 그룹별 인원을 볼 때 그룹 A와 그룹 B보다는 그룹 C와 그룹 D의 효과가 큰 것 같습니다. 즉 뉴스레터나 모의 상품 거래의 기회를 주는 것이 좋겠습니다.

(2) 상자그림

상자그림은 데이터분포를 비교하기에 가장 효과적인 그래프입니다. 상자그림에는 다른 그래프에서는 표시되지 않는 최소값, Q1, Q2, Q3, 최대값과 특이치를 함께 표시됩니다. 그러나 히스토그램과 달리 데이터형태를 파악하는 것은 어렵습니다. 왜냐하면 상자그림에는 표본의 크기가 표현되지 않기 때문입니다.

상자그림은 20개 이하의 데이터를 대상으로 사용할 경우 개별 데이터의 영향력이 매우 크게 나타납니다. 따라서 이 경우에는 개별값 그림을 사용하는 것을 추천합니다.

39

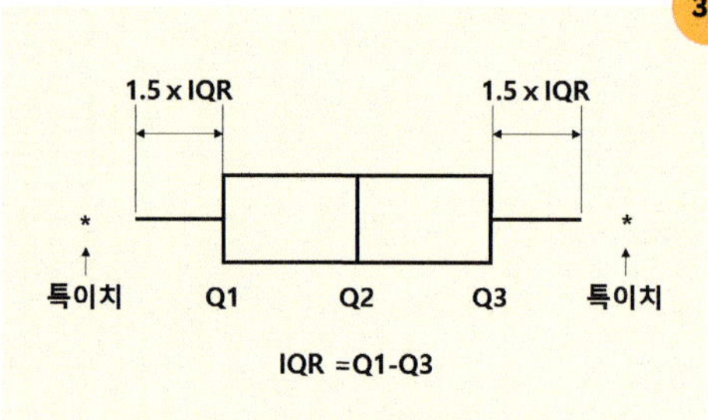

39
상자그림

예시 9	중심가, 시내, 쇼핑센터 내 상점이 있습니다. 상점의 위치에 따라 주별 판매량을 분석하려고 3주간 주중 일일 판매량[08]을 조사하였습니다. 상점별 판매량의 분포를 분석해보세요.

주	요일	판매량	상점위치
1	Mon	6368	중심가
1	Tue	5922	중심가
1	Wed	8074	중심가
1	Thu	6752	중심가
1	Fri	8304	중심가
1	Mon	4988	시내
1	Tue	4282	시내
1	Wed	5531	시내
1	Thu	4344	시내

08 www.datalabs.co.kr/support/의 Minitab 실습예제 자료를 인용했습니다.

주	요일	판매량	상점위치
1	Fri	7104	시내
1	Mon	4856	쇼핑센터
1	Tue	6330	쇼핑센터
1	Wed	6787	쇼핑센터
1	Thu	7221	쇼핑센터
1	Fri	7186	쇼핑센터
2	Mon	8096	중심가
2	Tue	5657	중심가
2	Wed	5973	중심가
2	Thu	7264	중심가
2	Fri	8572	중심가
2	Mon	4643	시내
2	Tue	5270	시내
2	Wed	4675	시내
2	Thu	5871	시내
2	Fri	4709	시내
2	Mon	6650	쇼핑센터
2	Tue	4867	쇼핑센터
2	Wed	7111	쇼핑센터
2	Thu	6791	쇼핑센터
2	Fri	6423	쇼핑센터
3	Mon	5719	중심가
3	Tue	6561	중심가
3	Wed	5880	중심가
3	Thu	6460	중심가
3	Fri	5788	중심가
3	Mon	5825	시내
3	Tue	4634	시내
3	Wed	5806	시내
3	Thu	6754	시내

주	요일	판매량	상점위치
3	Fri	4313	시내
3	Mon	5053	쇼핑센터
3	Tue	5788	쇼핑센터
3	Wed	4746	쇼핑센터
3	Thu	4992	쇼핑센터
3	Fri	7367	쇼핑센터

i) 그래프 > 상자그림 > 단일 Y > 그룹 표시를 선택합니다.

ii) 그래프 변수에 '판매량'을, 그룹항에 대한 범주형 변수에 '상점위치'를 지정합니다.

iii) 데이터 표시에서 사분위간 범위 상자, 특이점 기호, 평균 연결 선을 선택합니다.

40

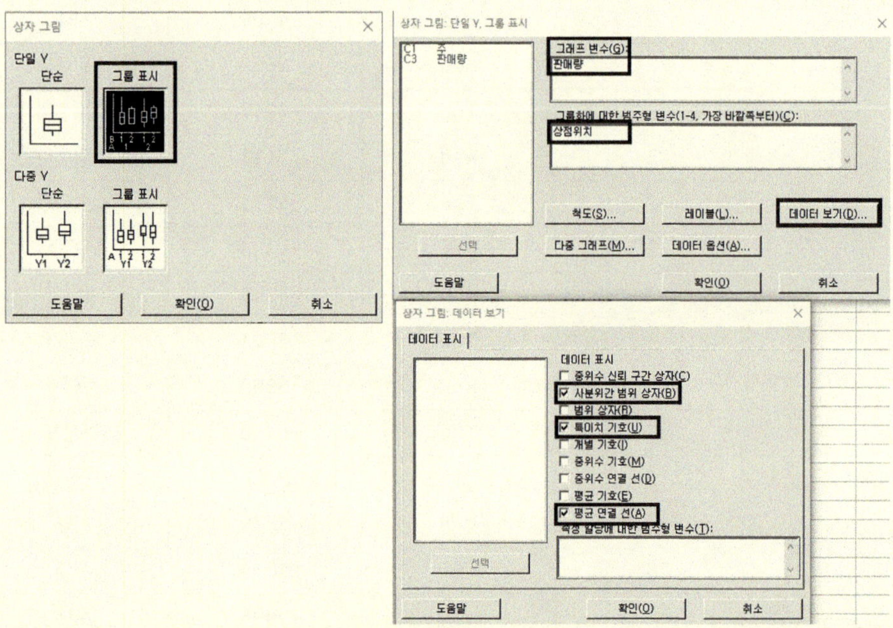

41

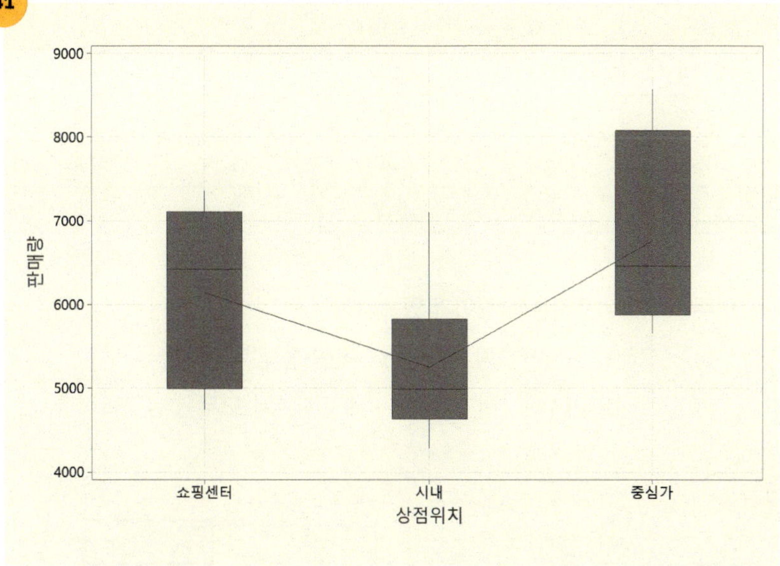

40 상점위치별 판매량 상자그림 설정

41 상점 위치별 판매량 상자그림

상자그림을 보면 주간 판매량은 중심가에서 가장 높습니다. 평균을 연결한 그림을 살펴봐도 중심가의 평균 판매량이 가장 높고, 시내에 위치한 상점이 가장 낮습니다. 그러나 평균 판매량은 쇼핑센터와 중심가가 비슷하군요.

예시 10	플라스틱 파이프공장에서 생산하는 파이프지름이 일정하게 생산되고 있는지를 살펴보기 위해 3주간 주당 10개씩 파이프의 지름을 측정[09]했습니다. ① 주별로 파이프지름의 차이가 있습니까? ② 생산기계에 따라 주별로 데이터 차이가 있습니까? ③ 조작(가공)자에 따라 주별로 데이터 차이가 있습니까?

첫 번째 주	두 번째 주	세 번째 주	기계	조작자
5.19	5.57	8.73	1	A
5.53	5.11	5.01	2	B
4.78	5.76	7.59	1	A
5.44	5.65	4.73	2	B
4.47	4.99	4.93	1	A
4.78	5.25	5.19	2	A

09 www.datalabs.co.kr/support/의 Minitab 실습예제 자료를 인용했습니다.

첫 번째 주	두 번째 주	세 번째 주	기계	조작자
4.26	7	6.77	1	B
5.7	5.2	5.66	2	B
4.4	5.3	6.48	1	A
5.64	4.91	5.2	2	B

① 주별로 파이프지름의 차이가 있습니까?

i) 그래프 > 상자그림 > 다중 Y > 단순을 선택합니다.

ii) 그래프 변수에 '첫 번째 주 ~ 세 번째 주' 모두를 선택합니다.

42

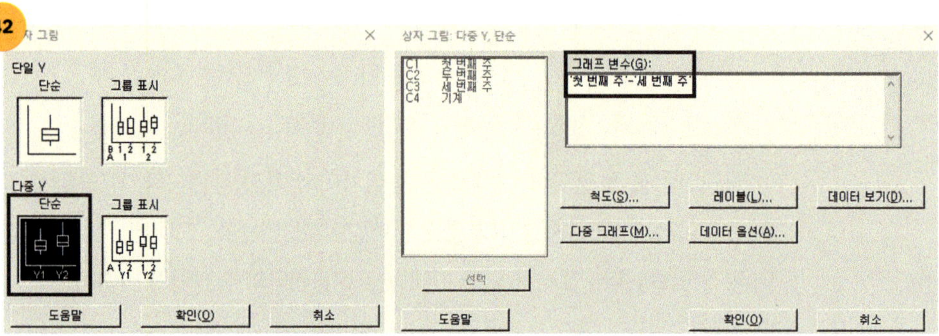

43

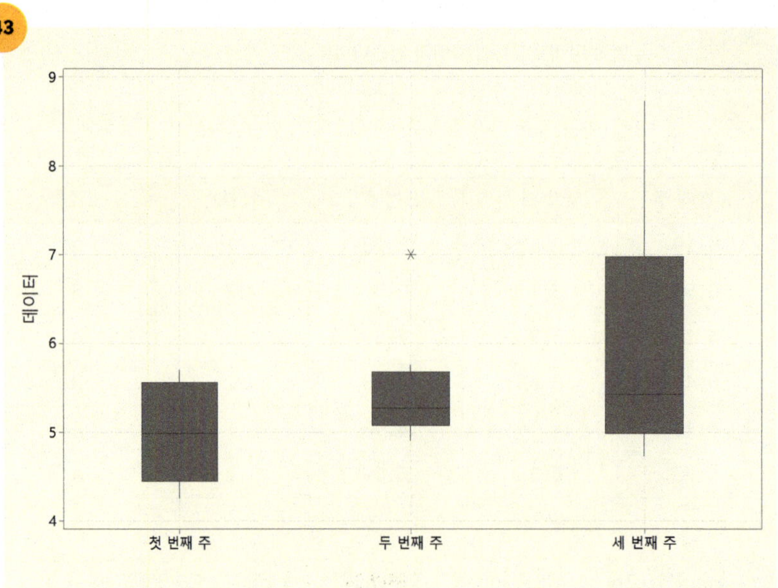

42 파이프지름의 주별 차이 상자그림 설정

43 파이프 지름의 주별 차이

주별로 생산된 파이프지름의 상자그림을 분석하면 세 번째 주의 산포가 가장 크다는 것을 알 수 있습니다. 그리고 두 번째 주의 산포는 매우 작은데 '특이치'가 발생했습니다. 이것은 두 번째 주의 산포가 작아서 하나의 데이터가 특이하다고 판정된 것입니다.

② 생산기계에 따라 주별로 데이터 차이가 있습니까?

이번에는 기계별로 주별 파이프지름의 분포를 살펴보겠습니다.

i) 그래프 > 상자그림 > 다중 Y > 그룹 표시를 선택합니다.

ii) 그래프 변수에 '첫 번째 주 ~ 세 번째 주' 모두를 선택합니다.

iii) 그룹화에 대한 범주형 변수로 '기계'를 선택합니다.

iv) 그래프 변수에 대한 척도 수준에서 '그래프 변수를 척도의 가장 바깥쪽에 표시'를 선택합니다.

44

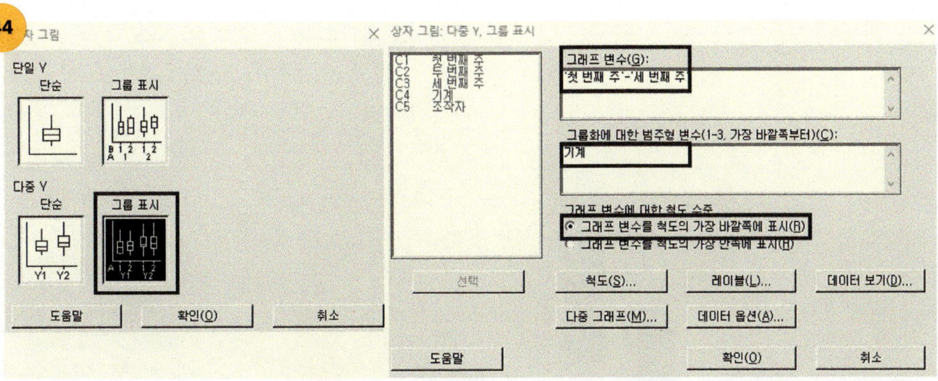

45

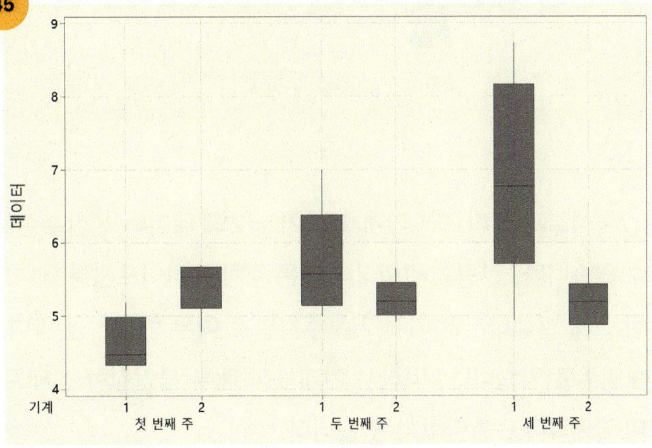

44 기계별 파이프지름의 주별 데이터 분석 설정

45 기계별 파이프지름의 주별 상자그림 결과

상자그림 결과에 의하면 첫 번째 주와 세 번째 주의 기계 1과 기계 2의 데이터 차가 확연하게 나타났습니다. 반면에 두 번째 주는 기계 1과 기계 2의 차이가 크지 않습니다. 따라서 기계별로 다시 한 번 상자그림을 그려보겠습니다.

이것을 위해 그래프 변수에 대한 척도 수준에서 '그래프 변수를 척도의 가장 안쪽에 표시'로 지정합니다. 즉, 변수인 '기계'를 먼저 표시하는 것입니다.

46

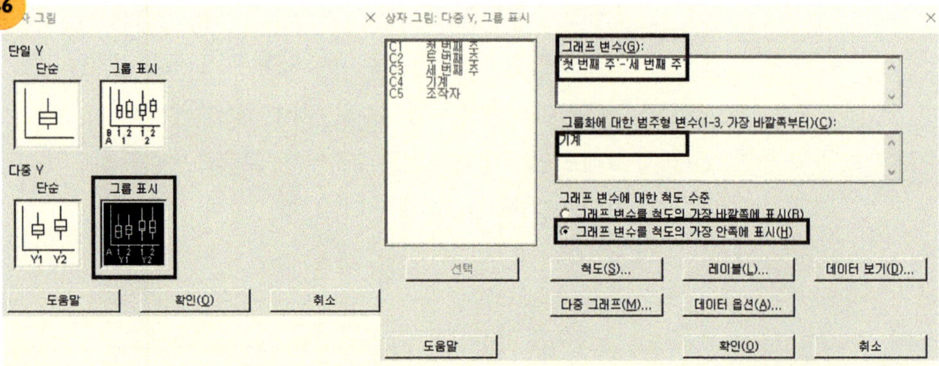

47

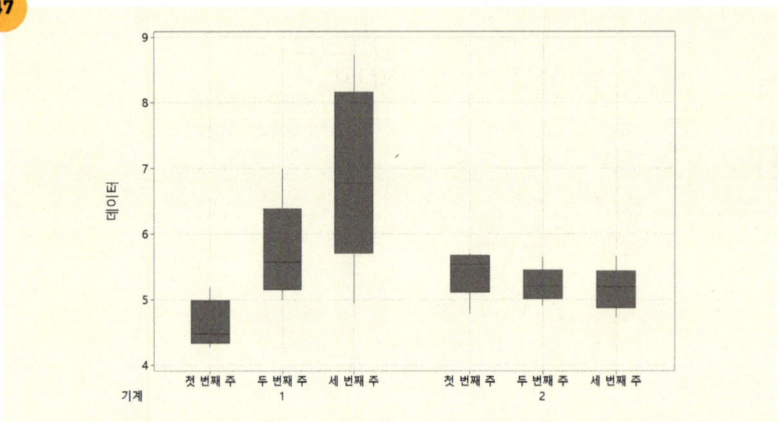

46 기계별 파이프 지름의 주별 데이터 분석 설정(기계별 분리)

47 기계별 파이프 지름의 주별 상자그림 결과(기계별 분리)

분석결과에 따르면 기계 1과 기계 2의 데이터 생산수준을 분명히 파악할 수 있습니다. 그림과 같이 기계 1은 주차별 파이프지름 데이터의 차이가 상당히 크게 발생하지만 기계 2는 주차별로 매우 안정적인 파이프지름 데이터를 보여주고 있습니다. 따라서 기계 1이 매우 불안정한 상태로 수리 또는 보정이 필요하다고 판단할 수 있습니다.

③ 조작자에 따라 주별로 데이터 차이가 있습니까?

마지막으로 조작자의 영향은 어떠한지 살펴보겠습니다.

48

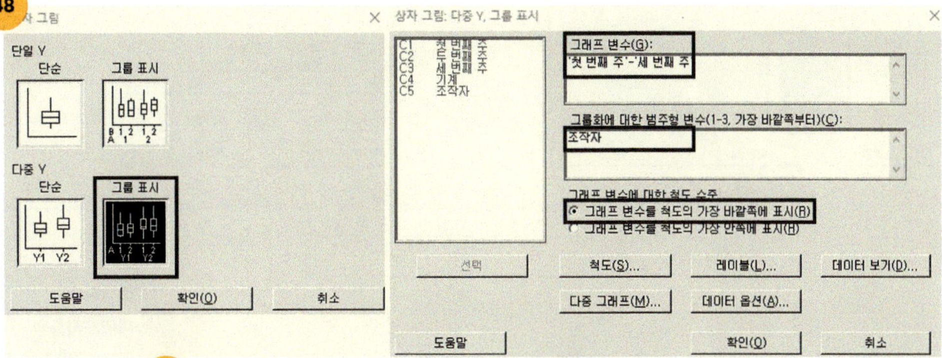

49

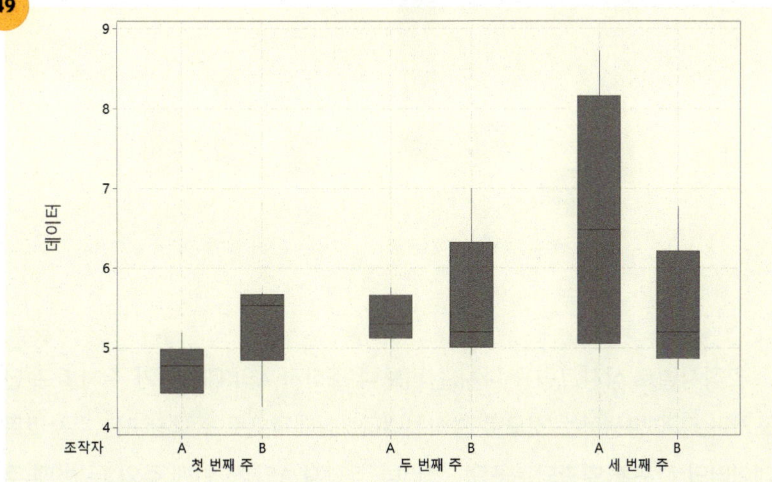

48
조작자별 파이프지름의 주별 데이터 분석 설정

49
조작자별 파이프 지름의 주별 상자그림 결과

주차별로 상자그림 결과를 분석해보면 조작자 A와 조작자 B의 측정결과가 크게 차이가 나지 않아 보입니다. 세 번째 주에 조작자 A의 데이터가 산포가 매우 크게 발생하였는데 조작자 B 역시 작다고 할 수 없습니다. 따라서 주차별로는 큰 차이를 알 수 없습니다.

50

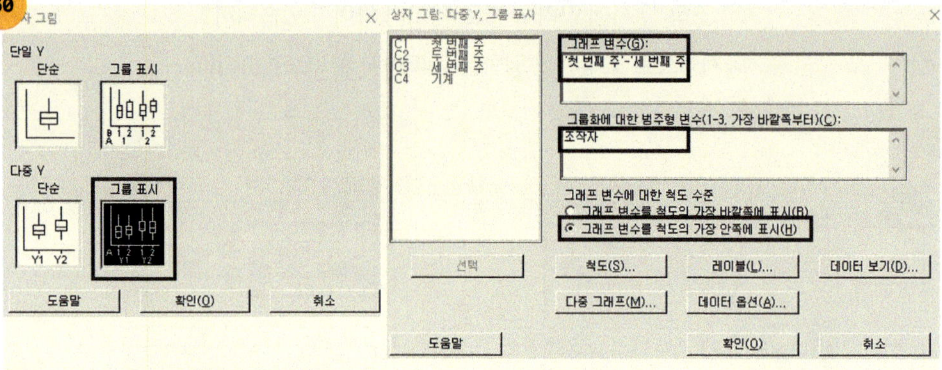

51

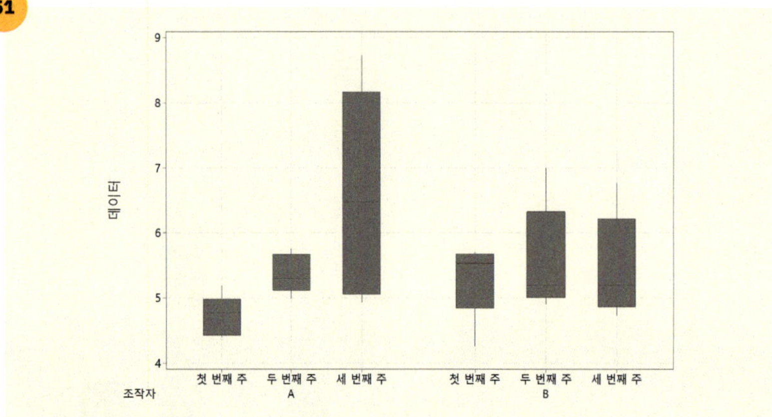

50
조작자별 파이프지름의 주별 데이터 분석 설정(조작자별 분리)

51
조작자별 파이프 지름의 주별 상자그림 결과(조작자별 분리)

조작자별로 상자그림을 다시 살펴보니 조작자 A의 데이터가 주차별로 산포차가 크게 발생하는 것으로 분석됩니다. 상대적으로 조작자 B는 주차별로 데이터의 산포가 일관되는군요. 그러나 조작자 A의 첫 번째 주와 두 번째 주의 산포가 매우 낮은 것에 비해 조작자 B는 데이터의 산포가 큰 상태로 일관되는 것이므로 반드시 조작자 B의 수준이 높다고 할 수 없습니다.

이러한 결과로부터 조작자 A는 데이터가 특이한 세 번째 중에 무슨 일이 있었는지를 살펴보는 것이 좋고, 조작자 B는 파이프 생산방법에 이상이 없는지 살펴보고 필요하다면 재교육을 시키는 것이 좋겠습니다.

(3) 산점도

두 개의 변수간의 상관관계를 분석하는데 사용하는 그래프가 산점도입니다. 산점도를 얘기하기 전에 먼저 상관관계를 분석하는 '상관분석'에 대해 알아봐야 합니다.

상관분석[Correlation analysis]은 통계학에서 두 변수가 선형적 또는 비선형적 관계를 갖고 있는지를 분석하는 방법입니다. 두 변수는 서로 독립적인 관계이거나 상관된 관계일 수 있으며 이때 두 변수간의 관계의 강도를 상관관계[Correlation] 또는 상관계수[Correlation coefficient, r]라 합니다. 상관계수는 두 변수간의 직선적인 관계를 나타내는 지표로서 –1 ~ +1 사이의 값을 가지며 –1과 +1에 가까울수록 음과 양의 상관관계가 강하다는 뜻입니다. 그리고 0에 가까운 값이면 두 변수는 상관성은 거의 없고, 독립적이라고 할 수 있습니다.

주목할 것은 상관계수는 두 변수간의 연관된 정도를 나타낼 뿐 인관관계를 설명하는 것이 아니라는 것입니다. 인관관계는 회귀분석을 통해 분석하는데 필요하지만 어려운 내용이니 별도로 학습하도록 하겠습니다.

$$상관계수, \quad r = \frac{\Sigma(x_i-\bar{x})(y_i-\bar{y})}{\sqrt{\Sigma(x_i-\bar{x})^2(y_i-\bar{y})^2}}$$

$$-1 \leq r \leq 1$$

52 상관계수별 산점도[10]

이와 같이 두 변수의 연관성은 상관계수를 계산하면 알 수 있는데 연관성 분포를 나타내는 산점도를 함께 분석하는 것이 좋습니다. 왜냐하면 산점도분석을 하면 이상치의 존재가 표시되고 동일한 상관계수 값에도 데이터의 분포가 다른지를 확인할 수 있기 때문입니다.

52

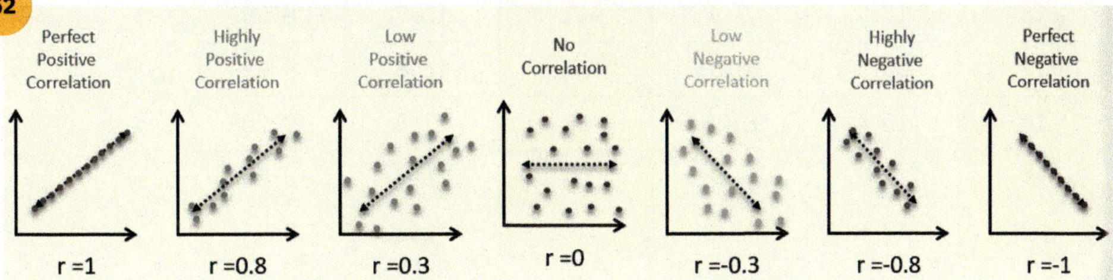

10 https://www.cqeacademy.com/wp-content/uploads/2018/06/Scatter-

예시 11	생산성을 향상시키기 위해 작업속도를 높이려고 합니다. 그런데 걱정되는 것은 작업속도가 높아질수록 혹시 불량률이 커지는 것은 아닌지 여부입니다. 그래서 작업속도에 따른 불량률을 분석하고, 기존 작업방법과 개선방법의 효과도 비교하려고합니다.[11] ① 작업속도를 높이면 불량률이 증가한다고 할 수 있습니까? ② 개선된 작업방법이 작업속도에 따른 불량률 개선에 도움이 됩니까?

① 작업속도를 높이면 불량률이 증가한다고 할 수 있습니까?

번호	작업속도	결함률	번호	작업속도	결함률
1	16.4	9.08	26	18.9	10.68
2	17.7	9.38	27	17.1	9.25
3	15	8.38	28	15.3	7.83
4	16.7	9.4	29	17.2	9.48
5	17.5	9.98	30	17.8	9.6
6	16.4	9.25	31	16.1	8.93
7	16.4	9.08	32	18.3	9.85
8	18.7	9.88	33	15.2	8.48
9	18.5	9.43	34	17.8	10.13
10	18.5	9.78	35	16.3	8.33
11	18.3	9.33	36	16.7	9.58
12	17.7	9.2	37	18.2	10.5
13	16.3	8.33	38	15.8	8.25
14	17.7	9.55	39	16.3	8.85
15	16.1	9.28	40	16.3	8.68
16	17.7	9.9	41	15.7	8.38
17	18.6	10.35	42	16.6	9.35
18	15.4	8.05	43	17.8	9.78
19	17.2	9.48	44	15.3	8.88
20	17.6	9.33	45	16	8.53

Plots-and-Correlation-Examples.png

11 www.datalabs.co.kr/support/의 Minitab 실습예제 자료를 인용했습니다.

번호	작업속도	결함률	번호	작업속도	결함률
21	15.5	8.8	46	15.2	8.65
22	18.7	9.53	47	15.4	7.88
23	16.1	8.75	48	16.6	9
24	17.7	9.73	49	16.3	9.2
25	18.8	10.28	50	17.1	9.25

i) 미니텝 SW를 활성화합니다.

ii) 통계분석 > 기초통계 > 상관분석을 클릭합니다.

iii) 변수에 작업속도, 결함률을 모두 선택합니다.

iv) 상관계수 옵션으로 기본 세팅된 Pearson[12] 상관계수를 선택하고, 신뢰구간은 95%입니다.

53

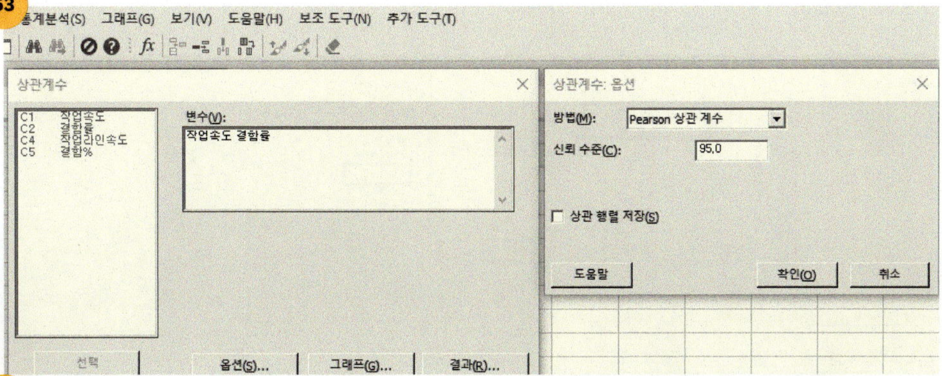

54

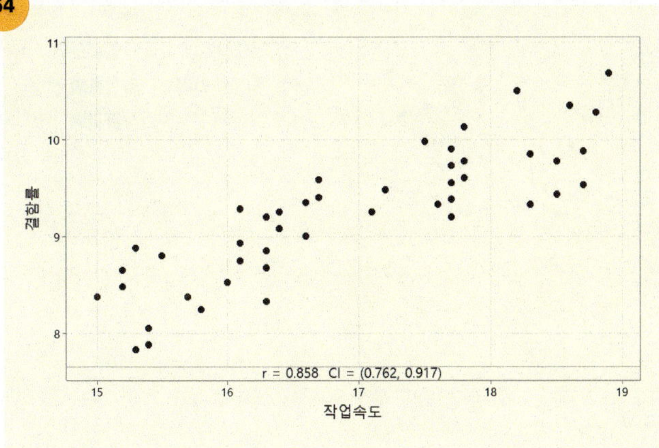

53 작업속도와 결함률의 상관계수 분석 입력창

54 작업속도와 결함률의 상관관계 선점도

12 두 변수가 모두 정규분포일 때 선택하며 대부분 이 계수값을 사용합니다. 또 다른 Spearman 상관계수는 데이터가 정규분포가 아니지만 연속형이라면 가능합니다.

Pearson 상관 계수에 따른 r 값이 0.858로 작업속도와 결함률은 매우 강한 상관관계가 있다고 생각됩니다. CI[Confidential Interval] = 0.762, 0.917은 95% 신뢰구간의 상관계수 값을 의미합니다.

변수[작업속도]와 결과[결함률]의 인과관계를 알고 싶을 때는 회귀분석에 의한 추세선을 표시하는 것이 좋습니다.

i) 그래프 > 산점도 > 단순을 선택합니다.

ii) X 변수와 Y 변수에 각각 작업속도와 결함률을 입력합니다.

iii) 데이터 보기 > 회귀분석 > 선형을 선택합니다.

55

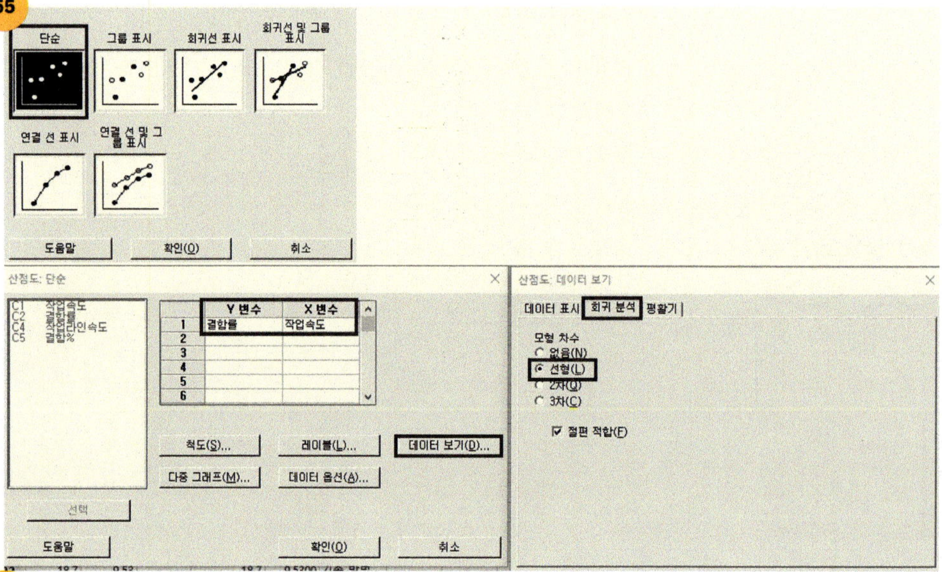

56

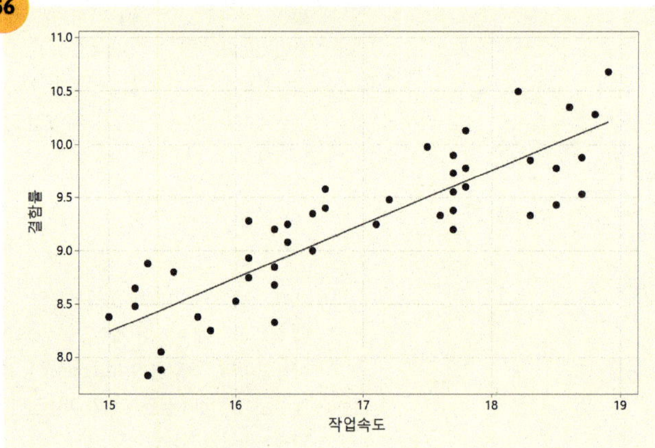

55 산점도 그래프에 선형 추세선 입력

56 작업속도와 결함률의 선형 상관관계

이와 같이 변수와 결과 사이의 인과관계를 분석하는 것이 회귀분석이라고 합니다. 미니탭의 선형 추세선에 마우스를 올리면 회귀적합선의 함수가 표시되는데 이것이 인과관계를 나타내는 선형회귀방정식입니다.

$$회귀적합선,\ 결함률 = 0.667 + 0.505 \times 작업속도$$
$$R^2 = 73.6\%$$ [13]

② 개선된 작업방법이 작업속도에 따른 불량률 개선에 도움이 됩니까?

번호	작업라인 속도	결함 %	작업방법	번호	작업라인 속도	결함 %	작업방법
1	16.4	9.08	기존 방법	51	15	8.517766	개선후 방법
2	17.7	9.38	기존 방법	52	16.6	8.813367	개선후 방법
3	15	8.38	기존 방법	53	15.8	8.639	개선후 방법
4	16.7	9.4	기존 방법	54	18.8	9.50034	개선후 방법
5	17.5	9.98	기존 방법	55	16.6	8.658922	개선후 방법
6	16.4	9.25	기존 방법	56	18.9	9.373534	개선후 방법
7	16.4	9.08	기존 방법	57	17.9	9.107076	개선후 방법
8	18.7	9.88	기존 방법	58	15.9	8.541458	개선후 방법
9	18.5	9.43	기존 방법	59	16.5	8.798879	개선후 방법
10	18.5	9.78	기존 방법	60	18.1	9.284108	개선후 방법
11	18.3	9.33	기존 방법	61	16.7	8.929166	개선후 방법
12	17.7	9.2	기존 방법	62	17.1	9.035832	개선후 방법
13	16.3	8.33	기존 방법	63	15.8	8.557075	개선후 방법
14	17.7	9.55	기존 방법	64	15.9	8.733717	개선후 방법
15	16.1	9.28	기존 방법	65	15.1	8.381799	개선후 방법
16	17.7	9.9	기존 방법	66	17.3	8.882708	개선후 방법
17	18.6	10.35	기존 방법	67	15.7	8.79717	개선후 방법
18	15.4	8.05	기존 방법	68	17	8.642882	개선후 방법

13 R 제곱값은 변수와 결과의 인과관계 정도를 나타내는 값으로 크면 클수록 좋습니다. 일반적으로 70% 이상이면 만족하는 수준이고, 90% 이상이면 매우 인과관계가 강하다고 판단합니다.

번호	작업라인 속도	결함 %	작업방법	번호	작업라인 속도	결함 %	작업방법
19	17.2	9.48	기존 방법	69	15.9	8.740191	개선후 방법
20	17.6	9.33	기존 방법	70	15.6	8.513794	개선후 방법
21	15.5	8.8	기존 방법	71	18	9.149842	개선후 방법
22	18.7	9.53	기존 방법	72	16.5	8.906667	개선후 방법
23	16.1	8.75	기존 방법	73	18.3	9.203083	개선후 방법
24	17.7	9.73	기존 방법	74	16.6	8.985621	개선후 방법
25	18.8	10.28	기존 방법	75	15.5	8.382452	개선후 방법
26	18.9	10.68	기존 방법	76	16.6	8.817455	개선후 방법
27	17.1	9.25	기존 방법	77	17.2	9.038006	개선후 방법
28	15.3	7.83	기존 방법	78	18.2	9.144408	개선후 방법
29	17.2	9.48	기존 방법	79	17.9	9.055205	개선후 방법
30	17.8	9.6	기존 방법	80	17.5	8.992007	개선후 방법
31	16.1	8.93	기존 방법	81	18.2	9.277878	개선후 방법
32	18.3	9.85	기존 방법	82	17.3	8.924439	개선후 방법
33	15.2	8.48	기존 방법	83	18.5	9.351701	개선후 방법
34	17.8	10.13	기존 방법	84	17.9	8.993391	개선후 방법
35	16.3	8.33	기존 방법	85	16.3	8.824009	개선후 방법
36	16.7	9.58	기존 방법	86	17.5	9.046317	개선후 방법
37	18.2	10.5	기존 방법	87	15.8	8.512528	개선후 방법
38	15.8	8.25	기존 방법	88	15.5	8.518707	개선후 방법
39	16.3	8.85	기존 방법	89	18.1	9.23389	개선후 방법
40	16.3	8.68	기존 방법	90	15.4	8.532685	개선후 방법
41	15.7	8.38	기존 방법	91	15.2	8.337288	개선후 방법
42	16.6	9.35	기존 방법	92	15.1	8.522613	개선후 방법
43	17.8	9.78	기존 방법	93	17	8.956729	개선후 방법
44	15.3	8.88	기존 방법	94	18.9	9.564788	개선후 방법
45	16	8.53	기존 방법	95	16.1	8.777715	개선후 방법
46	15.2	8.65	기존 방법	96	18.4	9.159049	개선후 방법
47	15.4	7.88	기존 방법	97	15.7	8.545042	개선후 방법

번호	작업라인 속도	결함 %	작업방법	번호	작업라인 속도	결함 %	작업방법
48	16.6	9	기존 방법	98	17.2	9.162043	개선후 방법
49	16.3	9.2	기존 방법	99	18.8	9.420584	개선후 방법
50	17.1	9.25	기존 방법	100	16.1	8.554927	개선후 방법

i) 미니텝 SW를 활성화합니다.

ii) 그래프 > 산점도 > 그룹 표시를 선택합니다.

iii) X 변수, Y 변수와 작업라인 속도와 결함 %을 입력하고, 그룹화에 대한 번주형 변수로 '작업방법'을 선택합니다.

iv) 데이터 보기 > 회귀분석 > 선형을 선택합니다.

57
작업방법에 따른 작업라인속도와 결함률 상관관계 분석

57

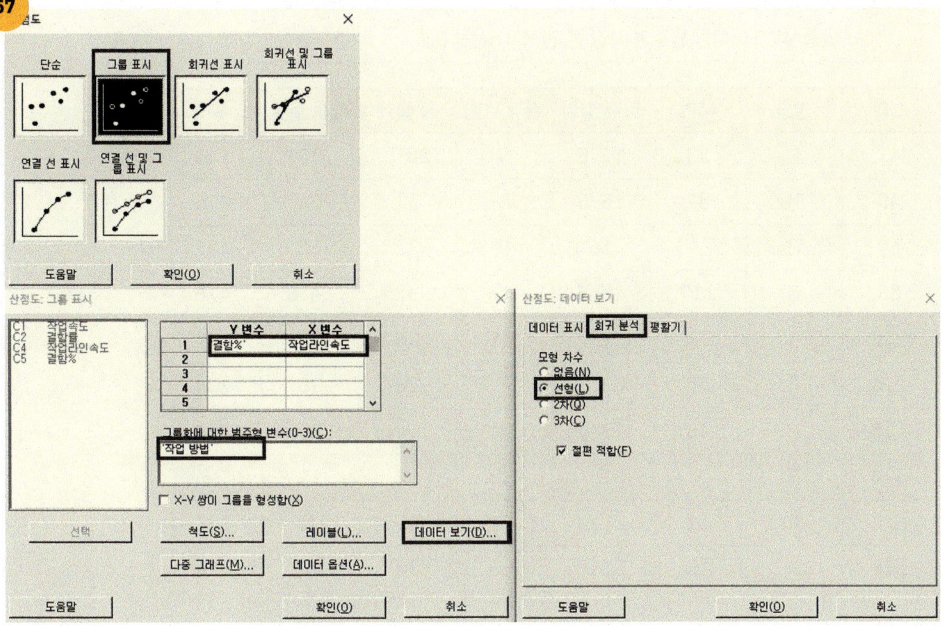

분석결과를 보면 작업방법을 개선하면 그래프의 기울기가 개선하기 전보다 작은 것을 알 수 있습니다. 이것은 작업방법을 개선하면 결함률이 작업라인 속도와 인과관계가 작아진다. 즉, 결함률은 작업라인속도에 영향을 덜 받는다는 것을 의미합니다.

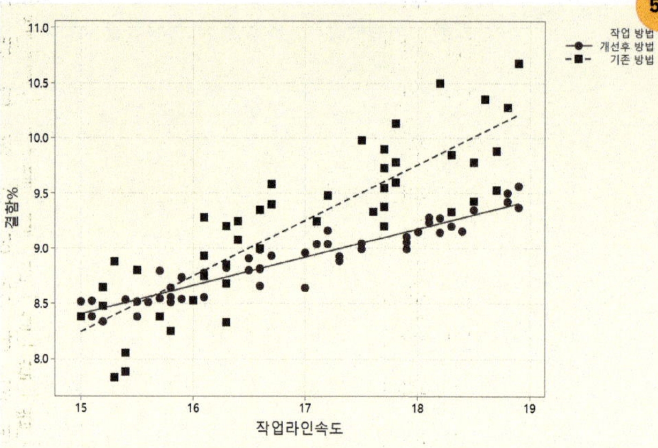

따라서 작업방법을 개선하는 것이 결함률에 대한 작업라인 속도의 영향이 작아지니 작업라인 속도를 임의대로 변경할 수 있어서 좋습니다.

58 작업방법에 따른 작업라인 속도와 결함률의 상관관계 분석 결과

예시 12

동물원에서 곰의 무게를 예측하려고 합니다. 실제로 곰의 무게를 측정하는 것이 쉽지 않은가 봅니다. 동물원에서 곰의 무게와 관련이 있는 변수를 찾아 곰의 무게를 예측하려고 50 마리의 곰을 대상으로 머리 길이, 머리 너비, 목둘레, 가슴둘레, 그리고 곰 무게를 측정했습니다.[14]

① 머리 길이, 머리 너비, 목 둘레, 가슴 둘레는 곰 무게와 상관관계가 있습니까? 어떠한 변수가 가장 큰 관계가 있습니까?

ID	성별	나이	머리 길이	머리 너비	목 둘레	가슴 둘레	무게
41	F	23	12.5	5	20.5	38	142
48	M	81	15.5	8	31	54	416
69	M		16	8	32	52	432
83	M	117	15.5	7.5	32	54.5	476
238	M	70	15	6.5	28	45	334
274	F	57	13.5	7	20	38	204
518	M	45	13.5	7	24	39	204
520	F	9	9	4.5	12	19	26
522	M	21	13	6	19	30	120
525	M	177	16	9.5	30	48	436

14 www.datalabs.co.kr/support/의 Minitab 실습예제 자료를 인용했습니다.

ID	성별	나이	머리 길이	머리 너비	목 둘레	가슴 둘레	무게
527	F	57	12.5	5	19	32	125
529	F	81	13	5	20	33	132
531	M	21	13	5	17	28	90
533	M	9	10	4	13	23	40
535	M	45	16	6	24	42	220
538	M	9	10	4	13.5	23	46
541	M	33	13.5	6	22	34	154
543	F	57	13	5.5	17.5	31	116
545	F	45	13	6.5	21	34.5	182
547	M	21	14.5	5.5	20	34	150
549	M	10	9.5	4.5	16	26	65
551	F	82	13.5	6.5	28	48	356
553	F	70	14.5	6.5	26	48	316
555	M	10	11	5	17	29	94
557	M	10	11.5	5	17	29.5	86
560	M	34	13	7	21	35	150
562	M	34	16.5	6.5	27	44.5	270
564	M	34	14	5.5	24	39	202
568	F	58	13.5	6.5	21.5	40	202
570	M	58	15.5	7	28	50	365
572	M	11	11.5	6	16.5	31	79
576	M	23	12	6.5	19	38	148
579	M	70	15.5	7	28	55	446
581	F	11	9	5	15	27	62
583	F	83	14.5	7	23	44	236
585	M	35	13.5	8.5	23	44	212
598	M		14.5	6.5	26	41	278
626	M		13.5	6.5	22	36	190
630	M		13	6	19.5	31	140
644	M		13	5.5	19.5	35	162

ID	성별	나이	머리 길이	머리 너비	목 둘레	가슴 둘레	무게
648	M		13	5.5	19.5	32.5	126
659	M		17	8.5	30.5	48.5	368
661	M		12	5.5	18	32	116
663	F		14	7	21	37	160
665	M		13	6.5	20.5	36.5	154
670	M		16	7.5	28	45	316
673	F		13.5	5.5	19.5	35	158
675	F		12.5	5.5	19	32	120
679	M		15.5	7.5	25.5	43	324
681	M		14.5	7	22	38	196

i) 미니텝 SW를 활성화합니다.

ii) 통계분석 > 기초통계 > 상관분석을 선택합니다.

iii) 변수로 머리 길이, 머리 너비, 목 둘레, 가슴 둘레, 무게를 모두 선택합니다.

iv) 방법으로 Pearson 상관 계수를 선택합니다.

59

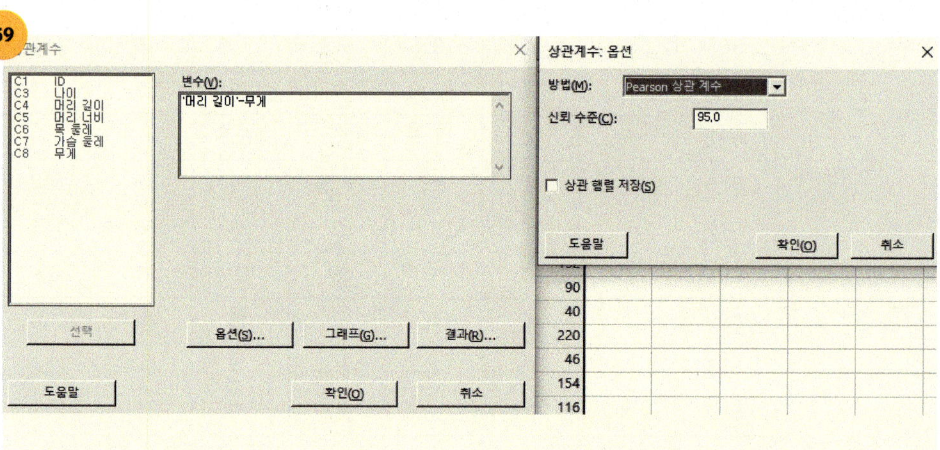

60

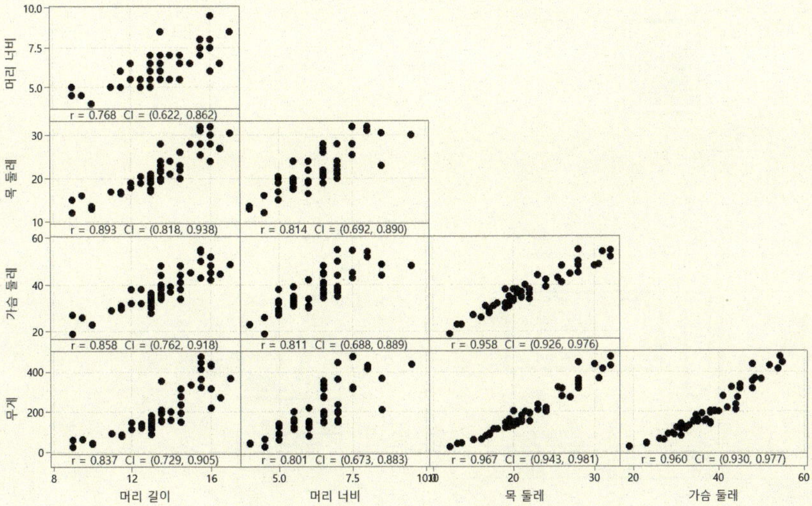

59
무게 상관분석
입력창

60
변수 간
상관관계 결과

분석결과에 따르면 변수 간 상관관계를 나타내는 상관계수^{r} 값이 모두 0.768~0.967의 범위로 상관성이 매우 높게 나왔습니다. 상대적으로 머리 길이와 머리 너비의 상관계수^{r}가 0.768로 약해 머리 길이와 머리 너비의 관련성이 낮고, 목둘레와 무게의 상관계수^{r}가 0.967로 상관성이 매우 높게 분석되었습니다.

당초 목표였던 변수와 무게의 상관관계를 별도로 살펴보겠습니다.

i) 미니텝 SW를 활성화합니다.
ii) 래프 > 산점도 > 회귀선 표시를 선택합니다.
iii) X변수로 머리 길이, 머리 너비, 목둘레, 가슴둘레를 입력하고, Y 변수로 무게를 선택합니다.
iv) 다중 그래프를 선택하고 별도 그래프, 동일한 Y 척도만 선택합니다.

61

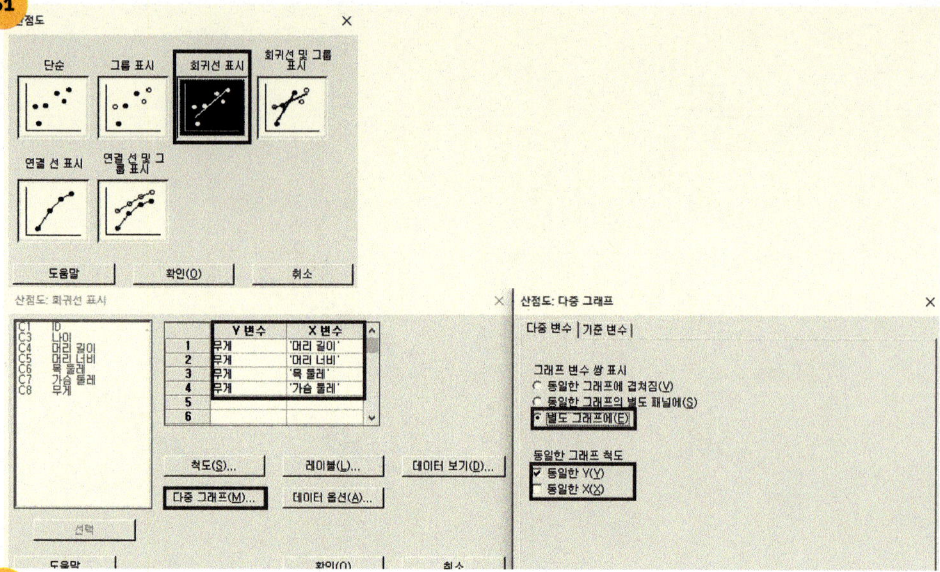

62

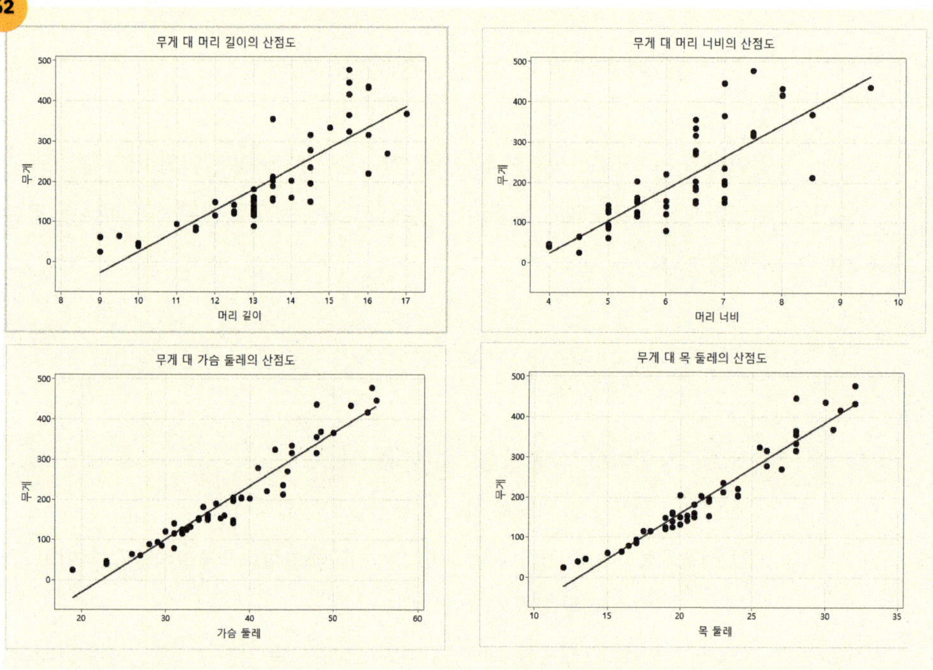

61
무게에 대한
변수의 상관관계
분석용 선점도

62
변수별 무게의
상관관계 선점도
분포

변수별 무게의 상관관계 선점도와 선형회귀선의 결과를 보면 목둘레와 가슴둘레가 곰의 무게에 가장 큰 상관관계를 가지고 있다는 것을 알 수 있습니다.

(4) 범주형

범주형 그래프는 범주형[15] 자료에 대해 빈도와 백분율을 이용하여 요약 또는 비교할 때 사용됩니다. 예를 들어 성별, 선호도, 혈액형, 지역 등이 해당됩니다.

물론, 범주형 자료도 수치형 자료로 표현이 가능합니다. 데이터분석과 관리를 위해 수치형 자료로 변환하는 경우도 상당히 많습니다. 예를 들면, 선호도조사에서 '매우 좋다', '좋다', '보통이다', '나쁘다', '매우 나쁘다'는 범주형 자료이지만 여기에 5, 4, 3, 2, 1점의 점수를 부과한다면 범주형 자료가 수치형 자료가 되는 것입니다.

다음 예제를 통해 범주형 자료를 위한 그래프인 파이차트, 막대차트, 파레토차트에 대해 살펴보겠습니다.

예시 13

동일한 작업을 수행하는 4개의 작업파트에서 발생하는 오류를 분석합니다. 데이터는 결함유형, 작업파트, 재작업시간으로 수집되었고 모두 600개입니다.[16]

① 가장 많이 발생하는 결함유형은 무엇이고, 전체 중 몇 %를 차지합니까?
② 가장 많은 오류를 발생시키는 작업파트는 어디이며, 전체 중 몇 %를 차지합니까?
③ 각 작업파트별 발생되는 결함유형은 다릅니까? 또한 재작업시간은 평균적으로 몇 시간입니까?

결함유형	작업파트	재작업시간	결함유형(요약)	빈도
계산 오류	D	16	계산 오류	233
이름 오류	D	16	기타 결함	67

15 관측결과가 몇 개의 범주 또는 항목의 형태로 표시됩니다. 범주형 자료는 범주 간 순서가 있는 순위형(ordinal) 자료, 순서의 의미가 없는 명목형(nominal) 자료로 구분됩니다. 예를 들어 순위형 자료는 '매우 좋다', '좋다', '그저 그렇다', '싫다', '매우 싫다'라는 5가지 범주가 주어졌을 때, 이 5가지 범주에는 순서가 주어지는 경우입니다. 그러나 지역과 같은 자료는 순서의 의미가 없는 명복형이 됩니다.

16 www.datalabs.co.kr/support/의 Minitab 실습예제 자료를 인용했습니다.

결함유형	작업파트	재작업시간	결함유형(요약)	빈도
양식 오류	C	11	결측 데이터	43
기타 결함	D	5	주소 오류	28
이름 오류	B	14	날짜 오류	12
이름 오류	A	10	양식 오류	14
기타 결함	C	14	이름 오류	203
이름 오류	C	16		
계산 오류	A	17		
기타 결함	D	9		
계산 오류	C	7		
기타 결함	D	8		
기타 결함	D	17		
계산 오류	D	16		
계산 오류	D	3		
계산 오류	C	3		
계산 오류	C	16		
이름 오류	D	8		
주소 오류	D	9		
이름 오류	D	11		
.	.	.		
.	.	.		
.	.	.		

① 가장 많이 발생하는 결함유형은 무엇이고, 전체 중 몇 %를 차지합니까?

② 가장 많은 오류를 발생시키는 작업파트는 어디이며, 전체 중 몇 %를 차지합니까?

i) 미니텝 SW를 활성화합니다.

ii) 통계분석 > 표 > 개별 변수 빈도표를 선택합니다.

iii) 변수로 결함 유형과 작업 파트를 선택합니다.

iv) 카운트, 백분율, 누적 카운트, 누적 백분율을 표시합니다.

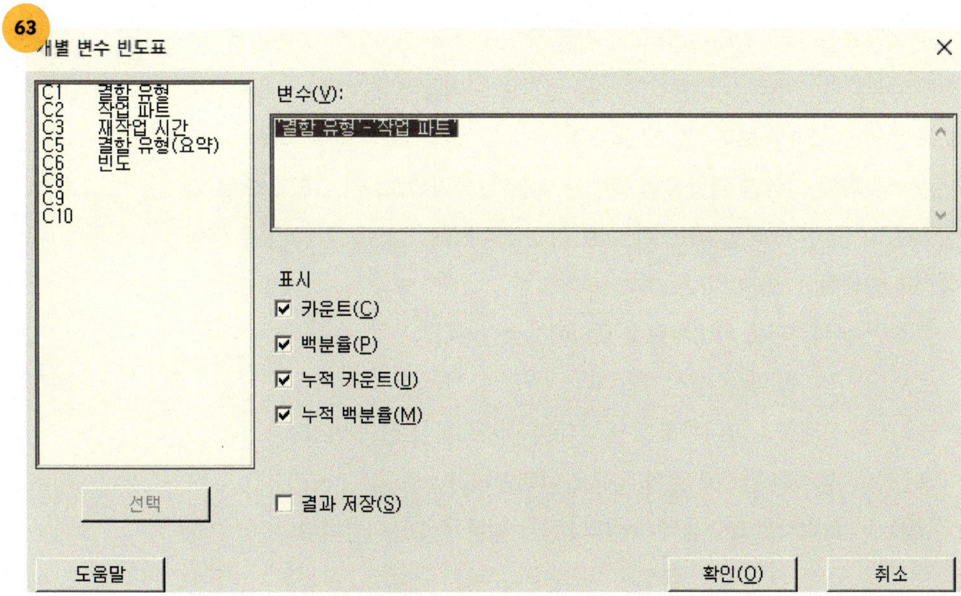

63
범주형 자료를 위한 개별 변수 빈도표 지정

결함유형	카운트	백분율	Cum Cnt[17]	Cum Pct[18]
결측 데이터	43	7.17	43	7.17
계산 오류	233	38.83	276	46.00
기타 결함	67	11.17	343	57.17
날짜 오류	12	2.00	355	59.17
양식 오류	14	2.33	369	61.50
이름 오류	203	33.83	572	95.33
주소 오류	28	4.67	600	100.00
N=	600			

작업파트	카운트	백분율	Cum Cnt	Cum Pct
A	110	18.33	110	18.33
B	105	17.50	215	35.83
C	182	30.33	397	66.17
D	203	33.83	600	100.00
N=	600			

17 누적카운트
18 누적퍼센트

분석결과를 표로 정리했습니다. 결함 유형에 따라 개수[카운트], 백분율, 누적 개수[CumCnt], 누적 백분율[CumPct]을 결과로 보여줍니다. 또한 작업파트별로도 동일한 결과를 보여주고 있습니다.

분석결과에 의하면 결함유형 중에는 계산 오류가 233개, 38.83%로 가장 비중이 큽니다. 작업 파트로는 'D'가 203개 33.83%로 가장 많은 결함 유형이 발생하고 있습니다.

이러한 분석결과를 파이차트로 표시해보겠습니다.

i) 미니텝 SW를 활성화합니다.

ii) 그래프 > 파이차트 > 원시 데이터 차트화를 선택합니다.

iii) 범주형 변수로 결함 유형을 선택합니다.

iv) 파이차트 레이블에서 범주 이름, 백분율을 표시합니다.

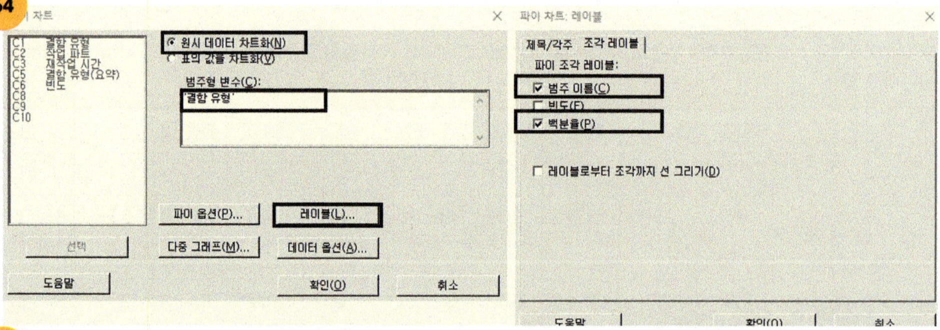

64 파이차트 입력

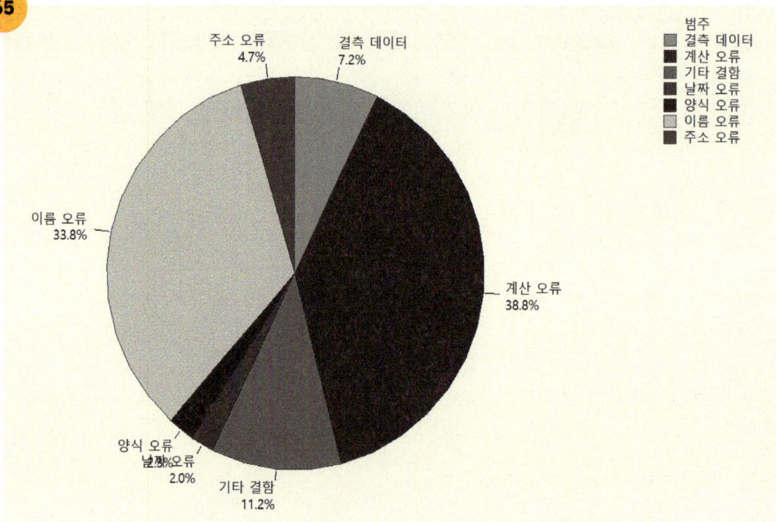

65 결합유형의 파이차트

이번에는 분석결과를 막대차트로 표시해보겠습니다.

i) 미니텝 SW를 활성화합니다.

ii) 그래프 > 막대차트 > 단순을 선택합니다.

iii) 범주형 변수로 결함 유형을 선택합니다.

iv) 차트 옵션에서 Y를 백분율로 표시를 선택합니다.

v) 레이블에서 Y-값 레이블 사용을 선택합니다.

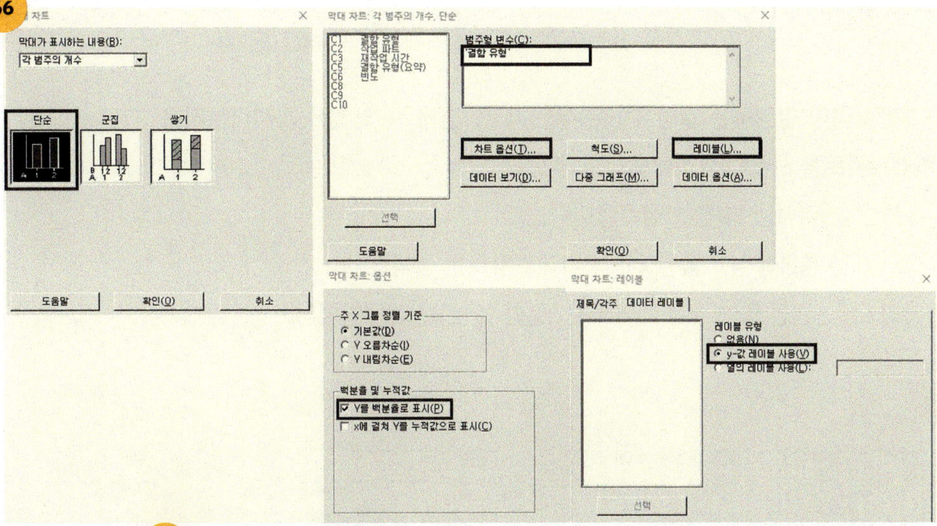

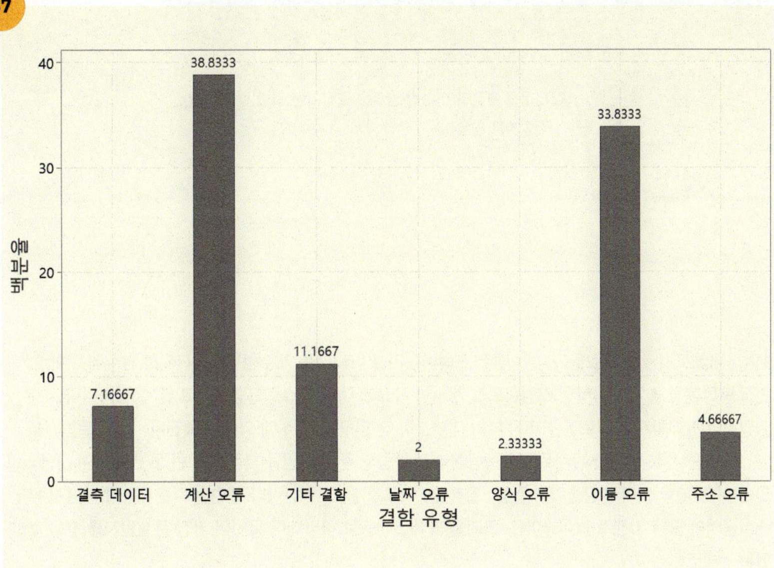

66
막대차트 입력

67
결함유형별
막대차트 결과

막대차트의 종류로 파레토차트Pareto chart[19]가 있습니다. 파레토차트는 2 : 8의 법칙이라고도 하는데요, 20%의 요인으로 결과의 80%를 설명하기도 합니다. 예를 들면,

- 고객 불만의 80%는 제품 및 서비스의 20%에서 발생한다.
- 일정지연의 80%는 지연의 가능한 원인의 20%에서 발생한다.
- 기업의 20%가 전체 기업이익의 80%를 차지한다.
- 영업사원 중 20%가 회사매출의 80%를 차지한다.

와 같습니다.

가장 많이 발생하는 결함유형은 무엇이고, 전체 중 몇 %를 차지하는지를 파레토차트를 사용해 분석해보겠습니다.

i) 미니텝 SW를 활성화합니다.

ii) 통계분석 > 품질도구 > 파레토차트를 선택합니다.

iii) 결점 또는 속성 데이터에 '결함 유형'을 선택합니다.

68

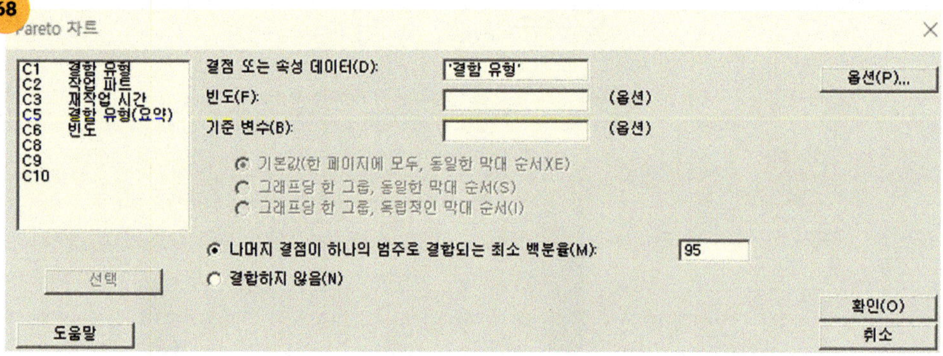

19 파레토차트는 자료들이 어떤 범주에 속하는가를 나타내는 계수형 자료일 때 각 범주에 대한 빈도를 막대의 높이로 나타낸 그림이므로 계수형 자료에 대한 히스토그램이라고 할 수 있습니다. 이탈리아 경제학자 파레토는 경제적 부의 대부분이 전 인구 중 일부에 의해 취해진다는 파레토법칙을 발견하였습니다. 이러한 파레토차트는 공정에서 불량의 주된 원인을 찾는 중요한 도구로 많이 사용되고 있습니다. 예를 들어 불량품이나 결점, 클레임, 사고 등을 그 현상이나 원인별로 분류하여 불량개수나 손실금액이 많은 차례로 늘어놓아 그 크기를 막대그래프로 나타내어 무엇이 가장 문제인지를 찾을 수 있는 것이죠.

69

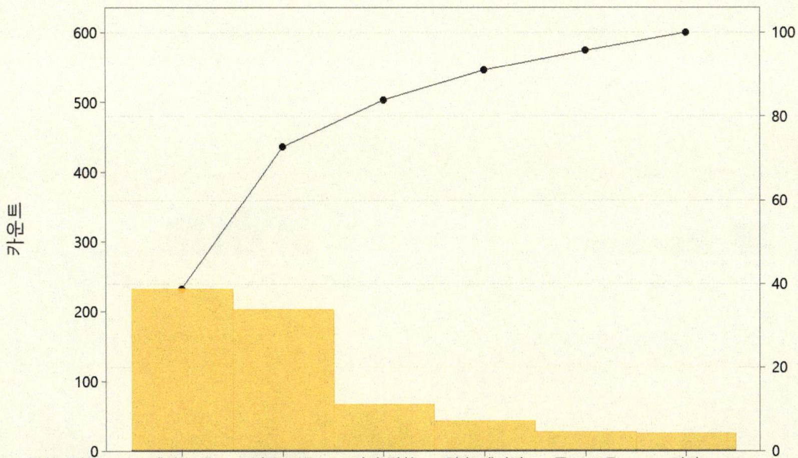

결함 유형	계산 오류	이름 오류	기타 결함	결측 데이터	주소 오류	기타
카운트	233	203	67	43	28	26
백분율	38.8	33.8	11.2	7.2	4.7	4.3
누적 %	38.8	72.7	83.8	91.0	95.7	100.0

68
파레토차트 설정

69
결함유형의
파레토차트

70
작업 파트별
파레토차트 설정

파레토차트는 결함유형의 비중이 큰 것부터 차례로 막대차트로 그려주고, 실선으로 누적비율을 표시해 줍니다. 따라서 어떠한 결함이 가장 크게 차지하는지를 아주 효과적으로 확인할 수 있습니다.

이번에는 작업파트별 결함유형을 파레토차트로 분석하겠습니다.

i) 미니텝 SW를 활성화합니다.

ii) 통계분석 > 품질도구 > 파레토차트를 선택합니다.

iii) 결점 또는 속성 데이터에 '결함 유형'을, 기준 변수에는 '작업 파트'를 선택합니다.

iv) 작업 파트별 결함 유형을 큰 순서대로 표시하기 위해 '그래프 당 한 그룹, 독립적인 막대 순서'로 지정합니다.

70

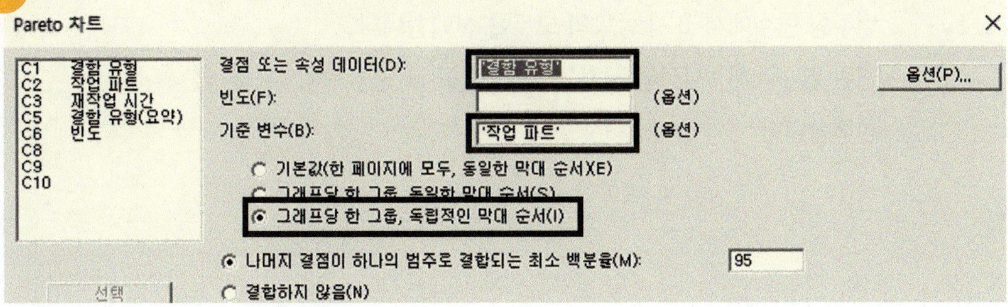

71

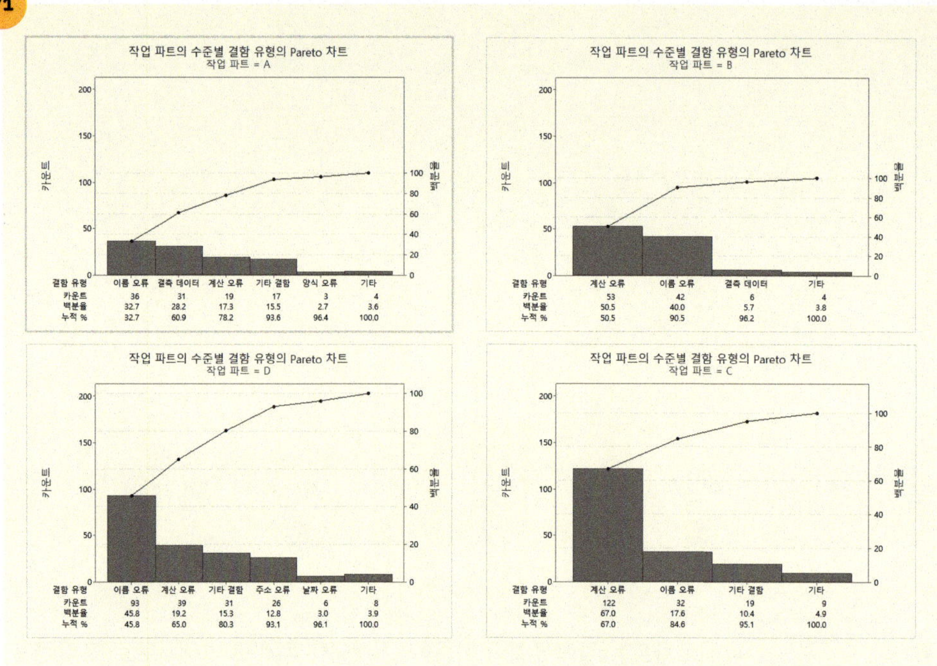

분석결과에 따르면 작업파트별로 결함유형의 순서가 다르다는 것을 알 수 있습니다.

71
작업파트별
파레토차트
분석결과

③ 각 작업파트별 발생되는 결함유형은 다릅니까? 또한 재작업시간은 평균적으로 몇 시간입니까?

i) 미니텝 SW를 활성화합니다.

ii) 통계분석 > 표 > 기술통계량을 선택합니다.

iii) 범주형 변수에서 행 범주로 '작업 파트'를, 열 범주로 '결함 유형'을 선택합니다.

iv) 범주형 변수에서 표시 항목의 모두를 선택합니다.

v) 연관 변수에서 '재작업 시간'을 선택하고 표시 항목에 '평균'을 선택합니다.

72

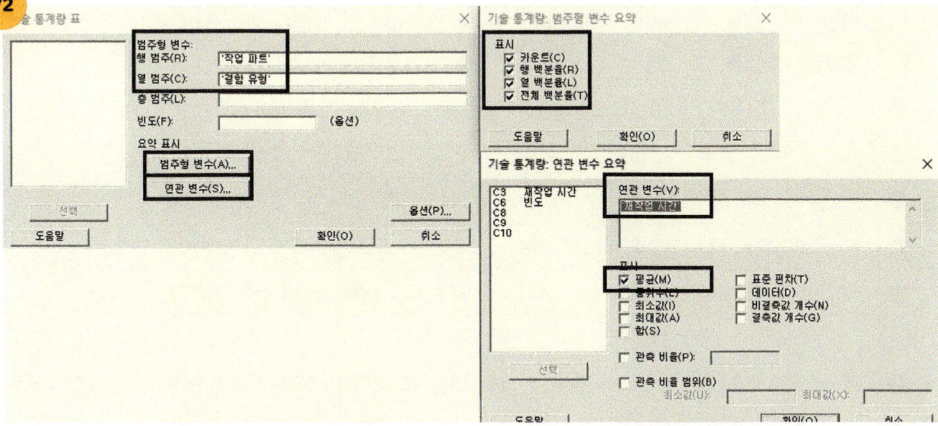

72
작업파트별
파레토차트
분석결과

	결측 데이터	계산 오류	기타 결함	날짜 오류	양식 오류	이름 오류	주소 오류	모두
A ❶	8.839	8.000	7.412	2.500	12.333	10.639	5.000	8.973
❷	31	19	17	2	3	36	2	110
❸	28.18	17.27	15.45	1.82	2.73	32.73	1.82	100.00
❹	72.09	8.15	25.37	16.67	21.43	17.73	7.14	18.33
❺	5.167	3.167	2.833	0.333	0.500	6.000	0.333	18.333
B ❶	5.833	8.792	*	8.500	8.000	9.881	*	9.038
❷	6	53	0	2	2	42	0	105
❸	5.71	50.48	0.00	1.90	1.90	40.00	0.00	100.00
❹	13.95	22.75	0.00	16.67	14.29	20.69	0.00	17.50
❺	1.000	8.833	0.000	0.333	0.333	7.000	0.000	17.500
C ❶	13.000	8.057	8.368	3.500	21.500	8.438	*	8.484
❷	3	122	19	2	4	32	0	182
❸	1.65	67.03	10.44	1.10	2.20	17.58	0.00	100.00
❹	6.98	52.36	28.36	16.67	28.57	15.76	0.00	30.33
❺	0.500	20.333	3.167	0.333	0.667	5.333	0.000	30.333

	결측 데이터	계산 오류	기타 결함	날짜 오류	양식 오류	이름 오류	주소 오류	모두
D ❶	8.000	8.667	11.645	8.000	9.400	8.720	10.308	9.345
❷	3	39	31	6	5	93	26	203
❸	1.48	19.21	15.27	2.96	2.46	45.81	12.81	100.00
❹	6.98	16.74	46.27	50.00	35.71	45.81	92.86	33.83
❺	0.500	6.500	5.167	1.000	0.833	15.500	4.333	33.833
모 ❶	8.651	8.322	9.642	6.417	13.286	9.256	9.929	8.962
두 ❷	43	233	67	12	14	203	28	600
❸	7.17	38.83	11.17	2.00	2.33	33.83	4.67	100.00
❹	100.00	100.00	100.00	100.00	100.00	100.00	100.00	100.00
❺	7.167	38.833	11.167	2.000	2.333	33.833	4.667	100.00

셀 내용 ❶ 재작업 시간 : 평균 / ❷ 카운트 / ❸ 행의 % / ❹ 열의 % / ❺ 총계의 %

분석결과를 살펴보겠습니다. 위 분석결과표의 행은 작업파트이고, 열은 결함유형입니다. 예를 들어 'D' 파트의 계산 오류를 기준으로 분석하겠습니다.

- D 파트의 계산 오류로 인한 재작업시간은 평균 8.667시간이 소요됩니다.
- 전체 오류 600건 중에서 D 파트의 계산 오류는 39건으로 6.500%를 차지합니다.
- 총 오류 203건 중에서 D 파트의 계산 오류는 39건으로 19.21%입니다.
- 총 계산 오류 233건 중에서 D 파트의 계산 오류는 39건으로 16.74%입니다.

이와 같은 방법으로 작업파트별 결함유형을 모두 분석할 수 있습니다.

제6장

측정시스템 분석

지금까지 여러분들이 살펴본 바와 같이 무엇인가를 개선하기 위해서는 현재 상태를 알아야하고 개선목표를 설정할 수 있어야만 실제로 개선활동을 할 수 있습니다. 현재 상태를 알려면 정확한 측정이 필요하다는 것은 말할 것도 없겠죠. 정확한 측정이 얼마나 중요한지 2020년 코로나 19의 대유행을 보면 알 수 있습니다.

2020년 전 세계는 코로나 19의 대유행으로 유래 없는 인명피해와 경제적 손실을 경험했습니다. 코로나 19가 유행하던 초기에 한국은 신속하게 코로나 19를 검사할 수 있는 진단키트를 개발하였고, 95% 이상의 높은 진단정확성으로 신속하고 정확하게 코로나 19 감염여부를 판별함으로써 코로나 19의 확산을 조기 진화하였을 뿐만 아니라 전 세계에 수출 또는 무상지원을 함으로써 'K-방역'이라는 명예로운 찬사를 얻을 수 있었습니다.

1

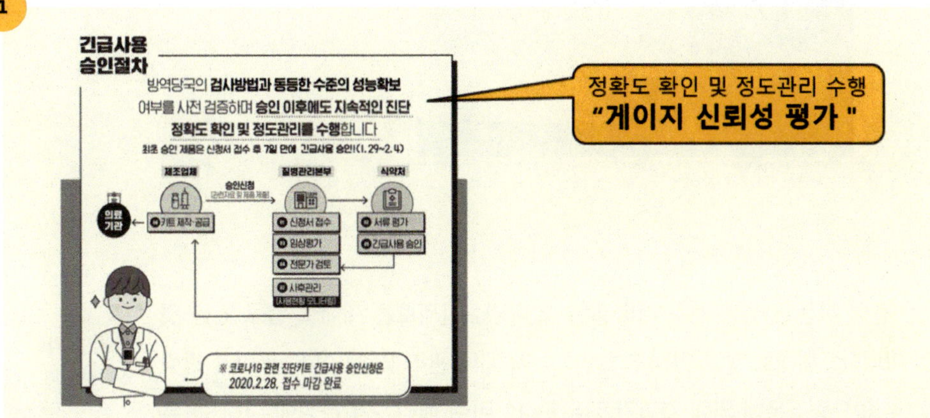

1
코로나 19
검사성능 확보의
중요성

당시 식품의약품안전처에서 공지한 진단키트 긴급사용 승인절차를 보면 '방역당국의 검사방법과 동등한 수준의 성능확보'와 '정확도 확인 및 정도관리를 수행'한다는 문구가 있습니다. 이것은 '측정시스템[게이지]의 신뢰성을 평가'하겠다는 것을 의미합니다.

측정의 정확성과 반복적 신뢰성이 확보된 대한민국의 진단키트와는 달리 외국의 진단키트는 불량품이 많았습니다. 진단키트가 불량이면 진단키트로 평가한 코로나 19의 감염여부를 신뢰할 수 없게 됩니다. 미국 CDC가 보낸 진단키트는 유전자 물질이 없는 음성 대조군 검체에 테스트를 했더니 음성반응이 나와야 하는데 엉뚱하게 양성반응이 나오는 사례가 빈번했습니다. 이러한 사례는 전형적인 '측정시스템[게이지]의 신뢰성 실패 사례'라고 할 수 있습니다.

측정시스템 분석[MSA, Measurement System Analysis]은 측정시스템을 분석하여 평가한다는 것입니다.

2

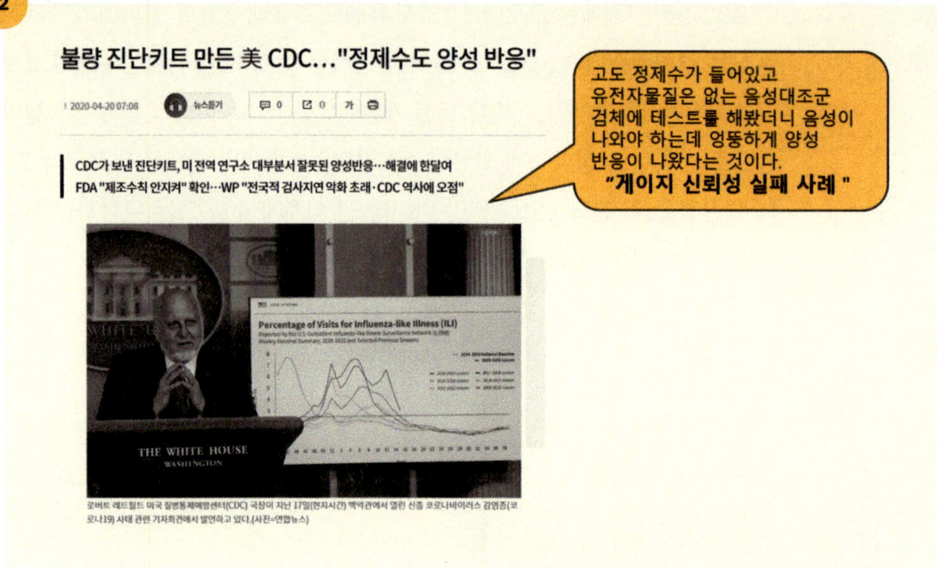
불량 진단키트 만든 美 CDC..."정제수도 양성 반응"

| 2020-04-20 07:08 뉴스듣기 0 0 가

CDC가 보낸 진단키트, 미 전역 연구소 대부분서 잘못된 양성반응…해결에 한달여
FDA "제조수칙 안지켜" 확인…WP "전국적 검사지연 악화 초래·CDC 역사에 오점"

로버트 레드필드 미국 질병통제예방센터(CDC) 국장이 지난 17일(현지시간) 백악관에서 열린 신종 코로나바이러스 감염증(코로나19) 사태 관련 기자회견에서 발언하고 있다.(사진=연합뉴스)

2 진단키트의 신뢰성 실패 사례

"만약 아는 것을 수치로 나타낼 수 없다면, 실제로는 제대로 알고 있는 것이 아니다. 제대로 알고 있지 않으면, 그에 대해 관리할 수 없다. 우리가 관리할 수 없으면, 운에 의해 결과가 좌우된다" 미켈 해리[01]가 측정에 대해 한 유명한 말입니다. 우리가 무엇인가를 관리하려면 데이터로 표현되는 정확한 측정이 필요한 것이죠.

미켈 해리의 말은 이렇게도 변환할 수 있습니다.

"측정할 수 없으면 평가할 수 없고, 평가할 수 없으면 개선할 수 없다"

이 장에서는 현 수준 파악을 위한 측정시스템 분석에 대해 알아보겠습니다.

6.1 측정값

여러분들이 무게나 길이를 측정한다고 가정해봅시다. 저울로 무게를 측정하고 자로 길이를 측정할 때 여러분들이 눈으로 확인하는 숫자는 측정값입니다. 이러한 측정값은 저울이나 자의 정밀도에 따라 순간순간 변할 수 있는데 실제로 수치가 변하는 것을 여러분들이 확인할 수 있습니다. 비록 측정하여

01 6시그마의 아버지라고 불리는 통계학자이자 품질전문가로 Bill Smith와 함께 6시그마를 개발한 인물입니다.

수치로 나타난 데이터를 얻었다고 하더라도 그것이 항상 있는 사실을 그대로 보여주는 것은 아니라는 뜻입니다. 따라서 주어진 데이터가 어느 정도의 진실을 반영하고 있는지 확인할 필요가 있습니다.

이렇듯 측정값은 하나의 절대값인 참값만을 의미하지 않습니다. 모든 측정값에는 오차라는 것이 있게 마련입니다. 따라서 측정값은 참값과 측정오차의 합으로 정의합니다.

$$\text{측정값} = \text{참값} + \text{측정오차}$$

측정오차는 다시 정확도와 정밀도의 합으로 정의합니다. 정확도는 중심값인 평균과 얼마나 비슷한가를 나타내고, 정밀도는 데이터가 얼마나 넓게 분포하고 있는가를 나타내는데 분산이나 표준편차를 의미합니다. 즉, 측정한 데이터가 평균과 유사하면 정확도가 높다고 하고 데이터의 분포가 조밀하면 정밀도가 높다고 합니다.

3
측정데이터의 치우침

$$\text{측정오차} = \text{정확도} + \text{정밀도}$$

3

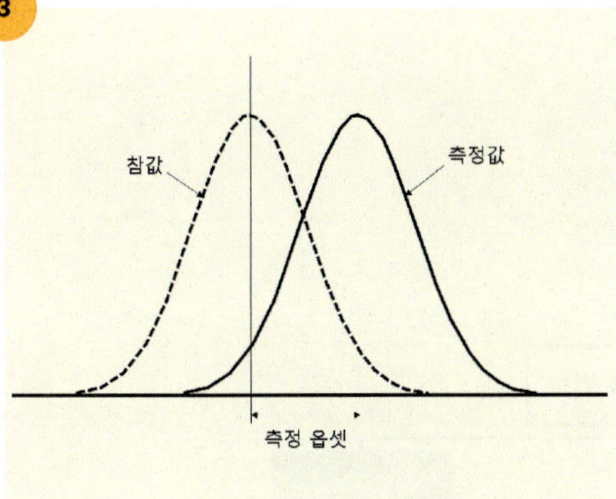

측정데이터의 치우침이 있을 경우 평균값에 차이가 있다고 할 수 있습니다. 이런 경우는 측정시스템을 교정하면 됩니다. 우리가 저울로 무게를 측정할 때 '0'점 조정을 하는 것이 바로 여기에 해당됩니다.

$$\mu_{\text{전체}} = \mu_{\text{제품}} + \mu_{\text{측정}}$$

측정데이터의 분포가 다를 경우 측정데이터에 산포가 있다고 하며 산포가 클수록 측정시스템의 정밀도는 떨어진다고 판단합니다.

$$\sigma^2_{\text{전체}} = \sigma^2_{\text{제품}} + \sigma^2_{\text{측정}}$$

그렇다면 측정데이터의 변동이 발생하는 원인은 어디에 있을까요? 첫 번째 가능성은 실제 프로세스가 변동되어 측정데이터가 변동된 경우입니다. 이것이 아니라면 두 번째 가능성은 측정시스템의 변동으로 인해 측정데이터가 변동된 경우일 것입니다. 따라서 먼저 측정시스템으로 인한 변동을 밝히고 이를 프로세스 변동과 분리시켜 프로세스의 변동을 파악하는 것이 좋습니다.

4

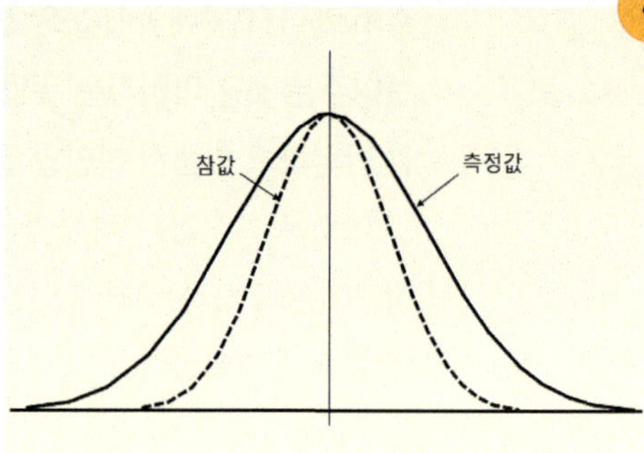

측정시스템이란 작업자People와 측정기Equipment로 나뉠 수 있습니다. 측정데이터 변동에 대한 작업자의 영향도 분석은 재현성 분석이라고 하고, 측정기의 영향도 분석은 반복성, 정확성, 안정성, 선형성 분석이라고 합니다.

측정변동의 성격을 다시 분류하면 다음과 같습니다.

- 정확성(Accuracy)
- 안정성(Stability)
- 선형성(Linearity)
- 정밀도(Precision)
- 반복성(Repeatability)
- 재현성(Reproducibility)

4
측정데이터의 정밀도

5
측정데이터 변동의 원인

6
정확성

5

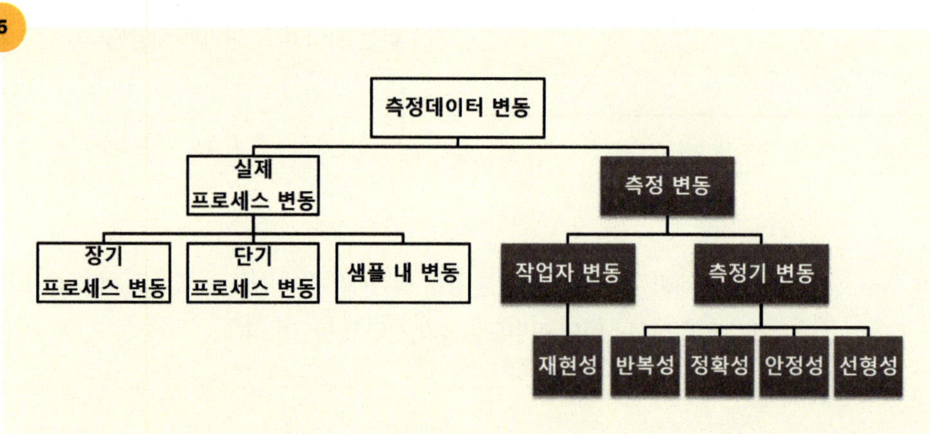

이 중에서 반복성과 재현성을 정밀도라고 하고 정밀도 확보를 위한 활동을 게이지 알앤알Gage R&R이라고 합니다. 기억해 두세요. Gage R&R은 정밀도를 위한 것이고 여기에는 반복성과 재현성이 있다는 것을요. 아주 많이 중요하기 때문입니다.

6

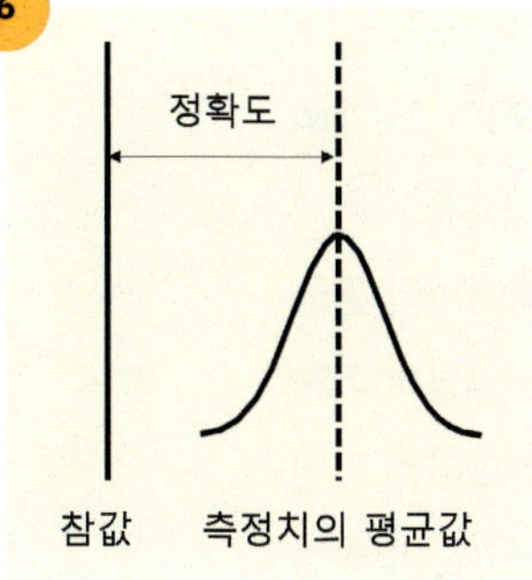

(1) 정확성(Accuracy)

정확성은 참값과 측정치의 평균값과의 차이를 나타냅니다. 정확성이 낮아지는 원인으로는

- 계측기의 눈금 조정이 적절치 않습니다.
- 작업자가 계측기를 제대로 사용하지 못합니다.
- 측정절차가 명확하지 않습니다.
- 인간적인 한계가 있습니다.

인 경우입니다.

(2) 안정성(Stability)

안정성은 측정데이터의 산포가 작게 분포하는 상태를 의미합니다. 측정시기와 상관없이 측정데이터가 일정하게 몰려있는 경우를 '측정데이터의 안정성이 좋다'라고 합니다. 측정데이터의 안정성이 낮게 나오는 원인으로는 측정 장치가 시간에 따라 마모되거나 시간이 지남에 따라 측정환경이 바뀌는 등의 이상요인이 있는 경우입니다.

7

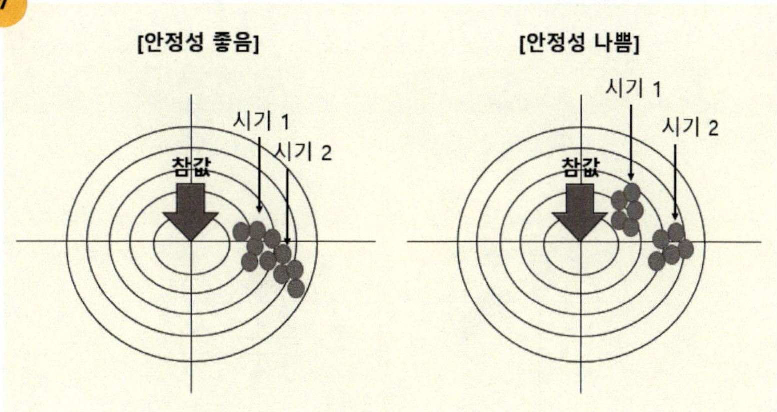

7 안전성

(3) 선형성(Linearity)

8

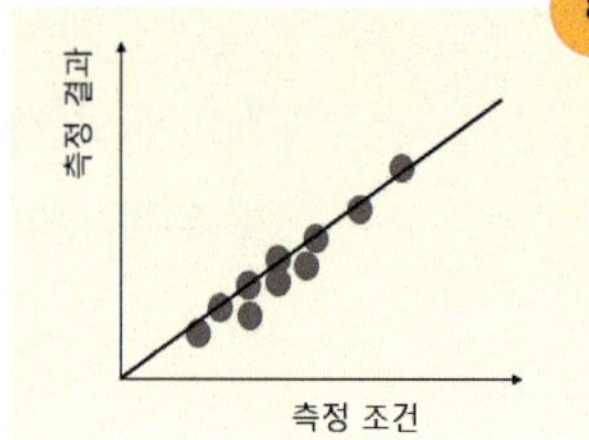

선형성은 측정시스템의 일관성을 나타내는 것으로서 측정 조건의 변경에 따라 측정결과(측정데이터)가 일관성을 갖는 경우입니다.

(4) 반복성(Repeatability)

반복성은 측정데이터가 일관성을 갖는 경우입니다. 아래 왼쪽 그림을 보면 측정데이터의 평균은 참값과 한참 떨어져 있어 정확하지 않지만 10개의 데이터들이 일관되게 비슷한 위치에 놓여 있습니다. 이것을 '측정데이터의 반복성이 좋다'라고 합니다. 반면에 오른쪽 그림은 10개 측정데이터의 평균이 참값에 근사하여 정확성이 좋다고 할 수 있지만 측정데이터가 상당히 퍼져 있다는 것을 알 수 있습니다. 데이터가 퍼져 있다는 것은 산포가 크다는 것인데 이 경우를 '측정데이터의 반복성이 나쁘다'라고 합니다. 이와 같이 측정데이터의 반복성이 미치는 영향은 계측기와 사람으로 구분할 수 있습니다.

8 선형성

9 반복성

- 계측기기의 영향
  - ⋆ 최근에 계측기를 수리·보완하여 계측기의 초기 설정이 변함
  - ⋆ 처음부터 계측기의 정밀도가 낮음
  - ⋆ 계측기의 부품 중 교체가 필요한 것이 있음
- 사람
  - ⋆ 조명, 소음 등 측정자에 영향을 주는 환경적 요인이 있음
  - ⋆ 시력저하, 손 떨림 등 신체적 요인이 있음

9

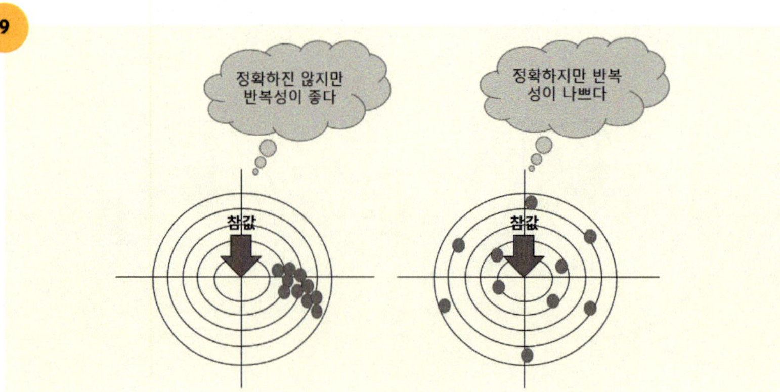

(5) 재현성(Reproducibility)

재현성은 측정자 간의 측정데이터가 일관성 있게 산출되는지를 평가하는 것입니다. 여러 명의 측정자가 있을 경우 측정자 간의 측정수준은 차이가 있을 수 있습니다. 신입사원과 경력사원 간에 차이가 있을 수 있고, 동일한 측정자도 오전, 오후에 따라 달라질 수 있고, 교대근무를 할 경우 교대근무 초기와 근무 중간에 차이가 있을 수 있고, 계절별로 차이가 있을 수도 있습니다. 이렇듯 측정자들의 측정은 경험, 근무형태, 측정시기 등에 따라 영향을 받게 되는데 회사입장에서는 항상 일정한 수준의 측정데이터가 나오는 것이 좋습니다. 이때 평가하는 것을 재현성이라고 합니다.

재현성은 사람의 영향인데요, 여러분들은 '재현배우'를 생각하면 기억하는데 도움이 될 것입니다. 재현배우 아시죠? 대역배우라고도 하고요. 이렇게 얘기하는 이유는 여러분들이 종종 반복성과 재현성을 혼동하기 때문입니다. 사람의 영향은 재현배우를 떠올리시고 재현성이라고 기억하세요.

그렇다면 낮은 재현성의 원인으로는 무엇이 있을까요? 측정자들이 동일한 방법으로 측정할 수 있는 측정절차가 명확하지 않기 때문일 수 있고, 측정자들이 측정기를 사용하는 방법을 제대로 훈련받지 못했을 수도 있습니다. 따라서 재현성을 확보하기 위해서는 측정자들을 위한 명확한 측정절차를 갖추고 측정자들의 숙련도를 높이기 위한 교육이 필요합니다.

10
재현성

10

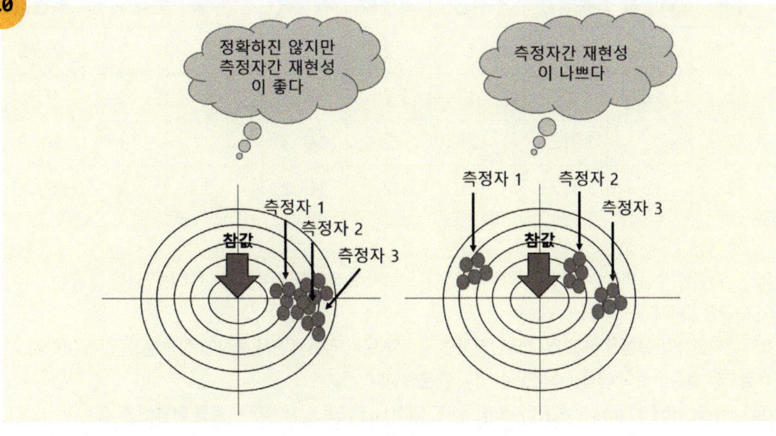

6.2 계량형 Gage R&R 분석

앞서 꼭 기억하시라고 강조한 Gage R&R을 실습해 보겠습니다. Gage R&R은 측정시스템의 정밀도(반복성과 재현성)을 분석하는 것을 말합니다.

예시 14	전자부품을 생산하는 라인에서 부품의 외경이 변동하여 발생하는 불량을 개선하기 위한 프로젝트를 진행합니다. 먼저 부품을 측정하는 Gage의 신뢰성을 확보하여 정확한 데이터를 얻어야 합니다. 공정을 대표하는 부품 10개와 측정을 담당하는 3명의 작업자를 대상으로 반복 2회 측정을 실시했습니다.
분석 절차	[1 단계] Gage R&R 계획 ① 전체 공정범위의 최소 80%를 대표하는 표본 10개 추출 ② 반복수 : 2회 ③ 작업자 : 3명 결정 [2 단계] : 선별된 표본을 측정 ④ 측정은 부품을 가능한 랜덤[02]하게 측정합니다. ⑤ 작업자는 자신이 측정 실험에 참여하는지 모르게 합니다.[03] ⑥ 전체 측정을 반복합니다. [3 단계] : 데이터 입력 및 분석 미니텝 예제파일[04]로 수행합니다.

(1) 미니텝 입력

① 데이터를 입력합니다. 샘플데이터 파일을 활용합니다.

부품	측정자	측정값	부품	측정자	측정값	부품	측정자	측정값
1	1	9.9	1	2	9.8	1	3	9.75
1	1	9.85	1	2	9.8	1	3	9.8
2	1	10.25	2	2	10.3	2	3	10.3
2	1	10.25	2	2	10.2	2	3	10.25

02 측정할 부품의 순서를 일정하게 하지 않음으로써 측정과정에 부품에 대한 선입관을 갖지 않도록 하기 위함입니다.

03 측정자가 실험을 하고 있다고 인지하면 평소와 달리 긴장하면서 측정에 집중할 수 있기 때문에 측정자의 측정수준이 왜곡, 과장될 수 있기 때문입니다.

04 www.datalabs.co.kr/support/의 Minitab 실습예제 자료를 인용했습니다.

부품	측정자	측정값	부품	측정자	측정값	부품	측정자	측정값
3	1	10.1	3	2	10.05	3	3	10.05
3	1	10.05	3	2	10	3	3	10.05
4	1	10.1	4	2	10.05	4	3	10.05
4	1	10.2	4	2	10	4	3	10.05
5	1	9.8	5	2	9.65	5	3	9.7
5	1	9.7	5	2	9.65	5	3	9.75
6	1	10.25	6	2	10.25	6	3	10.25
6	1	10.25	6	2	10.3	6	3	10.3
7	1	10.2	7	2	10.2	7	3	10.2
7	1	10.2	7	2	10.15	7	3	10.2
8	1	10.1	8	2	10	8	3	10.05
8	1	10.05	8	2	9.95	8	3	10.05
9	1	10.25	9	2	10.25	9	3	10.3
9	1	10.25	9	2	10.2	9	3	10.3
10	1	9.85	10	2	9.8	10	3	10.1
10	1	9.95	10	2	9.75	10	3	10.05

② 미니텝 SW를 활성화하고 통계분석 > 품질도구 > Gage 연구 > Gage R&R[교차05] 연구를 선택합니다.

③ 시료번호에 부품, 측정시스템에 조작자, 측정데이터에 측정값을 입력합니다.

④ 분석방법으로 분산[ANOVA06] 분석을 선택합니다.

⑤ 옵션을 선택하고 공정 공차 아래에서 규격상한 - 규격하한을 선택하고 8을 입력합니다.

⑥ 확인을 클릭합니다.

05 측정시스템으로 인한 측정자의 측정값 변동성을 평가하기 위해 Gage R&R 연구(교차)를 수행합니다.

06 Minitab에서 분석방법으로 ANOVA법과 Xbarand R법을 제공하고 있으나, ANOVA법이 더 우월한 분석방법입니다.

11

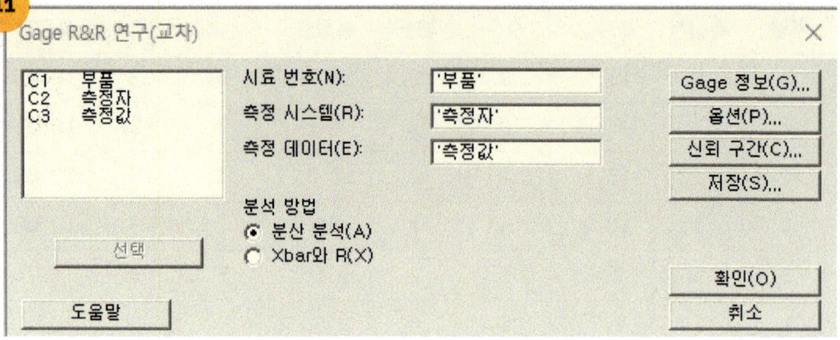

11 게이지 R&R(교차) 입력

측정시스템을 평가하기 위해서는 다음의 4가지 판정기준을 사용해야 합니다.

- % 기여 (% Contribution)
- % 연구변동 (% Study Variation)
- % 공차 (% Tolerance)
- 구별범주 개수 (Number of Distinct Categories)

<측정시스템 판정기준>

구분	% 기여	% 연구변동 또는 % 공차	구별범주 개수
측정시스템 사용 가능	< 1%	< 10%	> 10
비용이나 중요성을 고려하여 사용여부 판단	1~10%	10~30%	4~9
측정시스템 사용 불가	> 10%	> 30%	< 4

(2) 분석결과

① % 기여, % 연구변동 또는 % 공차 계산

출처	분산성분	%기여(분산성분)
총 Gage R&R	0.0044375	10.67
반복성	0.0012917	3.10
재현성	0.0031458	7.56
측정자	0.0009120	2.19

출처	분산성분	%기여(분산성분)
측정자*부품	0.0022338	5.37
부품-대-부품	0.0371644	89.33
총 변동	0.0416019	100.00

측정오차의 요인별 변동을 총 변동과 비교하려면 분산성분[VarComp]을 사용합니다. 측정시스템의 총 Gage R&R의 분산성분은 0.0044375이고 이중 반복성이 0.0012917, 재현성이 0.0031458으로 % 기여[분산성분]은 총 Gage R&R, 반복성, 재연성이 각각 10.67%, 3.10%, 7.56%입니다. 측정자의 분산성분은 0.0009120이고 % 기여[분산성분]은 2.19%이며, 부품 대 부품의 분산성분은 0.0371644이고 % 기여[분산성분]은 89.33%입니다.

분산성분은 측정시스템에 미치는 산포를 나타내는 것인데 % 기여[분산성분]은 총 변동값 0.0416019 대비 각 성분의 분산성분 값의 비율로 계산됩니다.

정리를 하면

- 부품간의 산포는 89.33%
- 측정시스템의 산포는 10.67%
- 반복성에 의한 산포는 3.10%
- 재현성에 의한 산포는 7.56%

% 기여[분산성분]는 다음의 식으로 계산됩니다.

$$\%\text{기여(분산성분)} = \frac{\sigma^2_{MS}}{\sigma}$$

예를 들어 부품간의 산포는

$$\%\text{기여(분산성분)} = \frac{\sigma^2_{MS}}{\sigma}$$

와 같이 계산됩니다.

대부분의 산포는 어디에서 발생하고 있습니까? 맞습니다. 부품간의 산포가 89.33%로 단연 높습니다.

출처	표준편차(SD)	연구변동(6×SD)	%연구변동(%SV)
총 Gage R&R	0.066615	0.39969	32.66
반복성	0.035940	0.21564	17.62
재현성	0.056088	0.33653	27.50
측정자	0.030200	0.18120	14.81
측정자*부품	0.047263	0.28358	23.17
부품-대-부품	0.192781	1.15668	94.52
총 변동	0.203965	1.22379	100.00

측정시스템 변동을 총 변동과 비교하려면 %공정변동을 사용합니다. 총 Gage R&R은 연구변동의 32.66%입니다.

② 구별범주 개수[07]

구별범주 개수는 Gage R&R 연구에서 측정된 특성의 차이를 탐지하는 측정시스템의 능력을 식별하기 위해 사용하는 측도입니다. 구별범주의 개수는 제품의 변동범위에 걸쳐 나타나는 겹치지 않는 신뢰구간의 개수를 나타냅니다. 구별범주의 개수는 측정시스템이 공정데이터 내에서 식별할 수 있는 그룹의 수도 나타냅니다.

부품에 대한 표준편차를 Gage에 대한 표준편차로 나눈 다음 1.41을 곱해 구별범주의 개수를 계산하고 반올림을 합니다. 값이 1보다 작은 경우에는 구별범주의 개수를 1로 설정합니다. 따라서 계산되는 범주의 개수는 측정된 부품의 변동성과 측정시스템의 변동성 비율에 따라 달라집니다.

$$\text{구별범주개수} \approx (SNratio \times 1.41)$$

위와 같은 표준편차의 결과로부터 구별범주 개수를 계산하면

07 Support.minitab.com/ko-kr/minitab/19/help-and-how-to/

$$SNratio = \frac{부품표준편차}{측정표준편차} = \frac{부품\text{-}대\text{-}부품}{총\ GageR\ R}$$

$$= \frac{0.192781}{0.066615} = 2.89$$

$$구별범주개수 \approx (SNratio \times 1.41)$$

$$= 2.89 \times 1.41 = 4.0749 \approx 4$$

따라서 측정시스템이 구별할 수 있는 데이터 내의 그룹 수는 4입니다.

일반적으로 구별범주의 개수가 2보다 작으면 부품을 구별할 수 없기 때문에 측정시스템이 공정을 제어하지 못합니다. 구별범주의 개수가 2일 때는 부품을 높음, 낮음과 같이 두 그룹으로 나눌 수 있습니다. 구별범주의 개수가 3일 때는 부품을 높음, 중간, 낮음과 같이 세 그룹으로 나눌 수 있습니다.

불충분한 구별범주 개수의 예

10개의 다른 부품을 측정하고 구별범주의 개수가 4라고 보고하는 경우를 가정합니다. 이 경우에는 측정시스템이 일부 부품의 차이를 탐지할 수 없습니다. Gage의 정밀도를 높이면 구별범주의 개수가 증가합니다.

구별범주의 개수에 따라 다른 시스템이 필요한 경우의 예

배치공정에 사용하는 다양한 화학물질의 무게를 측정한다고 가정합니다. 조제법에 따라 4g의 화학물질 A가 필요하고 75g의 화학물질 B와 2g의 화학물질 C가 필요합니다. 모든 측정에 5g 단위의 저울을 사용할 경우, 해당 저울을 화학물질 B에 사용할 수 있지만 화학물질 A와 화학물질 C에 사용하기에는 정밀도가 너무 낮습니다. 따라서 측정하는 저울은 구별범주 개수가 3이상이라고 하더라도 다양한 단위의 저울이 필요합니다.

③ 그래프 분석

12

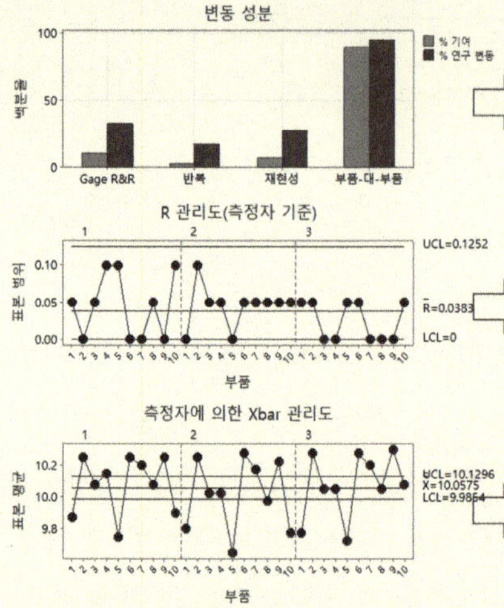

전체 산포 중 게이지 R&R이 차지하는 비중이 충분히 작은가? 를 나타내며,
Gage R&R, 반복, 재현성의 %기여는 0에 가까울수록 좋음

측정자의 반복 측정값이 안정적인가? 를 나타내며,
R 관리도의 상/하한 기준내 있어야 함. 한계선을 벗어나면 원인을 찾고 재 측정을 해야 함

서로 다른 부품을 감별하는 능력이 충분한가? 를 나타내며,
R 관리도와 달리 한계선을 가능한 많이 벗어나는 것이 좋음

13

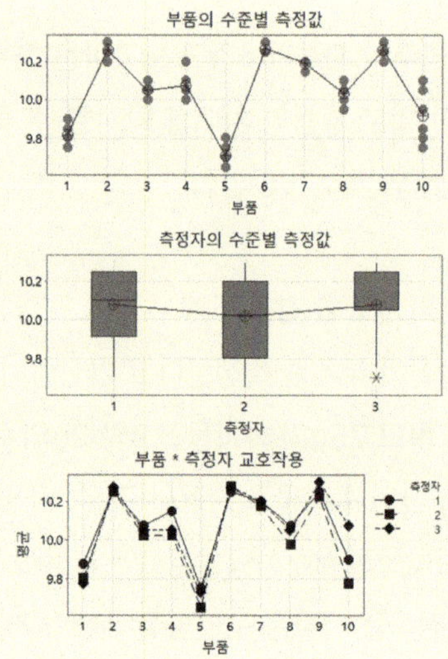

선정된 표본이 공정의 산포를 제대로 반영하고 있는가? 를 나타내며,
이 값이 균일하면 표본이 공정의 산포를 제대로 반영하고 있지 않다는 의미임

측정자가 유의한 차이가 있는가? 를 나타내며,
측정자간 차이가 없을수록 좋음

표본에 따라 각 측정자가 서로 달리 측정하고 있는가? 를 나타내며,
표본에 대한 각 측정자의 측정값이 동일한 것이 좋음

12
측정값에 대한 게이지 R&R 분석 I

13
측정값에 대한 게이지 R&R 분석 II

④ 후속 조치

측정시스템 분석 후 산포의 주된 원인이 반복성[장비]이면 장비를 교체, 수리, 또는 교정해야 합니다. 그러나 산포의 주된 원인이 작업자[재현성]라면 표준 프로세스의 훈련, 사용, 또는 측정절차에서 문제의 해결점을 찾아야 하겠죠. 따라서 훈련, 기술, 절차 중 어느 제품에서 문제가 발생하였는지를 파악하기 위해서는 작업자 간의 차이점을 살펴보아야 합니다.

Gage 성능이 중요하지 않고[공차의 30% 정도] 프로세스가 높은 성능을 나타낸다면 많은 경우 Gage의 성능은 업무에 방해를 일으키는 정도가 아니며 계속적인 사용이 가능하다고 판단합니다. 장비공급자와의 협의 또는 업체 문서의 참고 등을 통해 현재 사용 중인 Gage 기술이 최첨단이며 규격에 맞는 성능을 갖추고 있다면, 현 상태대로 사용하는 방법밖에 없습니다.

6.3 계수형 Gage R&R 분석

예시 14	전자부품을 생산하는 공정의 불량을 개선하기 위한 프로젝트를 진행하고자 한다. 제품의 불량을 확인하는 Final Test 공정에서 제품의 양, 불을 제대로 판정하는지를 알기 위해 측정시스템을 평가합니다. 엔지니어는 알려진 기준값의 부품 8개를 선택하고 합격/불합격 Gage를 통해 각 부품을 20번 측정하고 시료당 합격회수를 입력합니다.
분석 절차	[1 단계] Gage R&R 계획 ① 전체 제품을 대변할 수 있는 8개의 표본을 양품과 불량을 섞어 추출 ② 반복수 : 20회 ③ 작업자 : 1명 결정 [2 단계] : 선별된 표본을 측정 ④ 측정은 부품을 가능한 랜덤하게 측정합니다. ⑤ 작업자는 자신이 측정 실험에 참여하는지 모르게 합니다. ⑥ 전체 측정을 반복합니다. [3 단계] : 데이터 입력 및 분석 미니텝 예제파일로 수행합니다.

(1) 미니텝 입력

① 데이터를 입력합니다. 샘플데이터 파일[08]을 활용합니다.

시료번호	기준값	합격회수
1	-0.0160	0
2	-0.0150	1
3	-0.0140	3
4	-0.0130	5
5	-0.0120	8
6	-0.0110	16
7	-0.0105	18
8	-0.0100	20

② 미니텝 SW를 활성화하고 통계분석 > 품질도구 > Gage 연구 > 계수형 Gage R&R 연구[분석적 방법]를 선택합니다.

③ 시료번호에 '시료번호'를, 기준값에 '기준값'을 입력합니다.

④ 이항 속성 아래에서 요약카운트에 '합격회수'를 입력합니다.

⑤ 시행 횟수에 20을 입력합니다.

⑥ 속성 레이블에 기본 레이블 "합격"을 남겨둡니다.

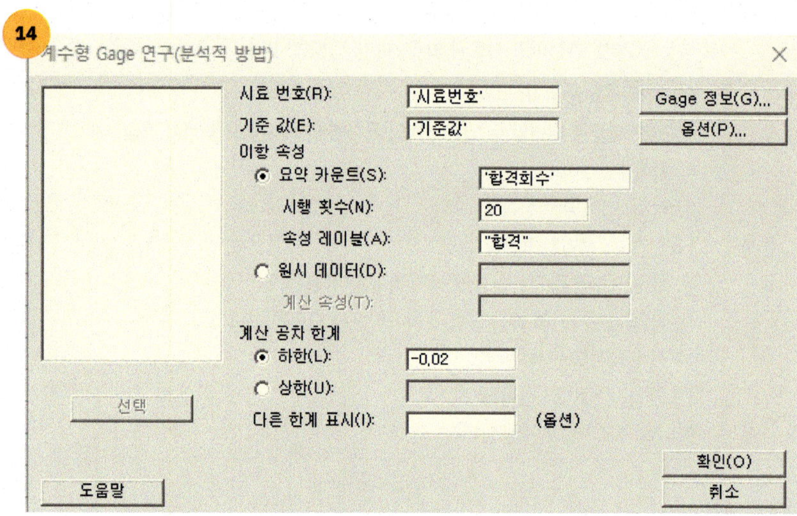

14 계수형 게이지 R&R 연구(분석적 방법)

08 www.datalabs.co.kr/support/의 Minitab 실습예제 자료를 인용했습니다.

⑦ 계산 공차한계 아래에서 하한을 선택하고 -0.020을 입력합니다.

⑧ 확인을 클릭합니다.

계수형 Gage R&R 분석의 판정기준은 다음과 같습니다.

<측정시스템 판정기준>

구분	판단기준(우수)	판단기준(고려)	판단기준(부족)
검출력	90%↑	80~90%	80%

위 판단기준은 프로젝트의 목표에 따라 변경될 수 있는데 예를 들어, 불량률 0.1% → 0.001% 개선과제의 경우 검출력은 반드시 100%이어야 합니다. 그리고 만족지수 40% → 60% 개선과제의 경우 검출력은 80%이상만 되어도 채택될 수 있습니다. 그러나 기본적으로 100%가 되지 않을 경우에는 원인을 조사해 보아야 합니다.

(2) 분석결과[09]

① 측정시스템의 치우침

치우침은 측정시스템 정확도의 측도입니다. 치우침은 기준부품의 알려진 표준값과 관측된 측정값 평균의 차이로 계산됩니다. 낮은 치우침 값은 계수형 Gage가 기준값에 가까운 부품을 측정한다는 것을 나타냅니다.

측정시스템의 치우침이 통계적으로 유의한지 여부를 확인하려면 p-값을 유의수준과 비교하십시오. 일반적으로 0.05의 유의 수준α 또는 알파로 표시함이 적절합니다. 0.05의 유의수준은 유의한 치우침이 없는데 치우침이 존재한다는 결론을 내릴 위험이 5%라는 것을 나타냅니다.

치우침은 -0.0075729이고 p-값은 0.0000000입니다. p-값이 유의수준 0.05보다 작기 때문에 치우침이 0인 귀무가설[10]을 거부하고 측정시스

09 https://support.minitab.com/ko-kr/minitab/18/help-and-how-to/

10 귀무가설(歸無假說, Null hypothesis, 기호 H0) 또는 영 가설(零假說)은 통계학에서 차이가 없거나 의미 있는 차이가 없는 경우의 가설입니다. 즉, 기준 부품의 표준값과 측정값의 평균 차이가 없다는 가설이 귀무기설인 것입니다. 반대의 경우를 대립가설(對立假說, Alternative hypothesis, 기호 H1)라고 합니다.

15

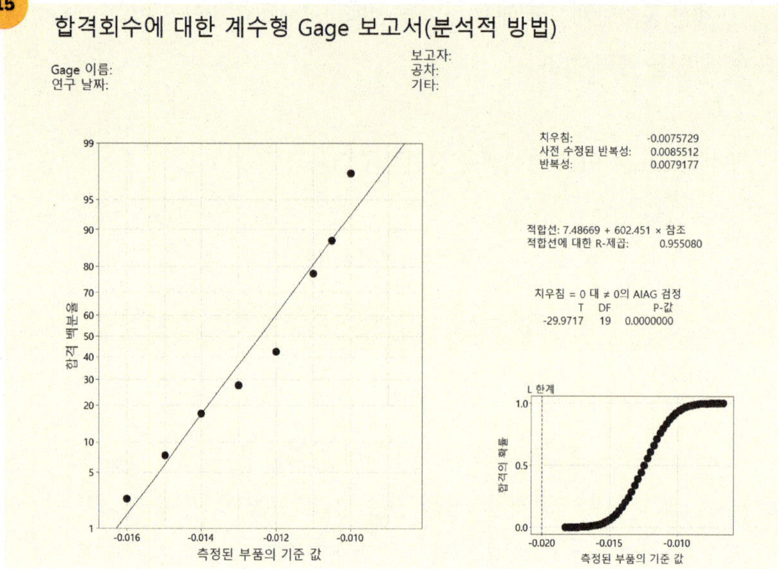

15 합격회수에 대한 계수형 게이지 보고서

템의 치우침이 통계적으로 유의하다는 결론을 내립니다. 이것은 측정시스템은 치우침이 있고 기준부품의 알려진 표준값과 관측된 측정값 평균의 차이가 있다는 뜻입니다. 즉, 측정시스템에 문제가 있다는 것을 의미합니다.

② 적합성 평가

정규확률도는 각 기준값에 대한 합격백분율을 보여줍니다. Gage로는 치우침과 반복성을 추정하는데 사용할 수 있는 실제 측정값을 구할 수 없으므로 미니텝 SW는 모든 부품에 대해 계산된 합격확률과 알려진 기준값을 사용하여 정규분포 곡선에 적합시켜 Gage의 치우침과 반복성을 계산합니다. 측정오류가 정규분포를 따르는 경우 계산된 확률이 직선을 형성합니다.

그림에 따르면 R-제곱(R^2)[11] 값이 0.955080으로 약 96%입니다. 이것은 적합선이 데이터를 매우 잘 적합시킨다는 뜻입니다. 즉, 측정데이터가 통계적으로 정규분포를 따르고 매우 적합하다는 것을 의미합니다.

11 적합선에 대한 R-제곱(R^2) 값은 합격반응 확률에서 회귀모형에 의해 설명되는 변동의 백분율을 나타냅니다. R^2의 범위는 0%부터 100%까지입니다. 일반적으로 R^2 값이 클수록 모형이 데이터를 더 잘 적합시킵니다. 90%보다 큰 R^2 값은 일반적으로 모형이 데이터를 매우 잘 적합시킨다는 것을 나타내는데 통상 70% 이상이면 좋다고 판단합니다.

③ 게이지 성능곡선 평가

Gage 성능곡선은 추정 합격확률을 항목에 대한 기준값의 함수로 표시합니다. 수직 기준선은 사용자가 분석을 위해 입력한 한계를 나타냅니다.

공차한계의 하한을 지정할 경우 합격에 대한 기준값과 확률이 증가하는 경향을 보여줍니다. 공차 한계의 상한을 지정할 경우에는 기준값이 증가할수록 합격확률이 감소합니다. 이것은 측정자가 공차하한 바로 아래에서 불량을 합격으로 판정할 가능성이 높고, 공차상한 바로 위에서 불량을 합격으로 판정할 가능성은 낮다는 것을 의미합니다. 즉, 측정자는 공차하한에서 세심한 주의가 요구됩니다.

Gage에 상한과 하한이 있고 오차의 선형성과 균일성을 가정할 수 있는 경우, Gage 성능곡선에 공차 상한과 공차 하한을 모두 표시할 수 있습니다. 곡선은 미러이미지로 나타납니다.

위 데이터의 경우 -0.020의 공차 하한[L 한계]에서 항목을 합격시킬 확률[약 80%]이 높습니다. 기준값이 0.01이 될 때까지 살펴보면 기준값이 증가함에 따라 합격 확률이 증가하다가 기준값 0을 넘어서면 확률이 유지되고 이후 합격 확률이 감소하여 0.01의 공차 상한[H 한계]에서 합격 확률은 약 15%까지 감소합니다.

아래의 경우 -0.020의 공차하한에서 항목을 합격시킬 확률이 높습니다[약 84%]. 그러나 합격률 역시 공차한계 바로 아래 값에서 상대적으로 높습니다. 공차하한 근처에서 불량이지만 합격을 시킬 가능성이 약 84%나 되기 때문에 측정자의 각별한 주의가 요구됩니다.

16

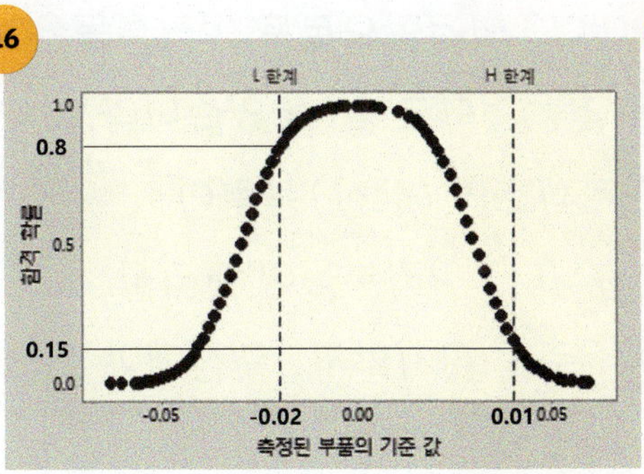

16 공차하한과 공차상한이 있는 경우의 게이지 성능곡선

17

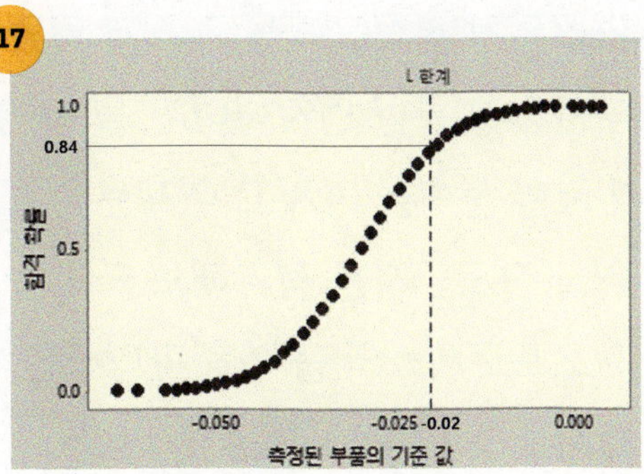

17 공차하한이 있는 경우 게이지 성능곡선

제7장

공정능력 분석

여러분들은 정확한 데이터 정보를 얻기 위한 측정시스템을 분석하고, 측정시스템에 의해 측정된 데이터를 분석할 수 있는 기초통계 분석능력을 가지게 되었습니다. 이것만으로도 여러분들은 대단히 훌륭한 엔지니어가 될 자격을 갖추었다고 할 수 있습니다. 이러한 능력을 가지고 이제는 제조프로세스의 (생산)능력이 어느 정도인지를 평가해보도록 하겠습니다. 여러분들이 관리할 제조프로세스의 능력을 파악하면 현 수준을 유지할지, 개선해야 할지를 판단할 수 있을 겁니다.

제조프로세스의 능력을 공정능력이라고 합니다. 즉, 공정능력은 고객의 요구사항에 대하여 결함이 없는 제품이나 서비스를 생산할 수 있는 프로세스의 고유능력을 의미합니다. 우리가 이러한 공정능력을 분석해야하는 이유는 공정능력 분석을 통해 우리의 프로세스가 성과기준을 얼마나 만족하고 있는지 확인할 수 있기 때문입니다. 또한 프로젝트의 Y's에 대해 현재 수준을 지표로 표현할 수 있기 때문입니다.

7.1 DPU, DPO, DPMO

공정능력을 평가할 때 결함이 발생할 기회당 얼마나 많은 결함이 발생했는지를 나타내는 지표로써 DPU, DPO, DPMO를 사용합니다. 이 중에서 DPMO를 종종 사용합니다. 참고로 6시그마 수준은 백만 개의 제품 당 3.4개의 불량이 발생하는 수준을 의미하는데 이것은 DPMO=3.4인 경우입니다.

- **DPU (Defects per Unit)** : 단위 당 발견된 결함 수
- **DPO (Defects per Opportunity)** : 기회 당 발견된 결함 수
- **DPMO (Defects per Million Opportunity)** : 백만 기회 당 발견된 결함 수

7.2 수율

수율Yield은 공정의 각 단계에서 재작업 또는 부품의 폐기[01] 등의 불량을 포함하여 관리하는 지표를 말하며, 양품율의 개념입니다. 이러한 수율에는 초기수율, 누적수율, 표준화 수율이 있습니다.

- **초기수율(FTY, First Time Yield)** : 개별공정의 품질수준을 결정하는데 사용하며, 재작업이나 수리를 하지 않는 프로세스에서 적용합니다.

01 수율에 폐기가 포함된다는 사실을 명심하세요. 다이케스팅 공법과 같이 불량 난 제품을 다시 녹여서 제품을 생산할 경우 수율을 높이기 위해 이 경우를 폐기에서 제외하는 경우가 있는데 이러면 안 됩니다. 수율을 계산할 때는 반드시 한번 폐기한 것도 포함시켜야 합니다. 이와 같은 재작업이나 폐기를 숨은 공장(Hidden factory)라고 합니다.

- **누적수율(RTY, Rolled Throughput Yield)** : 전체공정의 품질수준을 표현하는데 사용되는 지표 중의 하나로서 초기 수율의 곱으로 계산됩니다.
- **표준화수율(YNOR, Normalized Yield)** : 전체공정의 품질수준을 표현하는데 사용되는 지표 중의 하나로 프로세스에서 초기 수율에 기하평균개념을 적용합니다.

여러분들이 근무하고 있는 제조기업이 생산프로세스가 재료평가 → 부품설계 → 부품가공 → 부품조립의 4단계 공정으로 이루어져 있고 각각 공정의 수율이 99.1%, 98.6%, 97.1%, 95.5% 라고 가정을 한다면 각각의 공정수율을 곱한 수율이 누적수율이자 전체공정 수율이라고 하고 90.61%로 계산되어 집니다.

1 누적수율

2 표준화 수율

$$RTY = 0.991 \times 0.986 \times 0.971 \times 0.955 = 0.9061$$

표준화 수율을 계산하면 4개의 공정으로 이루어져 있기 때문에 다음과 같이 97.6%로 계산됩니다.

$$Y_{NOR} = \sqrt[4]{Y_{RTY}}$$

1

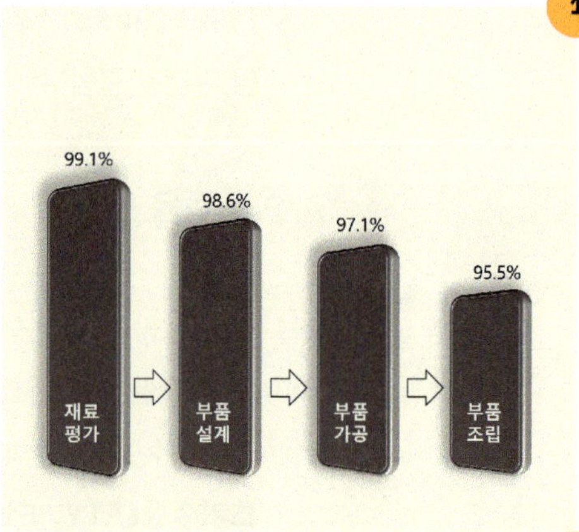

2

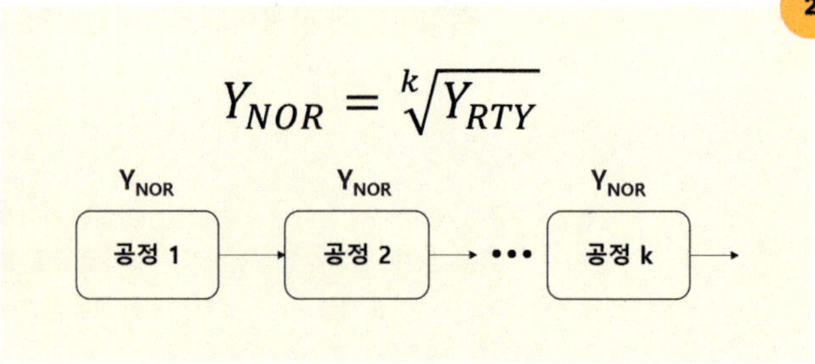

7.3 단기공정능력과 장기공정능력

프로세스는 동적인 특성을 갖고 평균은 시간의 흐름에 따라 변할 수밖에 없습니다. 작업 환경이 시간의 흐름, 작업자의 변화, 기계의 노후화에 따라 달라지기 때문입니다. 이러한 이유로 품질도 변동이 되는 것이죠. 품질의 변동은 군내변동[Within variation]과 군간변동[Between variation]으로 구분할 수 있는데 군내를 단위공정, 군간을 단위공정이 연결된 장기공정이라고 생각하셔도 됩니다.

<품질의 변동>

군내변동(Within variation)	군간변동(Between variation)
공정에서 존재하는 일상적인 요인에 의한 변동임 (우연원인)	공정상에 외부의 요인이 영향을 미쳐서 평균치가 Shift되는 변동이 발생하는 원인규명이 가능한 요인에 의한 변동임 (이상원인)
현존하는 기술(프로세스)에서는 통제 불가능한 변동[02]	현재의 공정상에서 통제가 가능한 변동임
일반적으로 공정의 산포에 영향을 미침	일반적으로 목표치에서 평균치가 Shift 되도록 영향을 미침
주로 기술적인 요인에 의해서 발생	실질적으로 시간의 경과에 따른 공정능력이 어느 정도인지를 나타냄

공정수준은 시기에 따라 평균값뿐만 아니라 값의 분포도 변동하는 일이 일반적입니다. 이와 같이 시기별로 평가된 공정능력을 단기공정능력이라고 하고, 단기공정능력의 종합으로 평가되는 것을 장기공정능력이라고 합니다. 장기공정은 단기공정의 데이터의 합으로 평가되기 때문에 단기공정보다 데이터의 산포가 크게 나타납니다. 따라서 장기공정능력이 단기공정능력보다 낮게 평가되는데 이와 같은 장기공정능력과 단기공정능력의 차이를 프로세스 변동[Zshift]라고 합니다.

02 군내변동은 현재 기술(프로세스)이 적용됨에도 불구하고 발생하는 변동이므로 군내변동이 발생했다는 것은 현재 기술로는 제어가 어렵다는 것입니다. 따라서 군내변동은 주요 기술개발 대상이 됩니다.

$$Z_{shift} = Z_{st} - Z_{lt}$$

프로세스의 변화를 고려하여 시그마 수준에 대응하는 불량률을 계산할 때에는 프로세스 평균이 규격중심으로부터 표준편차의 1.5배 만큼 움직인 것을 전제로 계산합니다. 따라서 6시그마 수준의 프로세스에서는 100만 회의 기회 중 3.4회 정도의 결함이 발생하게 되고 이는 3.4DPMO에 상응합니다.

3

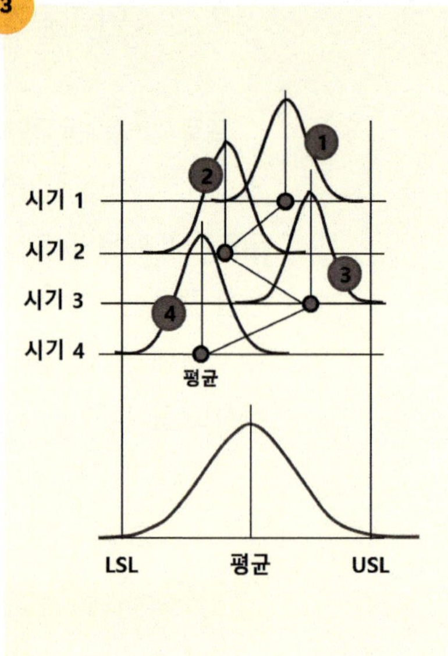

단기공정과 장기공정은 데이터를 단기간에 취합하는가, 장기간에 걸쳐 취합하는가에 따라 결정됩니다. 단기간에 취합한 데이터를 단기데이터, 장기간에 걸쳐 취합한 데이터를 장기데이터라고 할 때 각각의 특징은 다음과 같습니다.

4

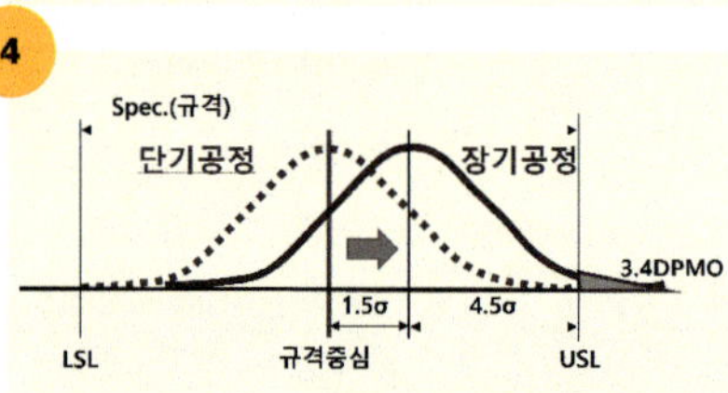

3 프로세스의 변동

4 규격중심의 이동

<단기데이터와 장기데이터의 특징>

단기데이터	장기데이터
우연(Irregular)원인의 영향만 존재	우연원인 뿐만 아니라 이상(Ideal)원인도 존재
좁은 추론공간에 걸쳐서 수집 – 단일작업 교대시간에 – 하나의 기계를 사용해서 – 한 명의 작업자를 대상으로 – 하나의 Lot에 속하는 원자재 등으로부터	광범위한 추론공간에 걸쳐서 수집 – 다수의 작업 교대시간에 – 다수의 기계를 사용해서 – 다수의 작업자를 대상으로 – 다수의 Lot에 속하는 원자재 등을 사용해서
극소수의 공정만이 진정한 단기샘플을 제공 가능	대부분의 공정에서 수집할 수 있는 데이터는 장기적인 것

단기공정의 데이터들은 평가시기에 따라 평균값의 이동뿐만 아니라 데이터의 산포도 다른 경우가 비일비재합니다. 이러한 단기공정의 데이터들이 축

적되어 장기적으로 살펴보면 즉, 장기공정에서는 데이터의 산포가 증가하는 경우가 일반적인데요, 이러한 이유로 장기공정능력은 단기공정능력보다 낮다고 하는 것입니다. 일반적으로 장기공정능력은 약 1.5σ가 이동한다고 말합니다.

5

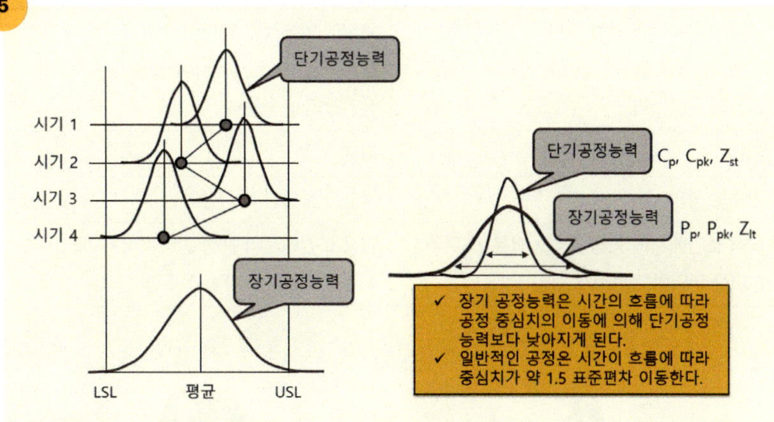

5 단기 및 장기공정능력의 개념

단기데이터에 의해 평가되는 단기공정능력과 장기데이터에 의해 평가되는 장기공정능력의 특징은 아래 표와 같습니다. 단기공정능력은 외부의 영향이 없는 짧은 기간의 공정능력을 말하는데 기술로만 정의됩니다. 반면에 장기공정능력은 외부의 영향을 받는 충분히 긴 기간의 공정능력으로 기술뿐만 아니라 공정관리[03]로 정의됩니다.

일반적으로 제조기업은 신입사원들에게 전문대학 졸업자는 조작자Operator의 역할을, 대학졸업자는 엔지니어Engineer의 역할을 줍니다. 조작자의 주요 역할은 설비를 유지·보수하거나, 가공을 정밀하게 하고, 측정을 정확하게 하는 직무가 될 테고요, 엔지니어들은 새로운 콘셉트를 연구·개발하여 제조현장에 전달하는 직무를 맡게 됩니다. 그리고 조작자의 역할을 잘 수행하면 엔지니어로 성장하기도 하고, 제조현장에서 조작자들을 교육하고 관리하는 관리자들로 성장하기도 합니다.

제조기업에서는 조작자나 엔지니어 모두 공정또는 기술 엔지니어라고 통칭하

03 단기공정과 단기공정 간 관리를 의미합니다.

는데요, 이들이 관리하는 대상이 주로 단기공정능력이 됩니다. 즉, 여러분들은 작은 단위의 공정수준을 높이기 위한 활동을 하신다고 생각하면 됩니다.

<단기공정능력과 장기공정능력의 특징>

단기공정능력	장기공정능력
공정에 외부적인 영향(예 온도, 작업자, 원재료, LOT 등)이 없다고 판단되는 짧은 기간의 공정능력	공정에 외부적인 영향이 있다고 판단되는 충분히 긴 기간, ppm, 수율은 일반적으로 장기간의 공정능력
ZST	ZLT
기술로 정의	기술과 공정관리로 정의
최적 조건에서의 공정 관리능력은 ZST = 6.0을 의미하고, Cp 2.0임	임상 조건에서의 공정 관리능력은 ZLT = 4.5을 의미하고, Pp 1.5임
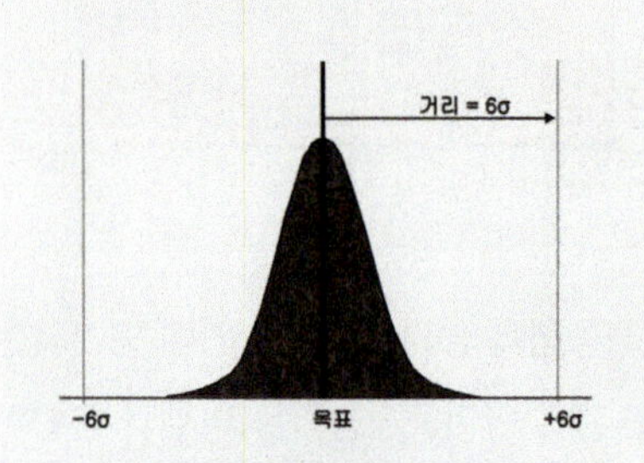	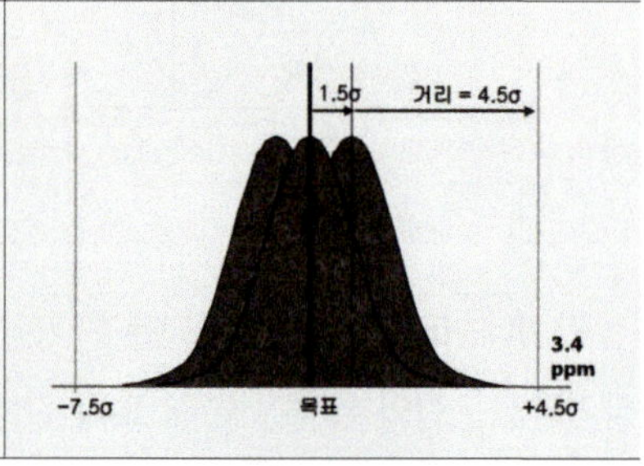

7.4 정규성검정[04]

데이터가 정규분포를 따르지 않는다면 공정능력분석 결과를 신뢰할 수 없습니다. 또한, 부분군별로는 정규분포를 따르나 전체적으로는 정규분포를 따르지 않을 경우는 C_{pk} 값은 믿을 수 있으므로 공정의 잠재능력은 알 수 있으나 실제 공정능력을 나타내는 P_{pk}는 신뢰할 수 없게 됩니다. 따라서 공정능력을 제대로 평가하기 위해서는 먼저 정규성검정이 선행되어야 합니다. 정규성검정을 사례분석을 통해 확인해보겠습니다.

04 데이터가 정규분포를 따르는지 여부를 확인하는 방법입니다. 귀무가설(데이터는 정규분포를 따른다)과 대립가설(데이터는 정규분포를 따르지 않는다)로 가설을 세우고 가설을 검증하는 개념입니다. 일반적으로 귀무가설은 참이라고 생각하는 것입니다.

예시 16	사출성형공법으로 휴대폰케이스를 만드는 회사에서 공정능력분석을 위해 휴대폰 케이스의 뒤틀림을 100회 측정하였습니다. 공정능력분석의 신뢰성을 위해 먼저 정규성 검증을 했습니다. 측정결과는 정규분포를 따르고 있습니까?

① 미니텝 SW를 활성화합니다.

② 통계분석 > 기초통계 > 정규성검정을 선택합니다.

③ 변수에 '뒤틀림'을 선택합니다.

6 정규성검정 입력창

7 정규성검정 확률도

6

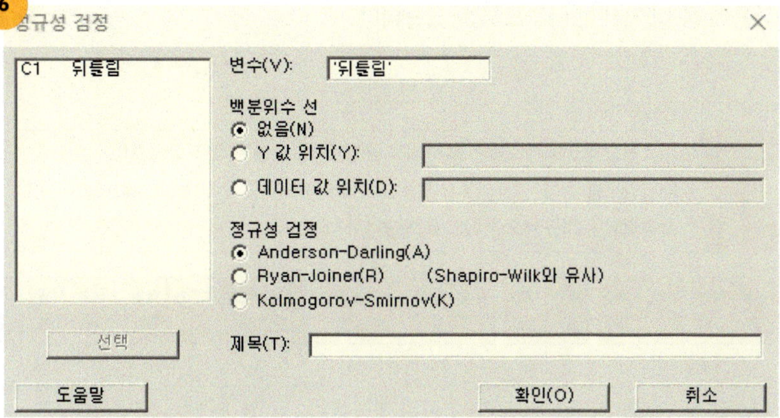

7

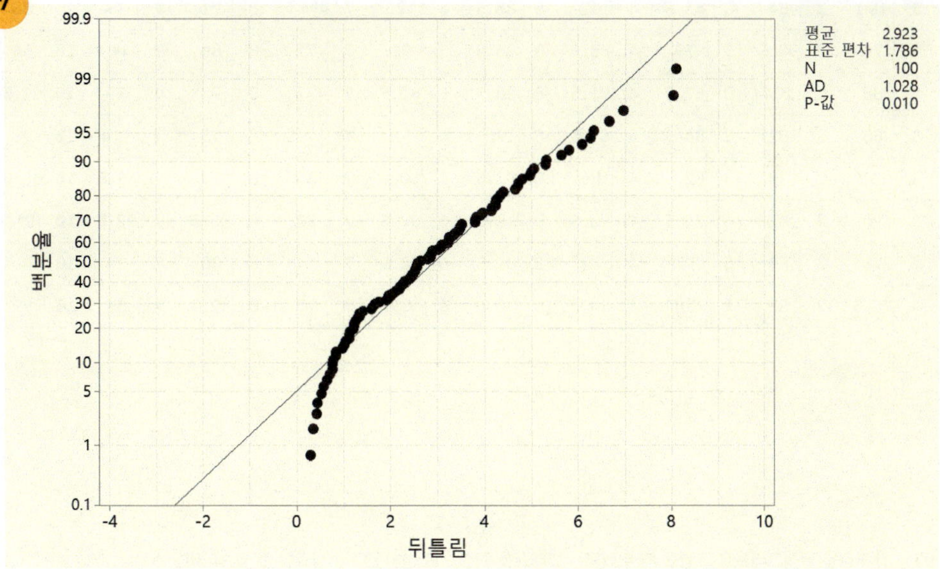

정규성검정의 확률도에서 측정데이터점들이 직선[05]에 가까우면 정규분포를 따른다고 할 수 있습니다. 그리고 통계적으로는 P값으로 판단하게 되는데 일반적으로 95% 신뢰구간에서 P값이 0.05를 기준으로 판단합니다.

P값 < 0.05 : 귀무가설 기각

P값 > 0.05 : 귀무가설 채택

위 결과에서 P값은 0.01로 기준인 0.05보다 작기 때문에 귀무가설이 기각됩니다. 즉 측정데이터는 정규분포를 나타내지 않습니다. 이러한 내용은 다음에 좀 더 자세히 다루도록 하겠습니다.

예시 17

수소저장탱크를 제조하는 회사에서 공정능력분석을 위해 저장탱크의 내압강도를 측정하였습니다. 모두 10개의 탱크를 각각 10회 측정하였습니다. 측정결과는 정규분포를 따르고 있습니까?

부분군	내압강도	부분군	내압강도	부분군	내압강도	부분군	내압강도	부분군	내압강도	부분군	내압강도	부분군	내압강도	부분군	내압강도	부분군	내압강도	부분군	내압강도
1	84	2	80	3	67	4	99.5	5	57.5	6	82.5	7	52.5	8	81.5	9	103.5	10	60
1	83.5	2	90.5	3	82.5	4	57	5	109	6	48.5	7	93	8	87	9	71.5	10	65.5
1	100	2	54	3	43.5	4	82	5	85.5	6	123	7	108.5	8	71	9	79	10	88
1	75	2	99.5	3	79	4	83.5	5	96.5	6	90	7	71	8	80	9	110.5	10	64
1	80	2	104	3	67.5	4	91.5	5	88.5	6	82.5	7	77	8	90	9	97	10	61.5
1	88	2	82	3	84.5	4	67.5	5	95	6	50	7	67.5	8	73	9	114	10	98
1	117	2	90	3	82.5	4	86	5	91.5	6	60.5	7	38	8	74	9	81.5	10	65.5
1	90	2	87	3	76.5	4	93.5	5	79	6	82.5	7	81	8	85.5	9	72.5	10	100.5
1	75	2	89	3	77	4	87	5	87.5	6	80.5	7	74	8	80	9	87	10	118.5
1	78.5	2	55	3	90	4	84.5	5	75.5	6	89	7	75	8	82.5	9	85	10	99

05 데이터를 누적그래프로 그렸을 때 누적되는 그래프를 직선으로 변환했다고 생각할 수 있습니다.

8

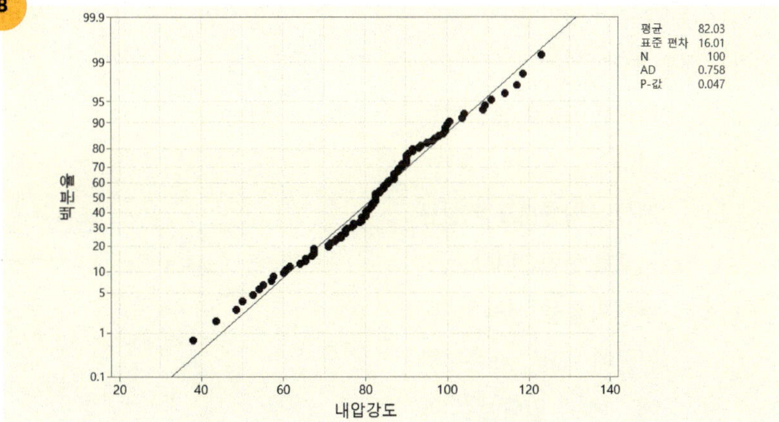

8
정규성검정 확률도

위 결과에서 P값은 0.047로 기준인 0.05보다 작기 때문에 귀무가설이 기각됩니다. 즉 측정데이터는 정규분포를 나타내지 않습니다.

7.5 정규분포의 확률 계산

정규분포를 갖는 데이터에서 특정 일이 발생할 확률에 관심들이 많습니다. 통계는 결국 예측하기위한 방법이니까요. 이번에는 정규분포의 확률을 계산해보겠습니다. 데이터가 정규분포이고, 평균과 표준편차를 알고 있을 때 특정 일이 발생할 수 있는 확률을 계산하는 것입니다.

예시 17

김동양 군은 집이 인천광역시입니다. 서울특별시 구로구에 위치한 동양미래대학교에 등교를 하는데 자주 지각을 하고 있습니다. 교수님이 한번만 더 지각을 하면 성적이 F라고 경고를 하자 김동양 군은 다시는 지각을 하지 않기 위해 한 달 동안 등교하는데 걸리는 시간을 기록하고 통계분석을 하였습니다. 김동양 군의 등교시간은 정규분포를 가지고 있었고, 평균 70분이 소요되었으며 표준편차는 15분이었습니다. 한 달 간 등교 횟수는 20일입니다.

① 김동양 군이 매일 80분 전에 등교를 했다면 김동양 군은 한 달에 몇 번 지각을 했을까요?

② 김동양 군이 1회의 지각도 하지 않기 위해서는 몇 분전에 집에서 출발해야할까요?

① 김동양 군이 매일 80분 전에 등교를 했다면 김동양 군은 한 달에 몇 번 지각을 했을까요?

i) 미니텝 SW를 활성화합니다.

ii) 계산 > 확률분포 > 정규분포를 선택합니다.

iii) 누적확률을 선택하고, 평균에 '70', 표준편차에 '15', 입력상수[N]에 80을 입력합니다.

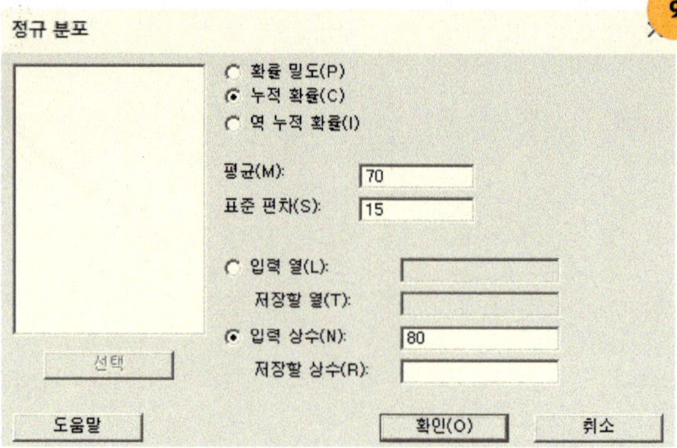

9 정규분포 확률 계산 입력

평균이 70이고 표준편차가 15인 정규분포 데이터에서 80분 전에 출발하면 누적확률이 74.75%입니다. 즉 지각하지 않을 확률이 74.75%인 것입니다. 그러면 지각할 확률은 반대로 25.25%가 될 것입니다. 한 달에 20회 등교를 했으니까 5.05회 지각을 했을 것입니다.

x	$P(X \le x)$
80	0.747507

0.2525 × 20 = 5.05회

위의 내용을 그래프로도 확인할 수 있습니다.

i) 미니텝 SW를 활성화합니다.

ii) 그래프 > 확률분포도 > 확률보기를 선택합니다.

iii) 분포는 '정규분포', 평균에 '70', 표준편차에 '15'를 입력합니다.

iv) 음영영역에서 정의기준은 X값[X]를 선택하고, 그래프는 '오른쪽 꼬리', X값[X]는 '80'을 입력합니다.

10

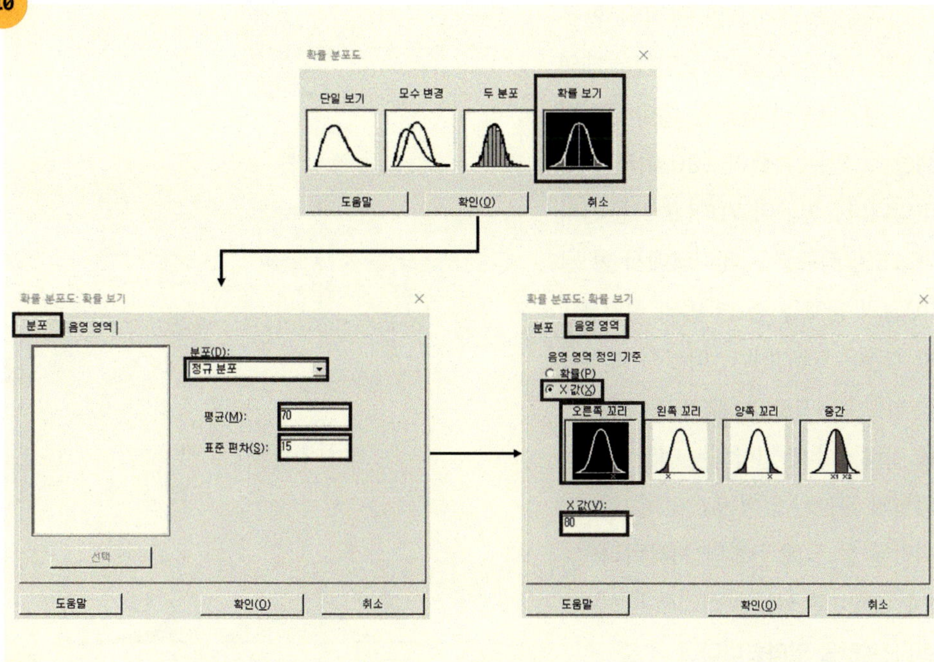

11

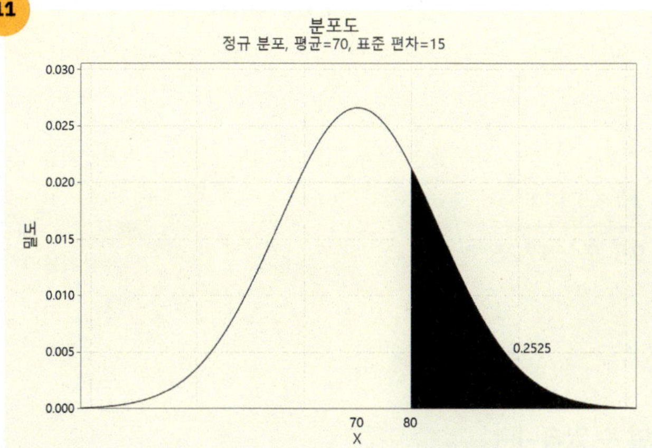

그래프를 보면 80 이후의 붉은색 영역에 0.2525라는 숫자가 표시됩니다. 즉, 80분에 출발했다면 지각할 확률이 25.25%라는 것을 알 수 있습니다.

10 정규분포확률 그래프 입력

11 80분 전에 집에서 출발할 때 지각할 확률 25.25%

② 김동양 군이 1회의 지각도 하지 않기 위해서는 몇 분전에 집에서 출발해야할까요?

i) 미니텝 SW를 활성화합니다.

ii) 계산 > 확률분포 > 정규분포를 선택합니다.

iii) 역 누적 확률을 선택하고, 평균에 '70', 표준편차에 '15', 입력상수[N]에 0.95를 입력합니다.

정규분포 그래프의 면적의 합은 1이라고 할 수 있습니다. 이것은 데이터가 정규분포일 때 모든 데이터가 발생할 수 있는 확률이 100 이라는 의미입니다. 평균이 70이고 표준편차가 15인 정규분포 데이터에서 한 달 20일의 등교일 중 한 번의 지각을 할 확률은 5%입니다. 따라서 역 누적 확률로는 95%에 해당되는 0.95를 입력 상수에 입력하는 것입니다. 이렇게 계산된 값이 94.6728인데 이것은 한 달에 한번만 지각하려면 94.6728분 전에는 집에서 나서야 한다는 것을 의미합니다.

12

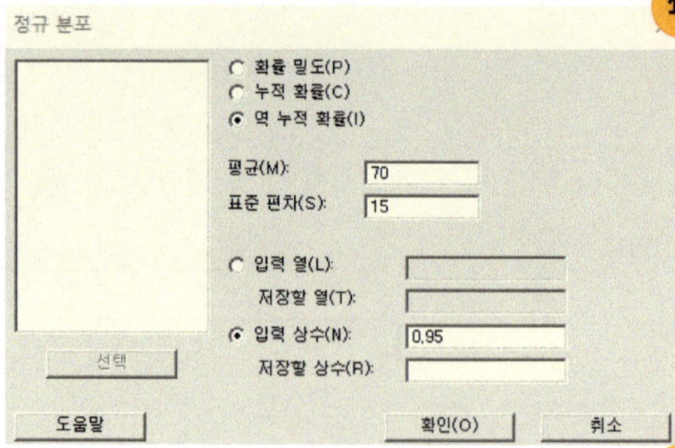

13

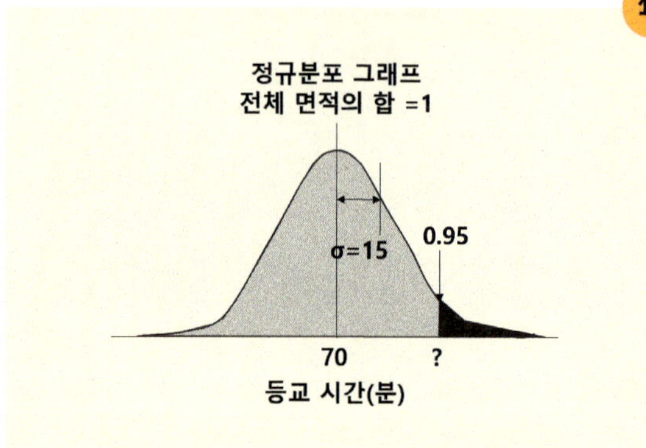

$P(X \leq x)$	x
0.95	94.6728

12
역 누적 확률

13
역 누적 확률의 개념

위의 내용을 그래프로도 확인할 수 있습니다.

i) 미니텝 SW를 활성화합니다.

ii) 그래프 > 확률분포도 > 확률 보기를 선택합니다.

iii) 분포는 '정규분포', 평균에 '70', 표준편차에 '15'를 입력합니다.

iv) 음영영역에서 정의 준은 확률[P]를 선택하고, 그래프는 '오른쪽 꼬리', 확률[R]은 '0.05'를 입력합니다.

14

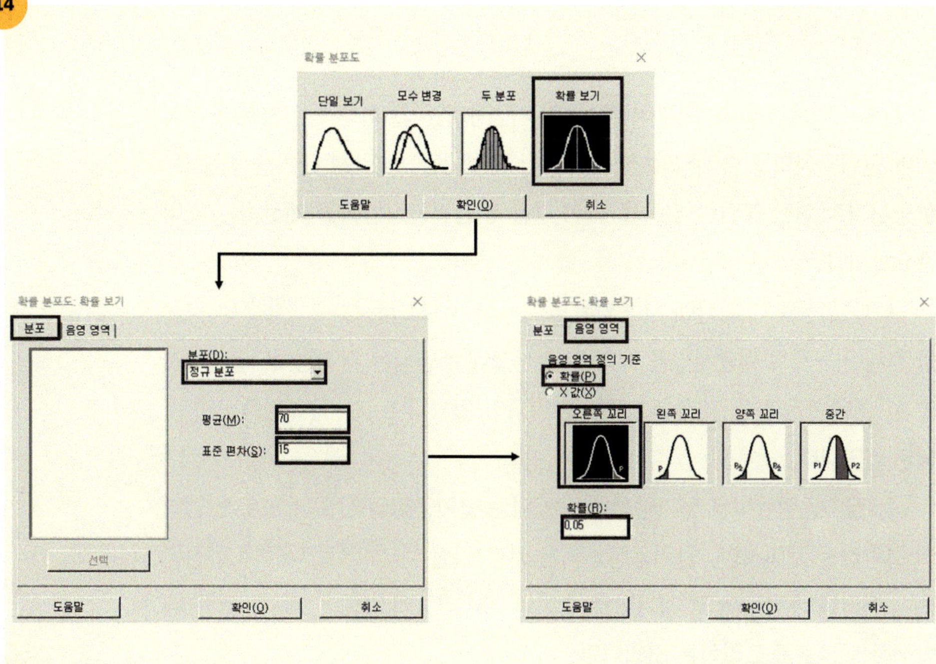

15

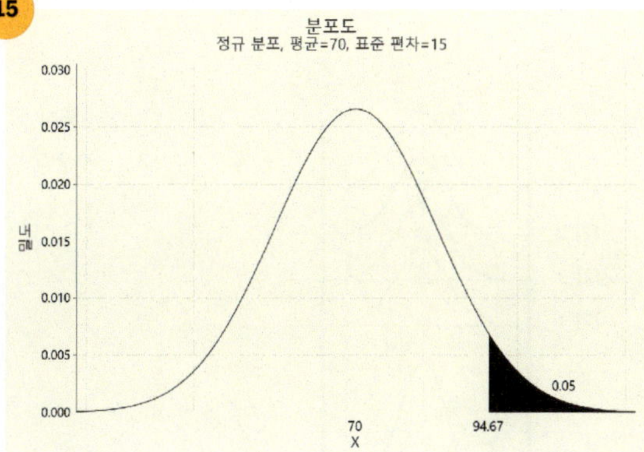

그래프를 보면 0.05에 해당되는 붉은색 영역의 X축에 94.67이라는 숫자가 표시됩니다. 즉, 한 달에 한 번 지각하기 위해서는 94.67분 전에 집에서 나서야한다는 것을 알 수 있습니다.

만약 절대 지각을 하지 않으려면 몇 분전에 집에서 나서야할까요? 지각할 확률이 0.0001%[06]라면 절대 지각하지 않는다고 할 수 있겠죠. 이러한 확률로 위의 방식대로 따라가 보면 141.3분이 나옵니다. 즉, 평균 70분의 등교시간이 걸리는 김동양 군은 2배의 시간적 여유를 두고 등교해야하는 것입니다.

14
역 누적확률
그래프분석 입력

15
한 달에 한번
지각하기 위해
출발해야 할 시간
94.67분 전

06 미니텝의 확률값(P)은 0<P<1의 값을 가져야하기에 지각하지 않을 확률 0을 입력하지 못하고 0과 유사한 값을 입력합니다.

7.6 공정능력의 계산

위에서 언급한 바와 같이 여러분들이 기업에 입사를 하면 단위공정에 배정되어 단위공정의 기술개발에 전력하게 될 것입니다. 따라서 단기공정능력을 향상시키기 위한 다양한 활동을 하기 때문에 단기공정능력을 계산하는 것이 중요합니다.

단기공정능력의 계산에 사용되는 σ_{ST}는 각 서브 그룹Sub group[07]의 평균을 전체 평균으로 이동시켰을 때의 전체 산포에 해당되는 개념입니다. 따라서 σ_{LT}는 군내변동과 군간변동이 모두 반영되어 있으나 σ_{ST}는 군내변동만이 반영된 것입니다.

즉, 장기공정능력은 장기공정에 포함되는 단기공정의 산포가 모두 반영되어 평가하는 것이지만, 단기공정능력은 각 시기별단위 공정별로 다르게 측정된 총 데이터들의 평균에 각 시기별로 측정된 데이터들의 평균을 일치시켰을 때 발생하는 산포를 고려하는 것입니다.

16

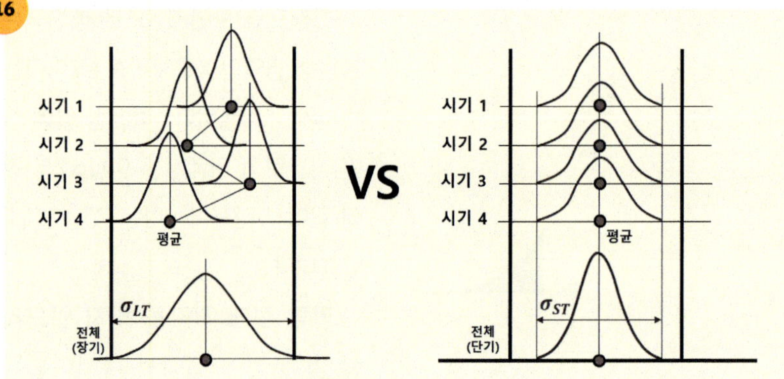

16 단기공정능력(Z_{ST}) 계산의 개념

따라서 단기공정능력과 장기공정능력을 평가하는 방식도 달라져야 합니다. 단기공정능력을 계산할 때는 합동 표준편차Pooled Standard Deviation를 활용하고, 장기공정능력을 계산할 때는 전체 표준편차Overall Standard Deviation를 활용하게 됩니다.

07 장기공정능력에 포함되는 단기공정을 의미합니다.

<합동 표준편차와 전체 표준편차>

합동 표준편차 (Pooled Standard Deviation)	전체 표준편차 (Overall Standard Deviation)
통계 SW(미니탭)의 기본 옵션이다	실제의 공정능력을 추정하기 위해서는 이 옵션이 사용되어야한다
부분군내의 변동을 평균하여 구한다	전체 데이터의 변동으로부터 구한다
합리적 부분군하에서 최적의 단기공정능력 계산을 위해 사용 된다	미니탭은 전체 표준편차에 기초한 공정능력을 나타내기 위해 P_p그리고 P_{pk} 등의 기호를 사용 한다

지금부터 단기, 장기 공정능력을 계산해보도록 하겠습니다. 일반적으로 공정능력은 '지수'로 표현되기 때문에 단기 또는 장기공정능력을 계산한다는 것은 공정능력지수를 계산한다는 것을 의미합니다.

(1) 단기공정능력 지수

17 공정평균과 규격 중심이 일치하는 경우

공정평균과 규격중심이 일치하는 경우를 생각해볼 수 있습니다. 그런데 공정평균과 규격중심이 일치하는 경우가 얼마나 있을까요? 여러분들이 생각해봐도 이 경우는 별로 없다는 것을 알 수 있습니다. 더욱이 측정된 데이터들이 많아지면 데이터들의 평균이 규격중심과 일치하는 경우는 거의 없다고 생각할 수 있습니다. 그러나 만약 이러한 경우라면 공정능력지수는 다음과 같이 계산할 수 있습니다.

$$C_p = \frac{USL - LSL}{6\sigma_{st}}, \quad \sigma_{st} = \text{단기 표준편차}$$

17

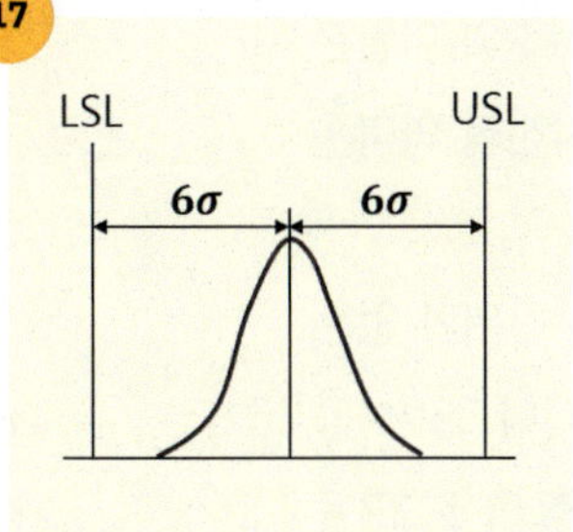

또한, 일반적인 경우로 공정평균과 규격 중심이 일치하지 않는 경우의 공정능력지수는 아래와 같이 계산됩니다.

$$C_{pk} = Min(C_{pl}, C_{pu})$$

$$\text{단, } C_{pu} = \frac{USL - \mu}{3\sigma_{st}}, \quad C_{pl} = \frac{\mu - LCL}{3\sigma_{st}}, \quad \mu = \text{평균}$$

따라서 실제 단기공정능력 지수는 C_{pk}값을 주로 사용한다고 생각하시면 됩니다.

(2) 장기공정능력 지수

장기공정능력 지수 계산도 단기공정능력 지수 계산과 동일합니다.

$$P_p = \frac{USL - LSL}{6\sigma_{lt}}, \quad \sigma_{lt} = \text{장기 표준편차}$$

$$P_{pk} = Min(P_{pl}, P_{pu})$$

$$\text{단, } P_{pu} = \frac{USL - \mu}{3\sigma_{lt}}, \quad P_{pl} = \frac{\mu - LCL}{3\sigma_{lt}}, \quad \mu = \text{평균}$$

18

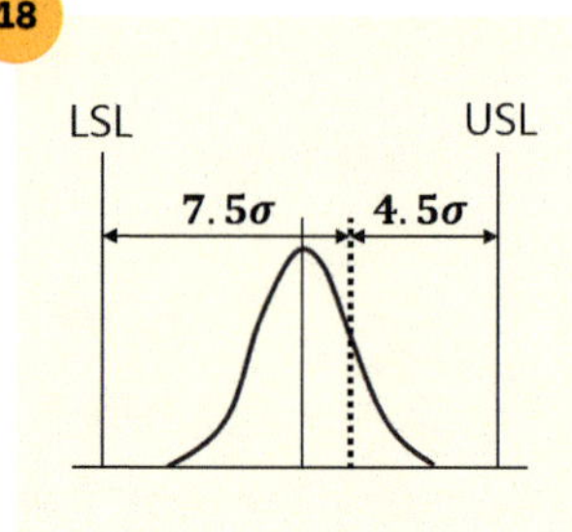

18 공정평균과 규격중심이 일치하는 경우

따라서 실제 장기공정능력 지수는 P_{pk}값을 주로 사용한다고 생각하시면 됩니다.

데이터의 공정능력을 분석할 때 표준정규 분포화인 Z변환을 이용하는데 이것은 규격한계를 하나의 Z값으로 표현함으로써 시그마수준을 표현하기 위함입니다. Z값을 알면 분포의 불량확률 계산이 가능하고, 반대로 불량확률을 알면 시그마 수준 Z값을 구할 수 있습니다.

$$Z = \frac{x - \mu}{\sigma} = \frac{x - \bar{x}}{s}$$

C_p, C_{pk}, P_p, P_{pk} 용어에 대해서 알아보면 C는 능력[Capability], p는 실행[performance], P는 프로세스[Process]를 의미하고, C_{pk} 에서 k의 어원은 일본말로 'katayori' 란 말로 '한쪽으로 치우침' 이라는 사전적 의미를 가지고 있습니다.

공정능력 지수[C_p]는 공정산포와 규격산포의 비율로써 지수는 단위가 없는 값이기 때문에 서로 다른 공정을 비교하기 위해 사용할 수 있습니다. 일부 공정능력 지수는 공정평균 또는 목표값을 고려하는데 많은 실무자들이 1.33을 공정능력 지수로 허용할 수 있는 최소값으로 간주하며, 대부분의 실무자들은 1보다 작은 값을 허용할 수 없다고 생각하고 있습니다.

일반적으로 $C_{pk}=1.33$을 기준으로 공정을 평가하는데 이유는 살펴보겠습니다. 불량률을 기준으로 한다면 1.33은 4σ 에 해당하는 값으로 1980년대 일본의 기준입니다[1.5σ 변동을 위한 마진을 확보하기 위함입니다]. 1.5σ 변동은 단기공정능력이 장기로 변할 때 경험상으로 1.5σ 정도 변동이 되는 현상을 의미합니다. 우리나라 6시그마는 일본기준을 따르므로 일본기준인 $C_p=1.33(4\sigma)$을 쓰며, 미국[모토롤라] 기준에 따르면 $C_p=0.67(2\sigma)$을 적용합니다. 일반 제조기업은 통상적으로 3σ ~ 4σ 수준으로 공정을 관리하기 때문에 $C_{pk}=1.33$이 좀 더 합리적이라고 보고 있습니다.

<C_{pk}의 공정능력 수준>

시그마 수준	DPMO	% 수율	C_{pk}
1	691462	30.9	0.33
2	308530	69.1	0.67
3	66807	93.3	1
4	6210	99.4	1.33
5	233	99.98	1.67
6	3.4	99.99966	2

예시 19

수소저장탱크를 제조하는 회사는 내압강도를 유지하기 위해 설계된 용기의 두께가 설계와 같이 제조되었는지 두께를 측정하였습니다. 모두 10개의 탱크를 각각 6회 측정하였습니다. 이 회사의 수소저장탱크의 두께는 공정능력이 우수하다고 할 수 있습니까?

① 데이터의 정규분포 여부

② 규격의 하한값, 상한값이 각각 2.3, 2.6일 때 공정능력평가

③ 규격의 하한값, 상한값이 각각 2.1, 2.8일 때 공정능력평가

④ 규격의 하한값만 있고 2.1일 때 공정능력평가

부분군	두께	부분군	두께	부분군	두께	부분군	두께	부분군	두께	부분군	두께	부분군	두께	부분군	두께	부분군	두께	부분군	두께
1	2.63	2	2.6	3	2.44	4	2.87	5	2.59	6	2.64	7	2.59	8	2.54	9	2.3	10	2.19
1	2.64	2	2.63	3	2.85	4	2.82	5	2.58	6	2.22	7	2.17	8	2.72	9	2.79	10	2.36
1	2.34	2	2.54	3	2.65	4	2.49	5	2.35	6	2.6	7	2.18	8	2.36	9	2.5	10	2.33
1	2.46	2	2.4	3	2.47	4	2.4	5	2.42	6	2.54	7	2.02	8	2.69	9	2.53	10	2.58
1	2.71	2	2.55	3	2.48	4	2.38	5	2.62	6	2.35	7	2.51	8	2.67	9	2.38	10	2.3
1	2.3	2	2.28	3	2.35	4	2.49	5	2.69	6	2.49	7	2.36	8	2.54	9	2.57	10	2.48

① 데이터의 정규분포 여부

i) 미니텝 SW를 활성화합니다.

ii) 통계분석 > 기초통계 > 정규성검정을 선택합니다.

iii) 변수에 '두께'를 선택합니다.

19

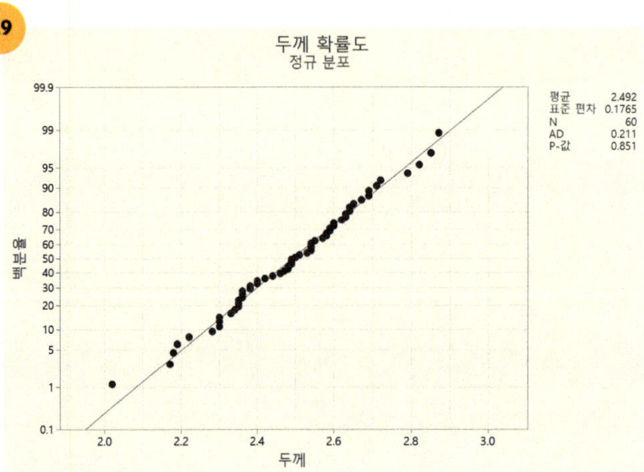

19 두께분포의 정규성검정

P값이 0.851이므로 수소저장탱크의 두께는 정규분포를 가지고 있다고 판단합니다.

② 규격의 하한값, 상한값이 각각 2.3, 2.6일 때 공정능력 평가

i) 미니텝 SW를 활성화합니다.

ii) 통계분석 > 품질도구 > 공정능력분석 > 정규분포를 선택합니다.

iii) 단일 열에 '두께'를 선택하고, 부분군 크기에 '10'을 합니다.

iv) 규격 하한에 '2.3', 규격 상한에 '2.6'을 입력합니다.

20

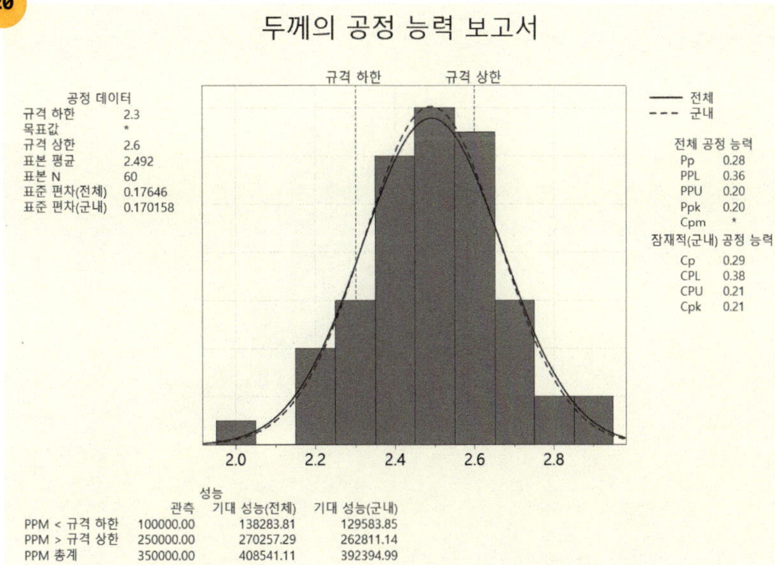

20
공정능력분석

공정능력분석을 위해서 범위하한값 2.3과 상한값 2.6의 평균은 2.45이고, 표본평균은 2.492로 범위의 평균과 표본의 평균이 다르기 때문에 장기공정능력 $P_{pk}=0.20$와 단기공정능력 $C_{pk}=0.21$를 평가해야 합니다.

규격을 벗어나는 두께는 장기공정능력 측면에서는 100만개 당 408,541개가 발생할 것으로 예측되며 단기공정능력 측면에서는 100만개 당 392,395개가 발생할 것으로 예측되었습니다.

예측되는 불량개수가 매우 크고, 장기공정능력과 단기공정능력이 각각 0.20과 0.21로 매우 작기 때문에 공정능력은 현저히 낮다고 판단할 수 있습니다.

③ 규격의 하한값, 상한값이 각각 2.1, 2.8일 때 공정능력 평가

i) 미니텝 SW를 활성화합니다.

ii) 통계분석 > 품질도구 > 공정능력분석 > 정규분포를 선택합니다.

iii) 단일 열에 '두께'를 선택하고, 부분군 크기에 '10'을 합니다.

iv) 규격 하한에 '2.1', 규격 상한에 '2.8'을 입력합니다.

21

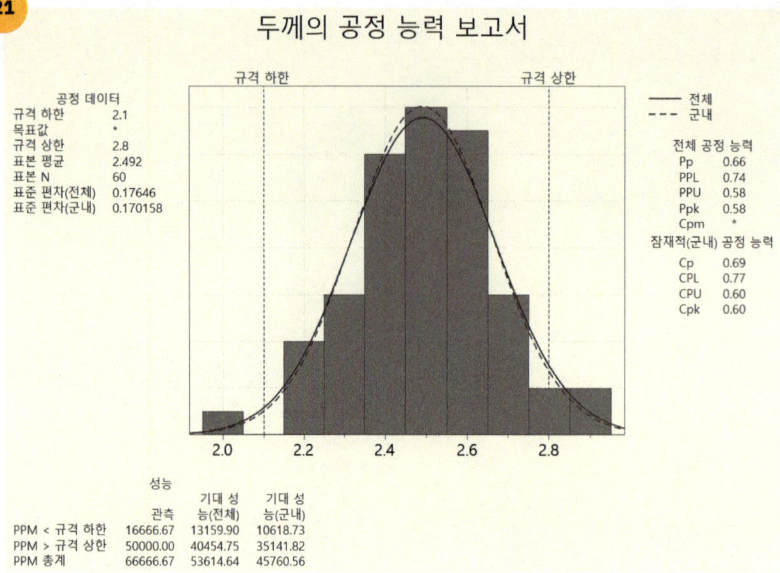

21
공정능력분석

공정능력분석을 위해서 범위(하한값 2.1과 상한값 2.8)의 평균은 2.45이고, 표본평균은 2.492로 범위의 평균과 표본의 평균이 다르기 때문에 장기공정능력 $P_{pk}=0.58$와 단기공정능력 $C_{pk}=0.60$를 평가해야 합니다.

규격을 벗어나는 두께는 장기공정능력 측면에서는 100만개 당 53,615개가 발생할 것으로 예측되며 단기공정능력 측면에서는 100만개 당 45,761개가 발생할 것으로 예측되었습니다.

예측되는 불량개수가 크게 줄었고, 장기공정능력과 단기공정능력이 각각 0.58과 0.60로 여전히 낮지만 앞선 경우에 비해 공정능력은 크게 개선되었다고 판단할 수 있습니다.

④ 규격의 하한값만 있고 2.1일 때 공정능력평가

i) 미니텝 SW를 활성화합니다.

ii) 통계분석 > 품질도구 > 공정능력분석 > 정규분포를 선택합니다.

iii) 단일 열에 '두께'를 선택하고, 부분군 크기에 '10'을 합니다.

iv) 규격 하한에 '2.1'을 입력합니다.

22

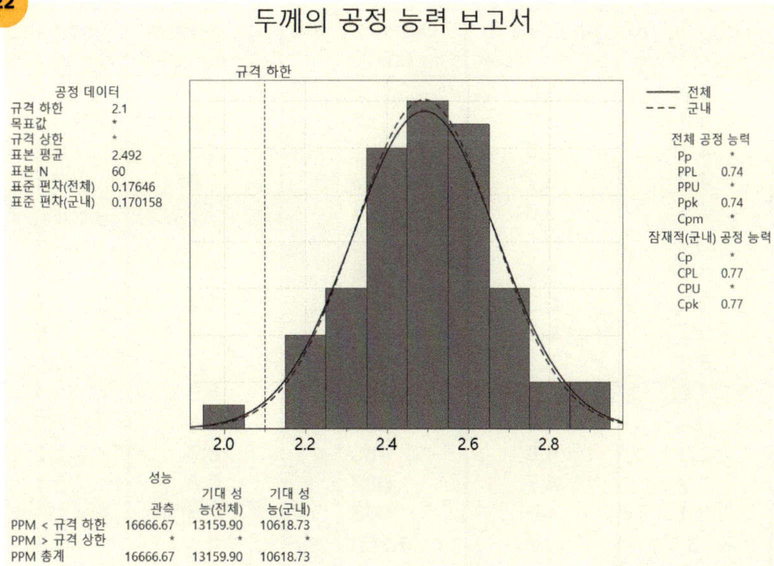

22
공정능력분석

공정능력 분석을 위해서 범위[하한값 2.1]는 평균이 없고 표본평균은 2.492로 범위의 평균과 표본의 평균을 비교할 수 없어서 장기공정능력 $P_{pk}=0.74$와 단기공정능력 $C_{pk}=0.77$를 평가해야 합니다.

규격을 벗어나는 두께는 장기공정능력 측면에서는 100만개 당 13,160개가 발생할 것으로 예측되며 단기공정능력 측면에서는 100만개 당 10,619개가 발생할 것으로 예측되었습니다.

예측되는 불량개수가 더욱 크게 줄었고, 장기공정능력과 단기공정능력이 각각 0.74와 0.77로 여전히 낮지만 앞선 경우에 비해 공정능력은 더욱 크게 개선되었다고 판단할 수 있습니다.

22

Long Term Sigma Level	Short Term Sigma Level	Defects Per Million	Long Term Sigma Level	Short Term Sigma Level	Defects Per Million
4.5	6	3	1.9	3.4	28,717
4.4	5.9	5	1.8	3.3	35,930
4.3	5.8	9	1.7	3.2	44,565
4.2	5.7	13	1.6	3.1	54,799
4.1	5.6	21	1.5	3	66,807
4	5.5	32	1.4	2.9	80,757
3.9	5.4	48	1.3	2.8	96,800
3.8	5.3	72	1.2	2.7	115,070
3.7	5.2	108	1.1	2.6	135,666
3.6	5.1	159	1	2.5	158,655
3.5	5	233	0.9	2.4	184,060
3.4	4.9	337	0.8	2.3	211,855
3.3	4.8	483	0.7	2.2	241,964
3.2	4.7	687	0.6	2.1	274,253
3.1	4.6	968	0.5	2	308,538
3	4.5	1,350	0.4	1.9	344,578
2.9	4.4	1,866	0.3	1.8	382,089
2.8	4.3	2,555	0.2	1.7	420,740
2.7	4.2	3,467	0.1	1.6	460,172
2.6	4.1	4,661	0	1.5	500,000
2.5	4	6,210	-0.1	1.4	539,828
2.4	3.9	8,198	-0.2	1.3	579,260
2.3	3.8	10,724	-0.3	1.2	617,911
2.2	3.7	13,903	-0.4	1.1	655,422
2.1	3.6	17,864	-0.5	1	691,462
2	3.5	22,750			

22
시그마수준과
DPMO표

제8장

가설검정

앞서 잠깐 언급했던 가설검정에 대해 좀 더 자세히 알아보도록 하겠습니다. 가설검정이란 모집단의 모수값이나 확률분포에 대하여 어떤 가설을 세우고 이 가설이 맞는지 틀리는지를 표본으로 판단하여 결정을 내리는 것입니다. 다시 말하면 모집단을 대상으로 평가하지 못하기 때문에 수행하는 샘플링검사를 통해 모집단의 상태를 예측하는 것으로써 통계적으로 의사결정을 하는 것으로 생각할 수 있습니다.

가설검정에 앞서 '추정[Estimation]'에 대해 살펴보겠습니다. 추정은 분포의 기대치를 이용하여 하나의 값으로 모수를 추정하는 점추정[point estimation]과 추정량의 분포를 가지고 표본에서 모수를 포함하리라 예상되는 구간을 구하여 제시하는 구간추정[interval estimation]이 있습니다.

점추정은 '우리나라 20대 남자의 평균 몸무게는 67kg이다' 와 같이 한 점[값]으로 몸무게의 모집단을 추정하는 것이라 하겠습니다. 반면 구간추정은 '95% 신뢰구간에서 우리나라 20대 남자의 평균 몸무게는 64kg ~ 72kg이다'와 같이 신뢰구간을 가지고 모집단을 추정하는 것입니다. 이렇게 구간추정은 점추정에 비해 좀 더 안전한 추정이라고 할 수 있습니다. 구간추정에서 신뢰수준[$1-\alpha$]은 모수를 포함할 확률로써 95%[01]를 일반적으로 많이 사용합니다. 신뢰수준의 반대개념을 유의수준[α]이라고 하며 95% 신뢰구간이라면 5%가 유의수준이 됩니다.

잠시 추정에 대해 살펴봤습니다. 다시 가설검정으로 돌아오겠습니다. 가설검정의 절차는 다음과 같습니다.

① 귀무가설[$H0$]과 대립가설[$H1$]을 설정합니다. 일반적으로 귀무가설은 참값이며, "~와 같다"라고 표현되며, 대립가설은 거짓값이며 "~와 같지 않다"로 표현됩니다.

② 유의수준[α]을 결정합니다. 이것은 곧 신뢰수준[$1-\alpha$]을 결정하는 것입니다. 일반적인 유의수준은 0.05이고 신뢰수준은 0.95입니다.

③ 검정통계량[02]과 P값을 산출합니다.

④ 귀무가설[$H0$]의 기각여부를 결정합니다. 검정통계량이 임계치를 벗어나면 귀무가설을 기각하고, 벗어나지 않으면 채택합니다. 즉, P값 $<$ α값이면 귀무가설이 기각되고, P값 $>$ α값이면 귀무가설이 채택됩니다.

⑤ 결과값을 해석[판정]합니다.

가설검정을 쉽게 이해하기 위해 예를 하나 들어보겠습니다. 어떤 모집단

01 동일한 샘플링 방법을 통해 100개의 신뢰구간을 구하면 그 중 약 95개의 신뢰구간 안에 참값인 모수가 포함된다는 의미입니다.

02 표준화된 값으로 $\dfrac{X - \mu}{\frac{\sigma}{\sqrt{n}}}$ 으로 계산됩니다.

의 평균점수가 100점이라고 가정합니다. 이때 샘플링한 데이터의 평균점수가 100점과 얼마나 차이가 나야 통계적으로 다르다고 할 수 있을까요? 반대로 샘플링한 데이터의 평균점수가 몇 점이 되어야 모집단의 평균점수인 100점과 차이가 없다고 할 수 있을까요?

이럴 때 통계적으로 차이가 있다, 없다를 판정하는 방법이 P값이 유의수준보다 작으냐, 크냐를 비교하는 것입니다. 샘플링의 평균값이 100점으로부터 임계값[1.96]보다 멀리 있으면 차이가 있다고 하며, 또한 P값이 유의수준[0.05]보다 작으면 차이가 있다고 할 수 있습니다. 이때 통계적으로는 P값과 유의수준을 비교해서 판단하는 경우가 대부분입니다.

1

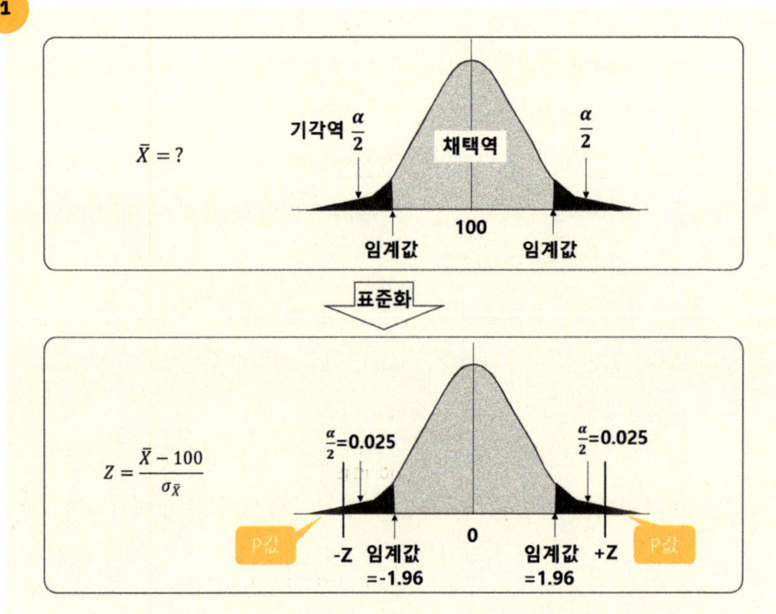

1 검정통계량과 P값

8.1 단일 표본의 모평균검정 사례

예시 20

화장품원료를 납품하는 A사의 용량이 케이스에 표기된 양과 동일한지를 조사하기 위해 화장품 제품 15개를 무작위로 조사했습니다. 케이스에는 100g이라고 표기되어 있습니다. A사의 화장품 원료무게는 정규분포를 따르고, 모표준편차가 5g으로 알려져 있습니다.

화장품 원료의 무게는 100g이라고 할 수 있을까요?

① 귀무가설 : 화장품 원료의 무게는 $\mu = 100$g이다.

② 대립가설 : 화장품 원료의 무게는 $\mu \neq 100$g이 아니다.

샘플번호	화장품무게, g
1	100
2	95
3	110
4	106
5	108
6	98
7	99
8	101
9	106
10	97
11	99
12	102
13	106
14	94
15	97

이 경우는 표본의 값을 목표값과 비교하는 경우입니다. 데이터는 계량형으로 정규분포이고, 데이터의 평균[중심값]과 표준편차를 알고 있는 있습니다.

i) 미니텝 SW를 활성화합니다.

ii) 통계분석 > 기초 통계 > 1-표본 Z 검정을 선택합니다.

iii) '화장품무게'를 선택하고, 표준편차에 '5', 가설검정 수행을 선택한 후 가설평균에 '100'을 입력합니다.

iv) 옵션을 선택한 후 신뢰수준은 95.0, 대립가설은 평균가설평균 임을 확인합니다.

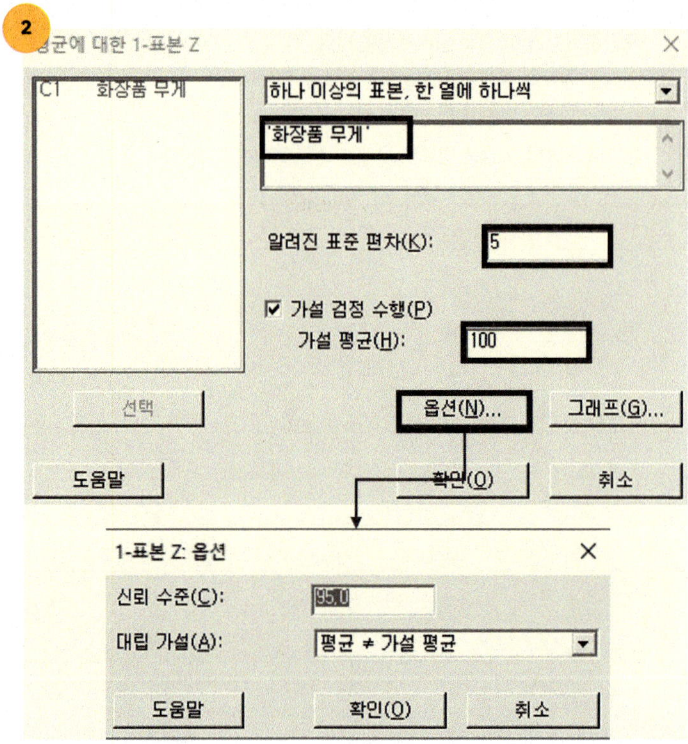

2 단일표본의 모평균 검정

미니텝 SW에 의해 아래와 같은 1표본 Z검정 결과를 얻을 수 있습니다. 15개 샘플의 평균무게는 101.2g이고 표준편차는 4.93g입니다. 모집단의 95% 신뢰구간은 98.67g ~ 103.73g입니다.

N	평균	표준편차	평균의 표준오차	μ에 대한 95% CI[03]
15	101.20	4.93	1.29	(98.67, 103.73)

μ : 화장품 무게의 모집단 평균

알려진 표준편차 = 5

03 Confidence Interval로 신뢰구간을 의미합니다.

귀무가설 $H_0: \mu = 100$

대립가설 $H_1: \mu \neq 100$

Z-값	P-값
0.93	0.353

$$Z = \frac{\bar{X}-\mu}{\frac{\sigma}{\sqrt{n}}} = \frac{101.20-100}{\frac{5}{\sqrt{15}}} = 0.929516$$

3
검정통계량과
P값의 위치

3

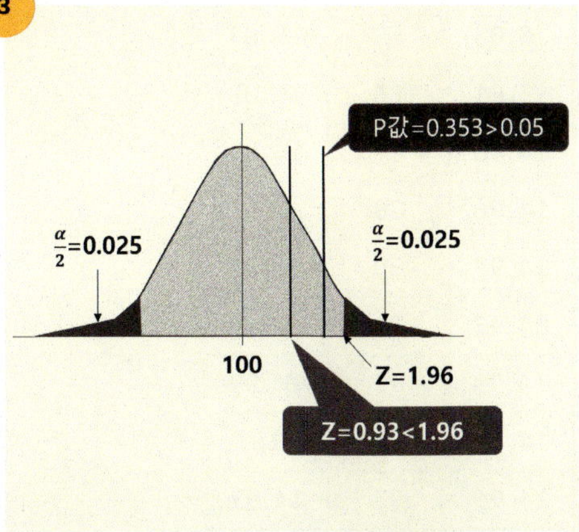

검정통계량 Z값이 0.93으로 표준정규분포의 Z값인 1.96보다 작기 때문에, 또는 P값이 0.353으로 유의수준 0.05보다 크기 때문에 귀무가설을 채택하고, 대립가설을 기각합니다. 즉, 표본의 무게는 모집단의 평균값과 같다고 통계적으로 말할 수 있습니다.

8.2 단일표본의 모분산(모표준편차)검정 사례

예시 21	반도체용 웨이퍼를 납품하는 기업입니다. 반도체 수요기업에서 웨이퍼의 지름은 정확하게 15인치이고, 분산은 0.001인치를 초과하지 않을만큼 산포가 작아야 품질규격을 통과한다고 합니다. 100개의 웨이퍼의 지름데이터는 정규분포를 따른다고 할 때 웨이퍼는 품질규격을 통과할 수 있을까요? ① 귀무가설 : 웨이퍼 지름의 분산은 0.001인치이다. $\sigma^2 = 0.001$ ② 대립가설 : 웨이퍼 지름의 분산은 0.001인치가 아니다. $\sigma^2 = 0.001$ ③ 대립가설 : 웨이퍼 지름의 분산은 0.001인치가 아니다. $\sigma^2 \neq 0.001$ ④ 대립가설 : 웨이퍼 지름의 분산은 0.001인치가 아니다. $\sigma^2 > 0.001$

번호	웨이퍼 지름	번호	웨이퍼 지름	번호	웨이퍼 지름	번호	웨이퍼 지름
1	14.99	26	14.99	51	14.97	76	15.01
2	15.01	27	14.98	52	15.02	77	15.02
3	14.96	28	15.01	53	15.02	78	15
4	15	29	14.95	54	15.01	79	14.95
5	15.03	30	14.96	55	15.03	80	14.97
6	14.96	31	15.05	56	14.98	81	15.01
7	14.99	32	15.01	57	15.01	82	14.96
8	14.96	33	15.04	58	15	83	15
9	14.96	34	14.97	59	15.02	84	14.95
10	15.05	35	14.98	60	15.03	85	15.03
11	15.03	36	14.99	61	15.01	86	15.03
12	15.05	37	14.95	62	14.98	87	14.99
13	14.99	38	14.98	63	14.96	88	15
14	14.98	39	14.98	64	14.97	89	15.01
15	14.94	40	15	65	14.97	90	14.97
16	14.96	41	15	66	14.99	91	14.99
17	14.97	42	15	67	14.99	92	15
18	15.02	43	14.97	68	14.96	93	14.97
19	14.95	44	14.99	69	15.03	94	15.02
20	15.02	45	15.02	70	14.99	95	15
21	15.02	46	14.96	71	14.98	96	14.97
22	14.98	47	14.96	72	14.99	97	14.96
23	15	48	15.01	73	15.03	98	15
24	15	49	15.01	74	15.02	99	14.99
25	14.95	50	15	75	15	100	14.94

① 귀무가설 : 웨이퍼 지름의 분산은 0.001인치이다. $\sigma^2 = 0.001$

② 대립가설 : 웨이퍼 지름의 분산은 0.001인치가 아니다. $\sigma^2 < 0.001$

i) 미니텝 SW를 활성화합니다.

ii) 통계분석 > 기초통계 > 단일표본 분산을 선택합니다.

iii) '웨이퍼 지름'을 선택하고, 가설검정 수행을 지정한 후 귀무가설에서 '0.001'을 입력합니다.

iv) 옵션을 선택한 후 신뢰수준은 95.0, 대립가설은 분산 < 귀무가설에서의 분산을 확인합니다.

4 대립가설 옵션 (분산 < 귀무가설에서의 분산)

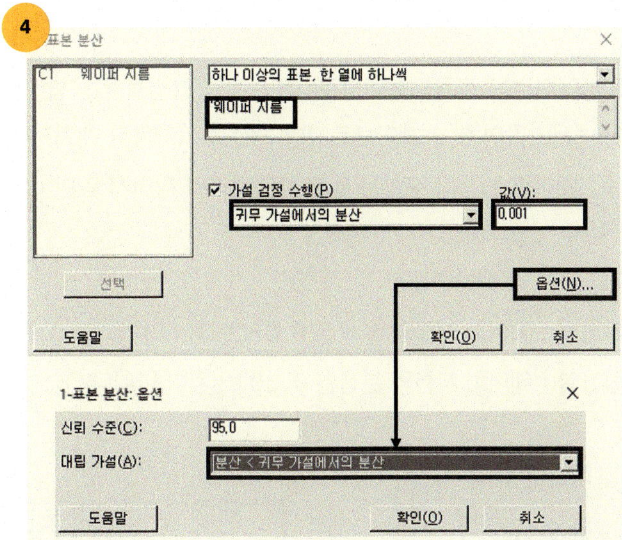

귀무가설과 대립가설 분산 < 귀무가설에서의 분산 인 경우에 대해 분석을 수행했습니다. 분석결과는 Bonett[04] 방법과 카이-제곱[05] 방법으로 모두 수행되었습니다. 대립가설의 조건이 분산 < 귀무가설에서의 분산이기 때문에 σ에 대한 95% 상한이 분석되었고, 카이-제곱을 사용하면 표준편차의 상한값이 0.0303입니다.

N	표준 차	분산	Bonett을 사용한 σ에 대한 95% 상한	카이-제곱을 사용한 σ에 대한 95% 상한
100	0.0267	0.000715	0.0296	0.0303

04 모든 계량형 분포에 적용이 가능합니다.

05 데이터가 정규분포일때만 적용이 가능합니다.

귀무가설 $H_0 : \sigma^2 = 0.001$

대립가설 $H_1 : \sigma^2 < 0.001$

방법	검정통계량	DF	P-값
Bonett	–	–	0.004
카이-제곱	70.77	99	0.014

웨이퍼의 데이터는 정규분포이므로 카이-제곱 방법을 적용합니다. 유의수준 0.05에서 P값이 0.014이므로 귀무가설을 기각하고 대립가설을 채택합니다. 즉, 웨이퍼 지름의 분산은 0.001인치보다 작아서 웨이퍼의 품질규격을 통과할 수 있습니다.

① 귀무가설 : 웨이퍼 지름의 분산은 0.001인치이다. $\sigma^2 = 0.001$

③ 대립가설 : 웨이퍼 지름의 분산은 0.001인치가 아니다. $\sigma^2 \neq 0.001$

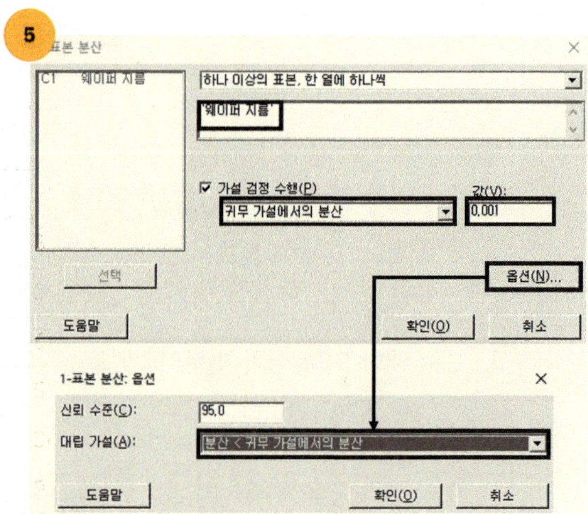

i) 미니텝 SW를 활성화합니다.

ii) 통계분석 > 기초통계 > 단일표본 분산을 선택합니다.

iii) '웨이퍼 지름'을 선택하고, 가설검정 수행을 지정한 후 귀무가설에서 '0.001'을 입력합니다.

iv) 옵션을 선택한 후 신뢰수준은 95.0, 대립가설은 분산 ≠ 귀무가설에서의 분산을 확인합니다.

5 대립가설 옵션 (분산 ≠ 귀무가설에서의 분산)

귀무가설과 대립가설분산 귀무가설에서의 분산 인 경우에 대해 분석을 수행했습니다. 분석결과는 Bonett 방법과 카이-제곱 방법으로 모두 수행되었습니다. 대립가설의 조건이 분산 귀무가설에서의 분산이므로 카이-제곱을 사용한 σ에 대한 95% 신뢰구간이 0.0235 ~ 0.0311으로 계산되었습니다.

N	표준 차	분산	Bonett을 사용한 σ에 대한 95% CI	카이-제곱을 사용한 σ에 대한 95% CI
100	0.0267	0.000715	(0.0241, 0.0302)	(0.0235, 0.0311)

$$\text{귀무가설 } H_0: \sigma^2 = 0.001$$
$$\text{대립가설 } H_1: \sigma^2 \neq 0.001$$

방법	검정통계량	DF	P-값
Bonett	–	–	0.008
카이-제곱	70.77	99	0.029

웨이퍼의 데이터는 정규분포이므로 카이-제곱 방법을 적용합니다. 유의수준 0.05에서 P값이 0.029이므로 귀무가설을 기각하고 대립가설을 채택합니다. 즉, 웨이퍼 지름의 분산은 0.001인치가 아니라고 판단합니다. 그런데, 이 경우 0.001보다 크다는 것인지, 작다는 것인지 알 수가 없어 품질규격의 통과여부를 판할 수 없습니다.

① 귀무가설 : 웨이퍼 지름의 분산은 0.001인치이다. $\sigma^2 = 0.001$
④ 대립가설 : 웨이퍼 지름의 분산은 0.001인치가 아니다. $\sigma^2 > 0.001$

i) 미니텝 SW를 활성화합니다.
ii) 통계분석 > 기초통계 > 단일표본 분산을 선택합니다.
iii) '웨이퍼 지름'을 선택하고, 가설검정 수행을 지정한 후 귀무가설에서 '0.001'을 입력합니다.
iv) 옵션을 선택한 후 신뢰수준은 95.0, 대립가설은 분산 > 귀무가설에서의 분산을 확인합니다.

귀무가설과 대립가설 분산 > 귀무가설에서의 분산 인 경우에 대해 분석을 수행했습니다. 분석결과는 Bonett 방법과 카이-제곱 방법으로 모두 수행되었습니다. 대립가설의 조건이 분산 > 귀무가설에서의 분산이기 때문에 σ에 대한 95% 하한이 분석되었고, 카이-제곱을 사용하면 표준편차의 하한값이 0.0240입니다.

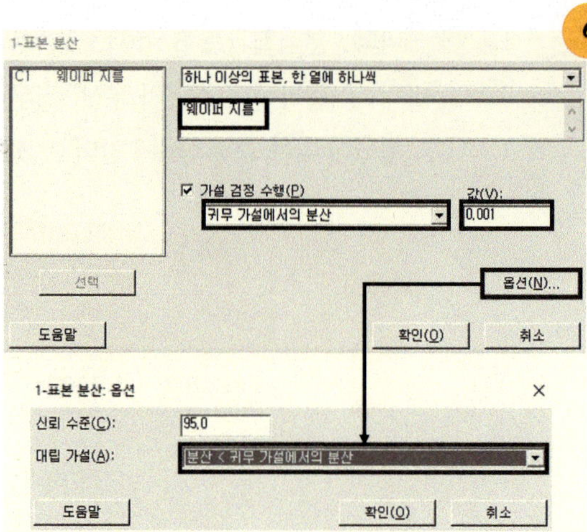

6
대립가설 옵션 (분산 > 귀무가설에서의 분산)

N	표준 차	분산	Bonett을 사용한 σ에 대한 95% 하한	카이-제곱을 사용한 σ에 대한 95% 하한
100	0.0267	0.000715	0.0245	0.0240

$$귀무가설\ H_0: \sigma^2 = 0.001$$
$$대립가설\ H_1: \sigma^2 > 0.001$$

방법	검정통계량	DF	P-값
Bonett	–	–	1.000
카이-제곱	70.77	99	0.986

웨이퍼의 데이터는 정규분포이므로 카이-제곱 방법을 적용합니다. 유의수준 0.05에서 P값이 0.986이므로 귀무가설을 채택하고 대립가설을 기각합니다. 즉, 웨이퍼 지름의 분산은 0.001인치와 같다고 판단합니다. 그런데, 품질규격에 대한 합격기준은 분산값이 0.001인치를 초과하지 않는 것이었습니다. 그렇다면 분산값이 0.001인치와 같다는 판단으로 합격여부를 판단할 수 있을까요? 어렵습니다.

따라서, 웨이퍼 지름의 분산으로 품질규격의 통과여부를 판단하기 위해서는 '대립가설의 조건이 분산 < 귀무가설에서의 분산'을 적용하는 것이 맞습니다.

8.3 단일표본의 모비율검정 사례

예시 22	볼트의 지름을 측정하는 측정기를 생산하는 A사는 자사 측정기의 측정오류가 6.0%으로 집계되어 회사는 측정오류를 줄이기 위해 측정기 제조공정을 개선하였습니다. 개선 후 측정오류를 평가하기 위해 모두 300개의 측정기를 샘플링하여 검사하였는데 6개의 측정오류가 발견되었습니다. 측정오류가 6.0% 미만으로 줄었다고 판단할 수 있을까요? ① 귀무가설 : 측정오류는 6.0%이다. P = 0.06 ② 대립가설 : 측정오류는 6.0% 미만이다. P < 0.06

i) 미니텝 SW를 활성화합니다.

ii) 통계분석 > 기초통계 > 단일비율 검정을 선택합니다.

iii) '요약 데이터'를 선택하고, 사건 발생회수에 '6', 시행회수에 '300', 가설검정 수행을 지정한 후 귀무가설에서의 비율로 '0.06'을 입력합니다.

iv) 옵션을 선택한 후 신뢰수준은 95.0, 대립가설은 비율 < 귀무가설에서의 비율, 방법은 정규 근사를 선택합니다.

7 단일표본의 모비율검정

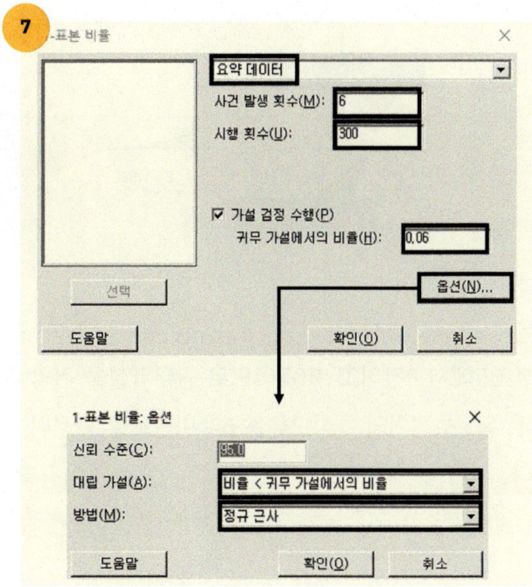

대립가설의 조건이 비율 > 귀무가설에서의 비율이기 때문에 P에 대한 95% 상한이 분석되었고, 상한비율은 0.033295[약 3.33%]입니다.

N	사건	표본 P	P에 대한 95% 상한
100	6	0.020000	0.033295

$$귀무가설\ H_0 : P = 0.06$$

$$대립가설\ H_1 : P < 0.06$$

Z-값	P-값
-2.92	0.002

$$Z_0 = \frac{P_{sample} - P_0}{\sqrt{\frac{P_0(1-P_0)}{n}}} = \frac{0.02-0.06}{\sqrt{\frac{0.06(1-0.06)}{300}}} = -2.92$$

8

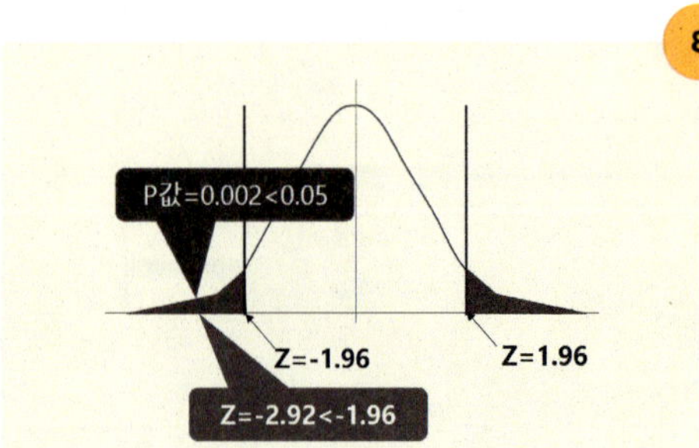

8
측정오류에 의한 Z값과 P값

유의수준 0.05에서 P값이 0.002이므로 귀무가설을 기각하고 대립가설을 채택합니다. 즉, 측정기의 측정오류는 6% 미만으로 공정이 개선되었다고 할 수 있습니다.

8.4 독립적인 두 표본의 모평균검정 사례

예시 23

열공정을 사용하는 주조공정이 있습니다. 주조공장에서는 열 시스템의 효율성을 개선하기 위해 두 종류의 환기시스템의 효과를 평가하였습니다. 하나는 자연대류에 의한 환기시스템이고 또 다른 하나는 강제대류에 의한 환기시스템입니다. 두 환기시스템의 효과를 평가하기 위해 일정한 공장실내 온도를 유지할 때 소비되는 두 환기시스템에 따른 평균 에너지소비량을 측정했습니다.
총 90회의 측정을 수행했습니다. 단위는 W입니다.
두 환기시스템에 따른 평균 에너지소비량은 차이가 있다고 할 수 있습니까?
① 귀무가설 : 평균 에너지소비량은 차이가 없다.
② 대립가설 : 평균 에너지소비량은 차이가 있다.

9

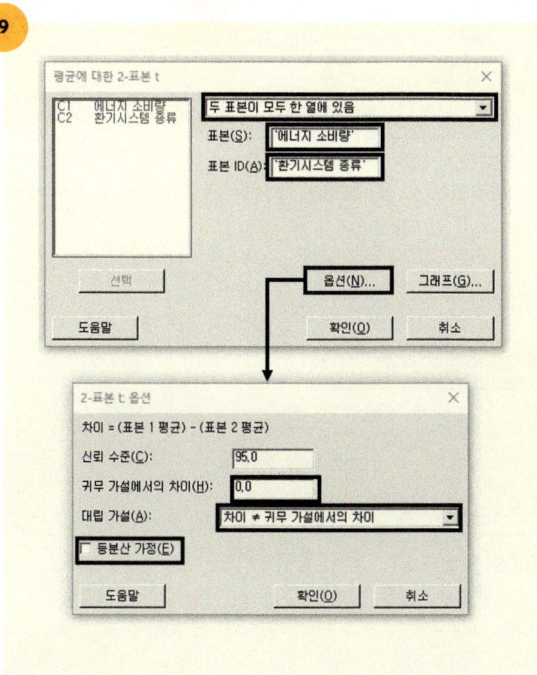

9
독립적 두 표본의 모평균검정

i) 미니텝 SW를 활성화합니다.

ii) 통계분석 > 기초 통계 > 2-표본 t 검정을 선택합니다.

iii) '두 표본이 모두 한 열에 있음'을 선택하고, 표본에는 '에너지소비량', 표번 ID에는 '환기시스템의 종류'를 입력합니다.

iv) 옵션을 선택한 후 신뢰수준은 95.0, 귀무가설에서의 차이는 '0', 대립가설은 차이≠귀무가설에서의 차이를 선택하고 등분산 가정은 선택하지 않습니다.

μ_1 : 환기시스템 종류 = 1일 때 에너지소비량의 모집단 평균
μ_2 : 환기시스템 종류 = 2일 때 에너지소비량의 모집단 평균
차이 : $\mu_1 - \mu_2$

이 분석에서는 분산이 같다고 가정하지 않습니다. 분산이 같다고 가정할 경우는 위에서 '등분산 가정'을 선택하면 됩니다. 기술통계량 분석결과를 보면 환기시스템 1의 측정데이터는 40개이고, 평균 에너지소비량은 9.91W, 표준편차는 3.02W은 아래와 같습니다. 그리고 평균의 표준오차는 0.48입니다. 환기시스템 2의 측정데이터는 50개이고, 평균 에너지 소비량은 10.14W, 표준편차는 2.77W은 아래와 같습니다. 그리고 평균의 표준오차는 0.39입니다.

환기시스템 종류	N	평균	표준편차	평균의 표준오차[06]
1	40	9.91	3.02	0.48
2	50	10.14	2.77	0.39

차이($\mu_1 - \mu_2$)	차이에 대한 95% CI
-0.235	(-1.464, 0.993)

$$\text{귀무가설 } H_0: \mu_1 - \mu_2 = 0$$
$$\text{대립가설 } H_1: \mu_1 - \mu_2 \neq 0$$

T-값[07]	DF	P-값
-0.38	80	0.704

$$T_0 = \frac{\bar{y}_0 - \bar{y}_1}{S_p\sqrt{\frac{1}{n_1}+\frac{1}{n_2}}} = \frac{9.91-10.14}{2.8818\sqrt{\frac{1}{50}+\frac{1}{40}}} = -0.38$$

06 평균의 표준오차는 같은 모집단에서 여러 표본을 추출하는 경우 얻게 될 표본평균 간의 변동성을 추정합니다. 평균의 표준오차는 표본 간의 변동성을 추정하는 반면, 표준편차는 단일 표본 내의 변동성을 측정합니다. 즉, 표준편차는 모집단의 분포가 얼마나 퍼져있는가를 서술하는 개념이고, 평균의 표준오차는 평균의 추정치에 대한 불확실도를 수치화한 것입니다. 보통의 경우 결과를 보는 사람의 입장에서는 모집단에 관심 있는 경우가 더 많으므로 데이터에 관해 기술할 때는 표준편차를 많이 사용합니다.

07 값은 표본평균과 모집단평균의 차를 추정된 표준오차로 나누어 구해진 값입니다. 두 집단 간의 평균이 통계적으로 유의한 차이가 있는지 비교하는 분석방법으로 모집단의 분산을 알고 있는 경우에는 Z 값을, 모집단의 분산을 모르고 있는 경우에는 T 값을 활용합니다.

$$S_p^2 = \frac{(n_1-1)S_1^2+(n_2-1)S_2^2}{(n_1-1)+(n_2-1)}$$

$$= \frac{(40-1)3.02^2+(50-1)2.77^2}{(40-1)+(50-1)} = 8.31$$

$$S_p = \sqrt{S_p^2} = \sqrt{8.31} = 2.8818$$

유의수준 0.05에서 P값이 0.704이므로 귀무가설이 채택되고 대립가설이 기각됩니다. 즉 두 환기시스템의 차이는 없다고 판단합니다.

10

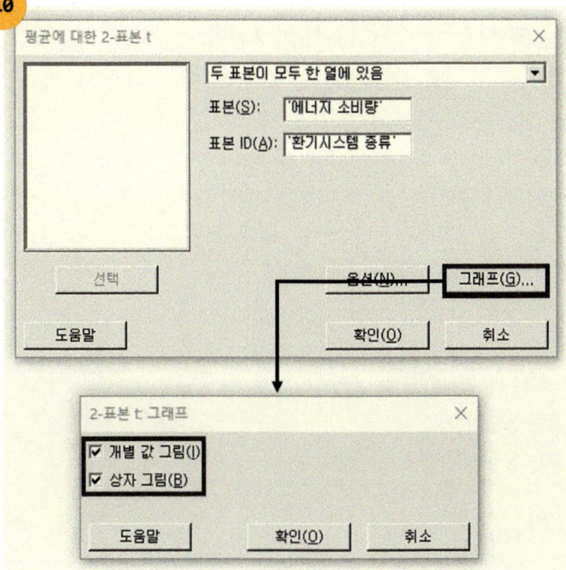

이와 같은 내용을 그래프로 확인해보겠습니다. 아래와 같이 그래프에 두 개의 그래프를 선택합니다.

개별값 그래프와 상자그래프를 보면 두 환기시스템의 평균 에너지 소비량은 차이가 없다는 것을 확인할 수 있습니다.

11

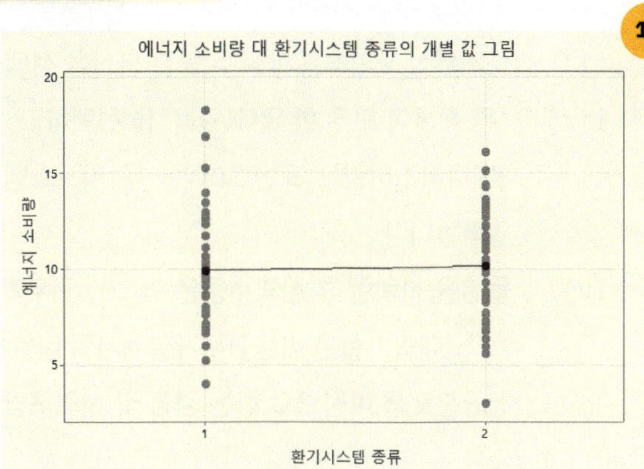

10
독립적 두 표본의 모평균검정 그래프

11
개별값 그래프

12
상자그래프

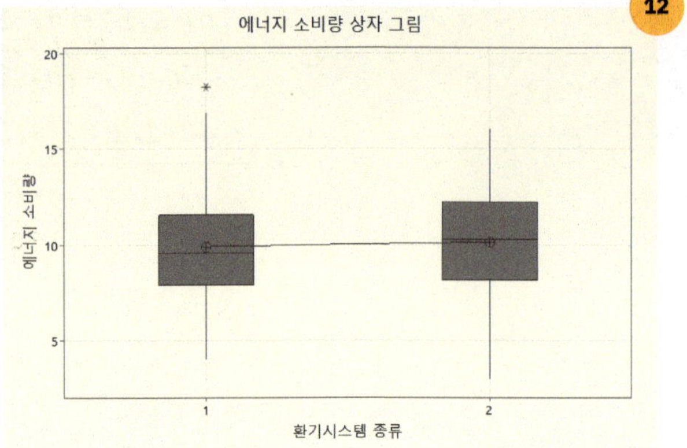

8.5 독립적인 두 표본의 모분산(모표준편차)검정 사례

예시 24	열공정을 사용하는 주조공정이 있습니다. 주조공장에서는 열 시스템의 효율성을 개선하기 위해 두 종류의 환기시스템의 효과를 평가하였습니다. 하나는 자연대류에 의한 환기시스템이고 또 다른 하나는 강제대류에 의한 환기시스템입니다. 두 환기시스템의 효과를 평가하기 위해 일정한 공장실내 온도를 유지할 때 소비되는 두 환기시스템에 따른 평균 에너지소비량을 측정했습니다. 총 90회의 측정을 수행했습니다. 단위는 W입니다. 두 환기시스템의 에너지 소비량의 산포는 동일하다고 할 수 있습니까? ① 귀무가설 : 에너지소비량의 산포는 동일하다. ② 대립가설 : 에너지소비량의 산포는 동일하지 않다.

첫째 데이터가 정규분포인 경우입니다.

i) 미니텝 SW를 활성화합니다.

ii) 통계분석 > 기초통계 > 두 표본 분산을 선택합니다.

iii) '두 표본이 모두 한 열에 있음'을 선택하고, 표본에는 '에너지소비량', 표번 ID에는 '환기시스템의 종류'를 입력합니다.

iv) 옵션을 선택한 후 신뢰수준은 95.0, 귀무가설에서의 비율은 '1', 대립가설은 비율귀무가설에서의 비율을 선택하고 정규분포를 바탕으로 하는 검정 및 신뢰구간 사용을 선택합니다.

10

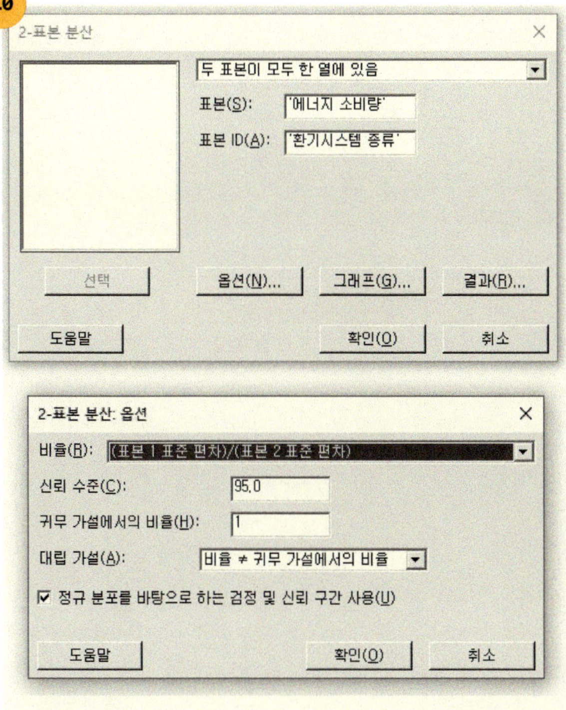

두 표본의 모분산[모표준편차] 검정 결과는 다음과 같습니다. 표본비율을 $\frac{\sigma_1}{\sigma_2}$으로 했을 때 F검정[08]이 사용되었습니다.

σ_1 : 환기시스템 종류 = 1일 때 에너지소비량의 표준편차

σ_2 : 환기시스템 종류 = 2일 때 에너지소비량의 표준편차

비율 : $\frac{\sigma_1}{\sigma_2}$

13 데이터가 비정규분포일 때 두 표본의 모분산검정

환기시스템 1의 표준편차는 3.020이고 95% 신뢰구간은 2.347 ~ 4.085이며, 환기시스템 2의 표준편차는 2.767이고 95% 신뢰구간은 2.335 ~ 3.413입니다.

환기시스템 종류	N	표준편차	분산	σ에 대한 95% CI
1	40	3.020	9.120	(2.474, 3.878)
2	50	2.767	7.656	(2.311, 3.448)

추정 비율은 1.09138입니다.

추정 비율	F를 사용한 비율에 대한 95% CI
1.09138	(0.812, 1.483)

08 T검정은 두 표본간의 평균값을 비교하는 것이고, F 검정은 두 집단간에 산포를 비교하는 것입니다.

$$\text{귀무가설 } H_0 : \frac{\sigma_1}{\sigma_2} = 1$$

$$\text{대립가설 } H_1 : H_0 : \frac{\sigma_1}{\sigma_2} \neq 1$$

$$\text{유의수준 } \alpha = 0.05$$

방법	검정 통계량	DF1[09]	DF2[10]	P값
F검정	1.19	39	49	0.558

$$F_0 = \frac{\sigma_1^2}{\sigma_2^2} = \frac{3.020^2}{2.767^2} = 1.19$$

14

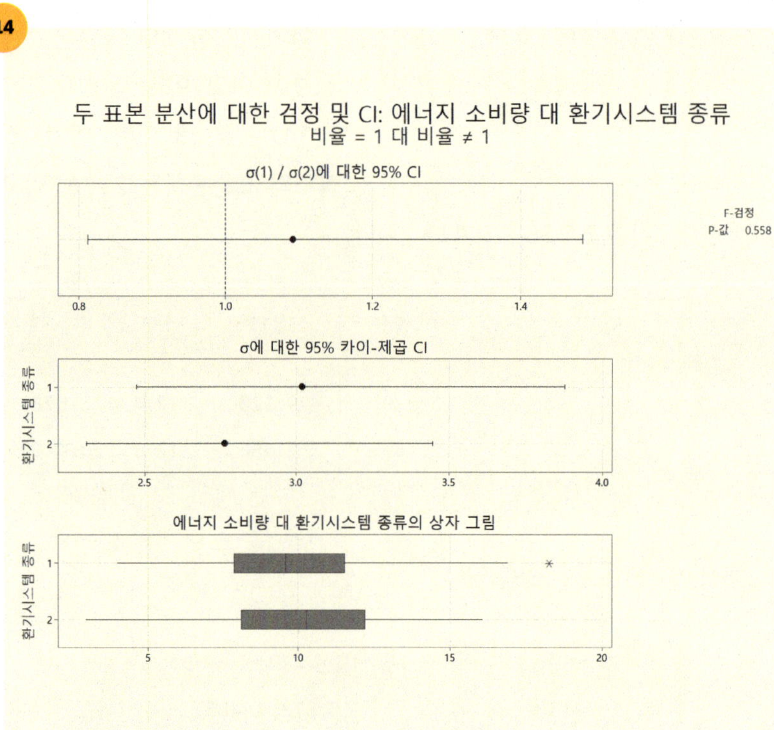

14 데이터가 정규분포일 때 두 표본의 모평균(모표준편차) 검정

09 첫 번째 표본의 자유도, $DF1 = n_1 - 1$, n_1 = 첫 번째 표본의 크기

10 두 번째 표본의 자유도, $DF2 = n_2 - 1$, n_2 = 첫 번째 표본의 크기

정규분포 모집단에서 추출한 데이터이므로 F 검정을 이용합니다. 유의수준 0.05에서 P값이 0.558이므로 귀무가설을 채택하고 대립가설을 기각합니다. 즉, 두 환기시스템의 에너지소비량의 산포는 차이가 없다고 판단합니다.

두 번째 데이터가 정규분포를 따르지 않는 경우입니다.

15

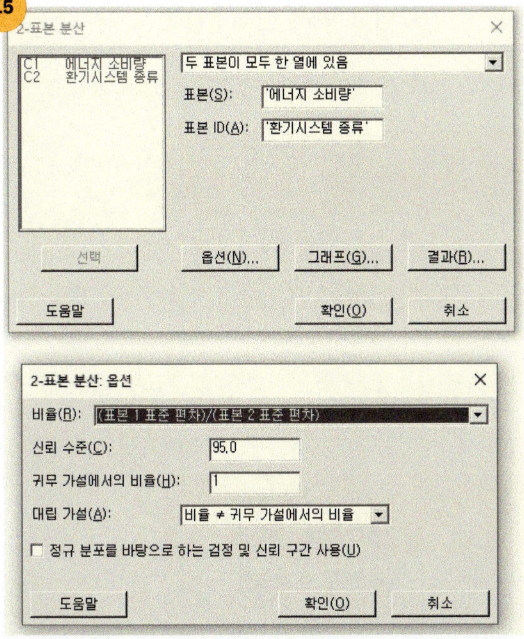

i) 미니텝 SW를 활성화합니다.

ii) 통계분석 > 기초통계 > 두 표본 분산을 선택합니다.

iii) '두 표본이 모두 한 열에 있음'을 선택하고, 표본에는 '에너지소비량', 표번 ID에는 '환기시스템의 종류'를 입력합니다.

iv) 옵션을 선택한 후 신뢰수준은 95.0, 귀무가설에서의 비율은 '1', 대립가설은 비율귀무가설에서의 비율을 선택하고 정규분포를 바탕으로 하는 검정 및 신뢰구간 사용을 선택하지 않습니다.

15 두 표본의 모분산 (모표준편차) 검정

두 표본의 모분산(모표준편차) 검정 결과는 다음과 같습니다. 표본비율을 $\frac{\sigma_1}{\sigma_2}$으로 했을 때 Bonett과 Levene의 방법은 모든 계량형분포에 유효합니다.[11]

11 기본적으로 두 표본 분산검정에서는 Levene의 방법과 Bonett의 방법을 사용한 결과를 표시합니다. 일반적으로 Bonett의 방법이 Levene의 방법보다 신뢰성이 높습니다. 그러나 심하게 치우쳐 있고 두꺼운 꼬리를 가진 분포의 경우, 일반적으로 Levene의 방법이 Bonett의 방법보다 신뢰성이 높습니다. 데이터가 확실히 정규분포를 따르는 경우에만 F-검정을 사용하세요. 정규성에서 조금 벗어나도 F-검정 결과에 크게 영향을 미칠 수 있습니다.

σ_1 : 환기시스템 종류 = 1일 때 에너지소비량의 표준편차

σ_2 : 환기시스템 종류 = 2일 때 에너지소비량의 표준편차

비율 : $\frac{\sigma_1}{\sigma_2}$

환기시스템 1의 표준편차는 3.020이고 95% 신뢰구간은 2.347 ~ 4.085이며, 환기시스템 2의 표준편차는 2.767이고 95% 신뢰구간은 2.335 ~ 3.413입니다.

환기시스템 종류	N	표준편차	분산	σ에 대한 95% CI
1	40	3.020	9.120	(2.347, 4.085)
2	50	2.767	7.656	(2.335, 3.413)

추정 비율은 1.09138입니다.

추정 비율	Bonett을 사용한 비율에 대한 95% CI	Levene을 사용한 비율에 대한 95% CI
1.09138	(0.763, 1.494)	(0.697, 1.412)

$$귀무가설\ H_0 : \frac{\sigma_1}{\sigma_2} = 1$$

$$대립가설\ H_1 : H_0 : \frac{\sigma_1}{\sigma_2} \neq 1$$

$$유의수준\ \alpha = 0.05$$

방법	검정 통계량	DF1[12]	DF2[13]	P값
Bonett	*			0.586
Levene 검정	0.00	1	88	0.996

12 DF1 = 1

13 DF2 = $n_1 + n_2 - 2$

16
두 표본의 모분산
(모표준편차)
검정 그래프`

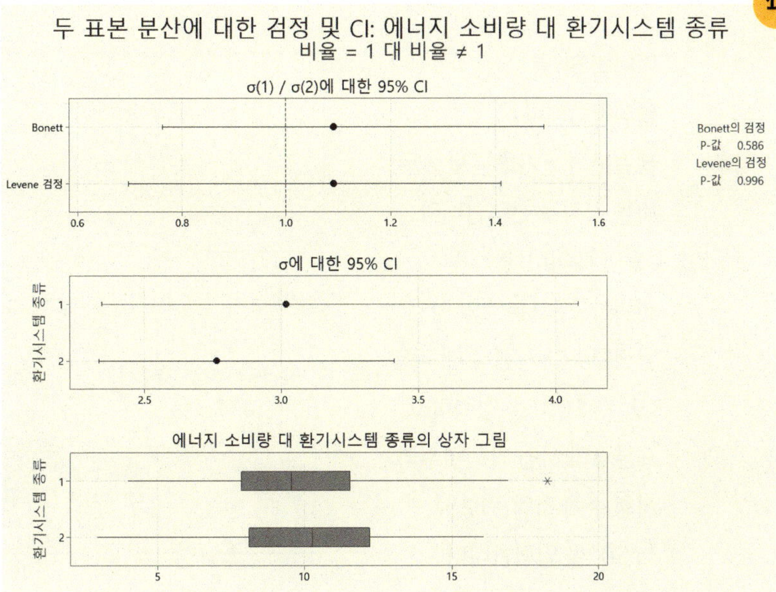

정규분포가 아닌 모집단에서 추출한 데이터이므로 유의수준 0.05에서 신뢰성이 높은 Bonett의 P 값이 0.586이므로 귀무가설을 채택하고 대립가설을 기각합니다. 즉, 두 환기시스템의 에너지소비량의 산포는 차이가 없다고 판단합니다.

8.6 두 표본의 모비율검정 사례

예시 25

PCB를 만드는 회사에서 절연재료는 품질특성에 매우 큰 영향을 미칩니다. 그런데 그 재료의 대부분은 일본에서 수입을 하고 있습니다. PCB를 제조하는 A사는 절연재의 국산화를 위해 국내 절연재 제조기업과 공동개발을 시작했습니다. 이 회사는 일본제품과 한국제품에 의한 품질차이가 없으면 국산업체의 절연재를 적용할 계획으로 비교평가를 했습니다.
일본제품을 적용한 PCB의 제품 100개를 임의로 추출하여 불량품을 측정했더니 9개가 추출되었고, 국산제품을 적용한 PCB의 제품 150개를 임의로 추출하여 불량품을 측정했더니 12개가 추출되었습니다.
원료에 따른 두 불량품이 통계적으로 차이가 있습니까?
① 귀무가설 : 두 제품의 불량품은 같다.
② 대립가설 : 두 제품의 불량품은 다르다.

17

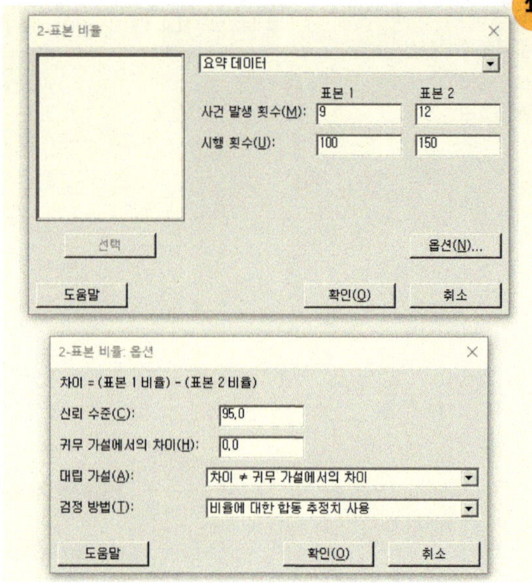

i) 미니텝 SW를 활성화합니다.

ii) 통계분석 > 기초통계 > 두 비율 검정을 선택합니다.

iii) '요약 데이터'를 선택하고, 표본 1의 사건 발생횟수와 시행 수에 각각 '9', '100'을 입력하고, 표본 2의 사건 발생횟수와 시행 수에 각각 '12', '150'을 입력합니다.

iv) 옵션을 선택한 후 신뢰수준은 95.0, 귀무가설에서의 차이는 '0', 대립가설은 차이귀무가설에서의 차이를 선택하고 검정방법으로는 '비율에 대한 합동 추정치 사용'을 선택합니다.

17 두 표본의 모비율검정

P_1 : 표본 1 = 사건의 비율

P_2 : 표본 2 = 사건의 비율

차이 : $P_1 - P_2$

표본	N	사건	표본 P
표본 1	100	9	0.090000
표본 2	150	12	0.080000

차이	차이에 대한 95% CI
0.01	(-0.060930, 0.080930)

$$귀무가설\ H_0 : P_1 - P_2 = 0$$

$$대립가설\ H_1 : P_1 - P_2 \neq 0$$

방법	Z값	P값
정규 근사	0.28	0.780
Fisher의 정확		0.818

유의수준 0.05이고 P값이 0.818이므로 귀무가설을 채택하고 대립가설을 기각합니다. 즉, 두 그룹의 불량률은 같다고 판단합니다. 따라서 PCB 제조기업은 국산제품으로 절연재를 변경해도 무방합니다.

제9장

품질개선 활동

이제 여러분들은 품질관리에서 핵심이라고 할 수 있는 정확한 측정과 측정데이터의 분석을 통해 현 수준을 파악하고 개선계획을 수립할 수 있는 기초통계에 대한 지식을 습득하였습니다. 지금부터 필요한 것은 이러한 지식을 바탕으로 무엇(What)을 어떻게(How) 개선할지 해야 할 일(Task)을 선정하는 것입니다. 이것은 품질관리의 방향성을 결정하기 위해 매우 중요한 의사결정으로 관리자(Manager), 개발자(Engineer), 수행자(Operator) 모두의 협업으로 결정되지만 여러분들과 같은 개발자나 수행자의 판단을 중심으로 결정된다는 점에 주목해 주세요.
이 장에서는 Task를 결정하기 위한 방법에 대해 학습을 하겠습니다. 여러분들은 이미 가지고 있는 전공지식과 통계분석 능력에 더해 올바른 품질개선 방향을 결정할 수 있는 방법을 습득함으로써 진정한 개발자로 성장하실 수 있습니다.

9.1 품질기능전개(QFD)

QFD는 설계프로세스에서 고객 요구사항과 기대를 제품, 프로세스, 서비스 등 프로세스 변수로 전환하는 기법이며, 측정 단계에서 고객 요구사항과 기대를 품질의 집House of Quality을 통해 CTQ로 전환하는데 사용되는 도구입니다.

1

Quality	품질	고객의 요구사항은 제품의 품질인데
Function	기능	부서별(마케팅, 개발, 제조 등) 기능으로 표현하여
Deployment	전개	그 관련성을 전개해나가는 체계적 방법이다.

1 QFD 정의

2 QFD 기대효과

또한 QFD는 고객의 요구사항을 빠짐없이 반영하여 제품디자인을 단순화시킬 수 있고, 제조공정의 최적조건을 선정함으로써 개발기간 단축과 원가절감이 가능하여 궁극적으로 제품의 품질을 향상시킬 수 있도록 도와주는 개발 방법론입니다.

그러면 이러한 QFD는 언제 실시하는 것이 좋을까요? 다음과 같은 상황일 때는 QFD를 적용하는 것을 고려하면 좋습니다.

2

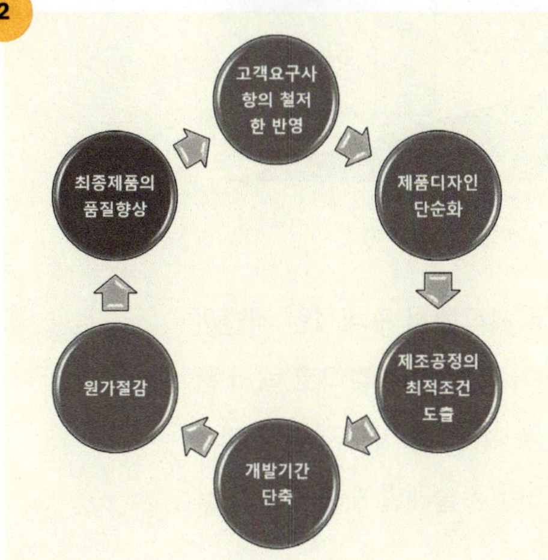

- 고객이 제품에 대한 불평이 많거나 제품에 만족하지 않을 때
- 시장점유율이 지속적으로 감소 또는 더 이상 성장하지 않을 때
- 과도한 재설계, 문제해결, 높은 난이도로 인한 개발기간이 지연될 때
- 고객의 요구 및 기대의 복잡성으로 인해 제품개발의 방향성을 잃었을 때
- 제품개발 부서 간 의사소통이 잘 안될 때
- 제품개발 과정에서 팀워크가 효율적,

효과적이지 못할 때

- 품질개선의 특성이 잘 알려지지 않은 경우

제조 프로세스는 간략하게 기획(성능디자인) 단계, 부품설계 단계, 공정 단계, 생산 단계로 크게 분류하면 각 단계별로 QFD를 적용해 고객의 요구에 맞는 제품 특성을 확보할 수 있습니다.

- **Design Planning** : 소비자 요구를 해결할 수 있는 설계특성과의 관계 설정
- **Parts Planning** : 공학적 특성을 해결하는 부품의 개발 및 특성 설정
- **Manufacturing Planning** : 각 부품특성이 해당하는 제조공정상의 최적특성 도출
- **Production Planning** : 최적공정을 이용한 생산조건의 설정

3

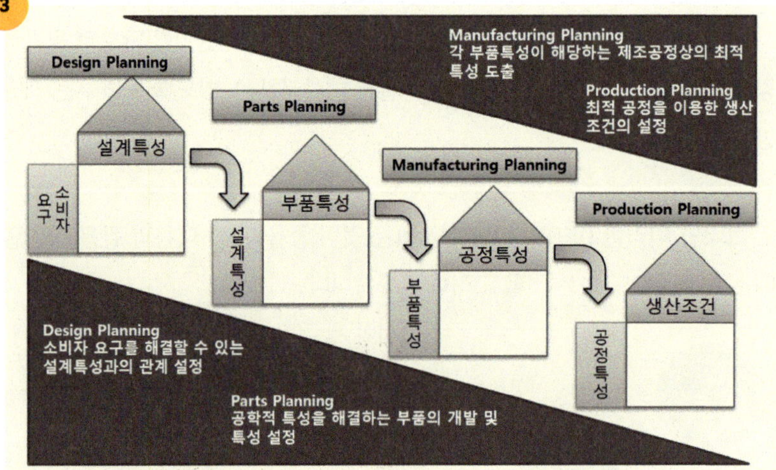

3 제조 단계별 QFD 활용

(1) 품질의 집(House of Quality)

고객만족을 위하여 고객의 요구사항 파악부터 시작해서 구체적인 개발까지의 흐름을 일목요연하게 나타낸 그래프의 형태가 마치 집과 같다고 해서 품질의 집으로 이름이 붙여져 있습니다. 품질의 집은 여러분들이 구글이나 네이버 등에서 쉽게 찾아볼 수 있을 만큼 품질을 고려한 기술개발에 활발히 적용되고 있는 방법론입니다.

4

RELATIONSHIPS	
WEAK	o = 1
MODERATE	× = 5
STRONG	• = 9

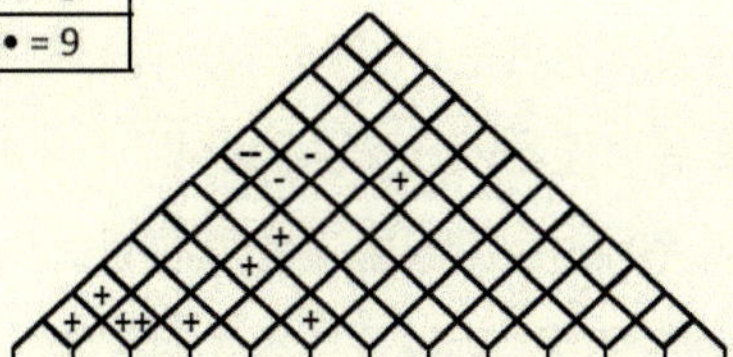

PRIMARY REQUIREMENTS	SECONDARY REQUIREMENTS	PRIORITY	Strength ↑	Weight ↑	Thickness O	Trancparency ↓	Odour ↓	Liquid Proof ↑	Heat Conductivity ↓	Ease Of Cutting ↑	Ease Of Assembly ↑	Color O	Fireproof ↑	Toxicity ↓	TOTAL	TOTAL %
Rigidity		5	•	×	×	-	-	-	-	×	-	-	-	-	120	13%
No Health Hazards	Fire Resistance	5	-	-	-	-	-	-	-	-	-	-	•	-	45	5%
	Non Toxic	5	-	-	-	-	-	-	-	-	-	-	-	•	45	5%
Low Cost		4	•	×	×	-	-	•	×	×	×	-	•	×	228	24%
Reliability	Water Proof	5	-	-	×	-	-	•	-	-	-	-	-	-	70	7%
	Insulation	5	-	-	×	-	-	-	•	-	-	-	o	-	75	8%
	Rigidity	5	•	o	×	-	-	-	-	-	-	-	-	-	75	8%
Water Proofing		5	-	-	×	-	-	•	-	-	-	-	-	-	70	7%
Heat Insulation		5	-	-	×	-	-	-	•	-	-	-	o	-	75	8%
Portability		3	-	•	-	-	-	-	-	o	•	-	-	-	57	6%
Cultural Considerations	Privacy	5	-	-	×	•	×	-	-	-	-	o	-	-	100	10%
	IMPORTANCE		126	77	195	45	25	126	110	48	47	5	91	65		
	IMPORTANCE %		13%	8%	20%	5%	3%	13%	11%	5%	5%	1%	9%	7%		

4
품질의 집 예시
(출처 : https://sites.google.com/a/itu.edu.pk/group1d-lab/house-of-quality---qfd)

5
품질의 집 구성

5

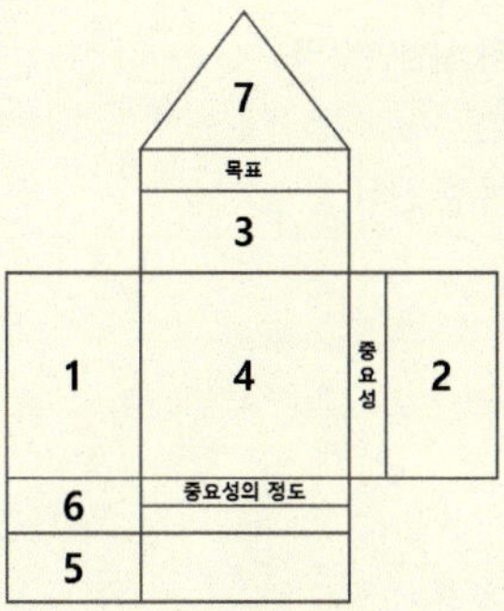

방	항 목	내 용
1	고객 요구사항	고객의 요구와 그 중요도
2	경쟁력 비교 (성능 및 지표)	공급자의 성능에 대한 평가
3	특성/척도	고객의 요구를 특성과 정량화 할 수 있는 척도로 변환한 결과
4	관계 (무엇을 vs. 어떻게)	고객 요구사항에 대해 확인된 척도 사이의 관계
5	경쟁력 벤치마크	경쟁사에 대한 비교
6	목표 및 한계	고객 요구사항을 만족시키거나 능가하기 위해 필요한 성능
7	상관관계	척도 사이의 상관관계

실제 QFD가 적용될 때는 고객의 요구사항을 만족시키기 위한 제품개발의 요구사항을 파악하는 1단계, 제품개발의 요구사항으로부터 구체적인 실험설계 항목을 도출하는 2단계, 실험설계 항목으로부터 구체적인 실험변수와 변수의 수준을 결정하는 3단계로 적용하는 경우가 많습니다. 이 중에서 가장 집중적으로 살펴볼 단계가 2단계입니다. 왜냐하면 구체적인 실험설계 항목을 도출하기 위해서는 개발될 제품의 콘셉트가 결정되어야 하기 때문입니다. QFD 각 단계별로 수행해야할 내용을 정리하면 다음과 같습니다.

<QFD 단계별 특징>

단계	목적	수행 내용	다음 단계와 관련성
1	고객의 추상적인 요구사항을 제품개발 요구사항이라는 기술적인 언어로 변환하는 과정	① 고객 요구사항 수집 ② 고객 요구사항의 우선순위화 ③ 제품개발 요구사항 도출 ④ 고객 요구사항과 제품개발 요구사항의 상관관계 도출 ⑤ 중요 제품개발 요구사항 선정	1차 QFD에서의 중요 제품개발 요구사항은 2차 QFD에서의 제품설계 요구사항의 도출을 위한 기본항목으로 사용
2	제품개발 요구사항으로부터 구체적인 실험설계 항목을 도출하는 과정	① 제품개발(컨셉) 요구사항 선정 ② 실험개념의 선정 ③ 실험설계 항목 도출 ④ 제품개발 요구사항과 실험설계 항목의 상관관계 도출 ⑤ 중요 실험설계 항목 선정	2차 QFD에서의 실험설계 항목은 3차 QFD에서의 실험변수도출을 위한 기본항목으로 사용
3	실험설계 항목으로부터 구체적인 실험변수들을 도출하는 과정	① 실험설계 항목 선정 ② 공정 맵핑 ③ 실험변수 항목 도출(7개 이하) ④ 실험설계 항목과 실험변수의 상관관계 도출 ⑤ 중요 실험변수 수준 선정	3차 QFD에서 도출된 실험변수 수준으로 실제 실험을 수행

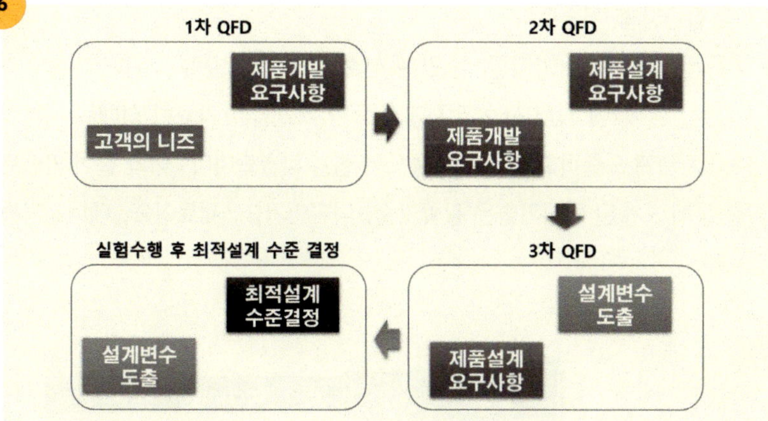

6
QFD 수행절차

(2) QFD 사례[01]

① 필요성 분석

야간교통사고에 의한 사망률이 높다는 문제인식으로부터 야간교통사고를 줄이기 위해 야간에 횡단보도에 보행자가 건너갈 때 빛을 조사할 수 있는 신호 장치를 개발하겠다는 계획을 수립하였습니다.

7
야간 교통사고 방지의 필요성

01 2020년 동양미래대학교 기계공학과 캡스톤디자인 수업 중 수행되었던 팀별 활동의 일부를 인용하였습니다.

② 접근방법-기술트리

야간 교통사고를 방지할 수 있는 신호 장치를 개발하기 위해 기술트리 Technical tree에 의해 신호 장치에 필요한 기술들을 가능한 최대로 세분화하여 5차까지 도출하고 관련 정보들도 수집을 하였습니다. 이와 같이 기술트리를 통해 도출된 핵심기술은 광학기술, 디자인기술, 재료기술, 에너지기술입니다.

8

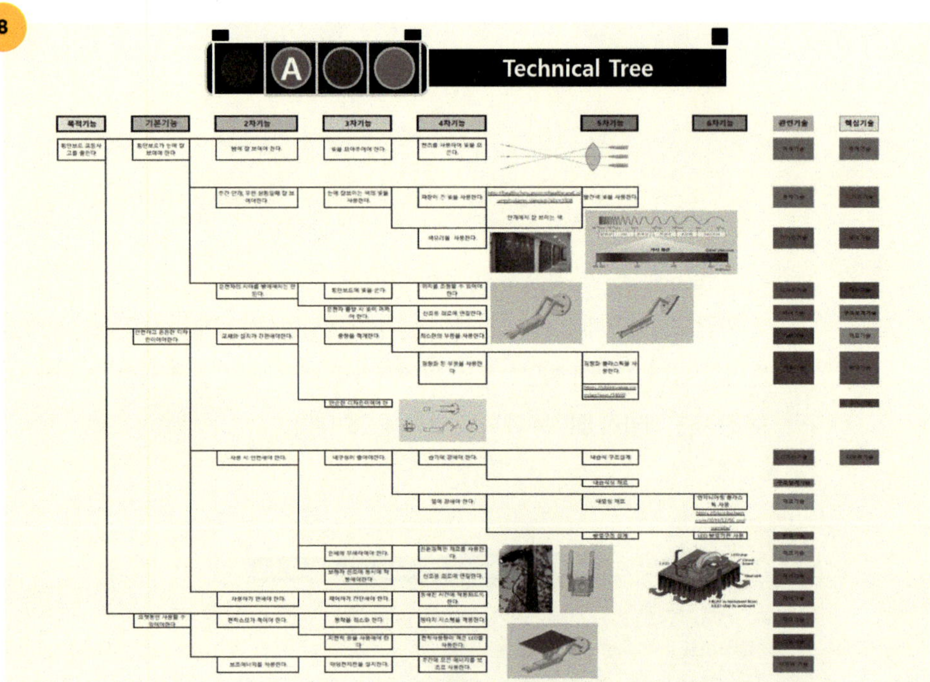

8
신호 장치 개발을 위한 기술트리 분석

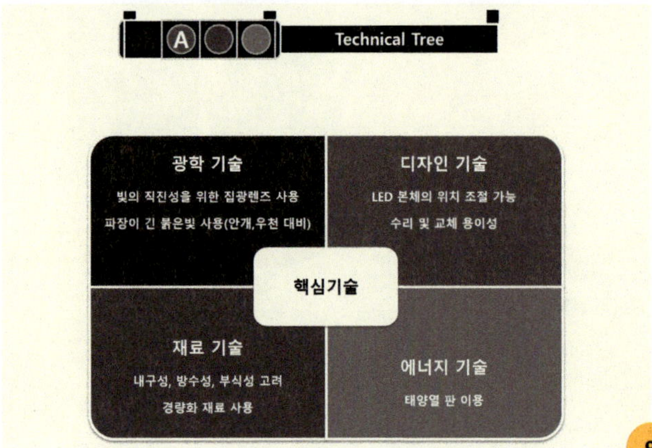

9
기술트리로 도출된 핵심기술

③ 접근방법-1차 QFD

품질기능 전개를 위해 3차에 걸쳐 QFD를 수행했습니다. 1차 QFD에서는 고객의 요구사항을 만족시키기 위한 제품개발 요구사항[항목]들을 최대한 많이 도출합니다. 이때 고객의 요구사항은 중요도에 따라 점수를 배정합니다. 그리고 제품 개발 요구사항들과 고객의 요구사항들의 관계성을 점수로 표시합니다. 관련성이 없을 경우는 0점으로 처리해도 됩니다. 고객의 요구사항의 점수와 제품 개발 요구사항의 점수를 곱한 점수들의 합은 제품개발 요구사항의 총점으로 반영됩니다. 이 점수들을 순위화하여 5~7개 정도를 1차 QFD에서 선정되는 제품개발 요구사항으로 결정합니다. 콘셉트와 유사한 제품이나 기술이 있는지를 조사하는 것을 권장합니다. 이때 유용하게 활용할 수 있는 것이 국내·외 특허를 분석하는 것입니다.

여러분들이 생각하고 있는 제품의 콘셉트와 비슷한 특허를 조사하고 유사점이 무엇인지를 분석하고 기존 특허기술을 피해갈 수 있는 차별화[회피] 방안을 반영되어야 제품개발 콘셉트가 완성된다고 할 수 있습니다.

10

고객의 요구사항의 중요도에 따라 점수를 배정

고객의 요구사항을 만족시키기 위한 제품에 필요한 항목(기능)

		제품 개발 요구사항							
고객의 요구사항	점수	광원의 효율	본체의 강도	방수	LED 수명	태양열판의 효율	탈부착성	광원의 직진성	눈의 피로도
우수한 내구성	9		7		7				
간단한 디자인	5						5		
우수한 가시성	9	7			3			9	
인체에 무해	7							3	7
편리한 유지보수	3		5	3	3		7		
경량성	5		7						
누수방지	7			7		3			
에너지 효율	7	9				7		5	
1차		126	113	58	99	70	46	137	49

고객의 요구사항과 제품 개발 요구사항의 관계성을 점수로 표시

고객의 요구사항의 점수와 제품 개발 요구사항의 점수를 곱한 점수들의 총합

팀원들의 합의에 의해 점수가 높은 5~7개를 선정함

10
1차 QFD

11

특허 회피방식

횡단보도의 야간 조명 및 보조 신호등 기능을 구비한 볼라드
BOLLARD HAVING FUNCTIONS OF NIGHT LIGHTING AND SUBSIDIARY SIGNAL LIGHT OF CROSSWALK

상세정보 | 공고전문 | 등록사항 | 통합행정정보

서지정보 인명정보 행정처리 청구항 지정국 인용/피인용 패밀리정보 국가R&D 연구정보

(51) Int. CL	E01F 9/615(2016.01.01) E01F 9/627(2016.01.01) F21S 10/02(2006.01.01) G08G 1/095(2006.01.01)
(52) CPC	E01F 9/615(2013.01) E01F 9/627(2013.01) F21S 10/023(2013.01) G08G 1/095(2013.01)
(21) 출원번호/일자	1020110070542 (2011.07.15)
(71) 출원인	김성홍
(11) 등록번호/일자	1011318510000 (2012.03.23)
(65) 공개번호/일자	
(11) 공고번호/일자	(2012.03.30)
(86) 국제출원번호/일자	
(87) 국제공개번호/일자	
(30) 우선권정보	
법적상태	등록 (권리 변동 있음)
심사진행상태	등록결정(일반)
심판사항	
구분	국내출원/신규
원출원번호/일자	
관련 출원번호	
기술이전 희망	
심사청구여부/일자	Y(2011.07.15)
심사청구항수	6

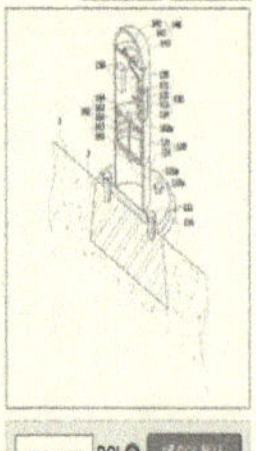

유사점 : 야간에 횡단보도에 빛을 조사한다.
회피 방안 : 지상에 볼라드를 설치하여 횡단보도에 빛을 쏜다. ➔ 기존 신호등에 추가 설치하여 횡단보도에 빛을 쏜다.
차별점 : 기존 신호등에 추가로 설치하여 인위적인 파손이 적고 설치가 비교적 간단하다.

12

특허 회피방식

야간 횡단보도 보행등기구
Crosswalk light

상세정보 | 공고전문 | 등록사항 | 통합행정정보

서지정보 인명정보 행정처리 청구항 지정국 인용/피인용 패밀리정보 국가R&D 연구정보

(51) Int. CL	F21S 8/09(2006.01.01) G08G 1/095(2006.01.01) F21V 33/00(2006.01.01) F21V 23/04(2006.01.01) H05B 37/02(2006.01.01) F21W 131/103(2006.01.01)
(52) CPC	F21S 8/086(2013.01) G08G 1/095(2013.01) F21V 33/0076(2013.01) F21V 23/0442(2013.01) H05B 37/0281(2013.01) F21S 8/081(2013.01) F21W 2131/103(2013.01) Y02B 20/72(2013.01)
(21) 출원번호/일자	2020060015959 (2006.06.14)
(71) 출원인	영선전력(주)
(11) 등록번호/일자	2004260970000 (2006.09.04)
(65) 공개번호/일자	
(11) 공고번호/일자	(2006.09.14)
(86) 국제출원번호/일자	
(87) 국제공개번호/일자	
(30) 우선권정보	
법적상태	소멸 (취소결정)
심사진행상태	설정등록의뢰
심판사항	
구분	국내출원/신규
원출원번호/일자	
관련 출원번호	
기술이전 희망	
심사청구여부/일자	N
심사청구항수	1

유사점 : 보행자 신호등에 파란 불이 들어올 때 같이 보행등이 켜진다.
회피 방안 : 보행자 신호등에 파란 불이 들어올 때만 등이 켜지고 보행자 신호등에 빨간 불일 때는 꺼져있다. ➔ 보행자 신호등에 빨간 불일 때도 빛을 비추어서 횡단보도 위치를 쉽게 알 수 있다.
차별점 : 야간에 보행자 신호등이 빨간 불일 때도 빛을 비춰주는데 이 때 사용되는 전기는 기계에 장착된 태양열 판을 이용하여 낮에 모인 전기를 대체로 사용한다.

11
신호 장치 개발을 위한 기술트리 분석

12
특허분석 사례

13
2차 QFD

④ 접근방법-2차 QFD

1차 QFD를 수행하고 특허분석을 통해 기존 특허기술과 차별화된 기술이 반영된 제품설계 콘셉트를 도출하는 과정이 2차 QFD입니다. QFD에서는 2차 QFD가 가장 중요한 단계라고 할 수 있습니다. 왜냐하면 이 단계에서 제품의 콘셉트가 완성되고 콘셉트를 위한 개발방향이 결정되기 때문입니다.

1차 QFD에서 도출된 제품개발 요구사항을 표의 왼쪽[행]에 두고, 여러분들이 도출된 제품설계[콘셉트] 요구사항을 가능한 많이 위쪽[열]에 놓습니다. 제품개발 요구사항의 점수는 1차에서 계산된 점수가 반영되고, 제품설계[콘셉트] 요구사항과 제품개발 요구사항의 관련성을 다시 점수로 표시한 후 1차 QFD와 같이 계산합니다.

이 아이템을 선정한 팀은 제품설계[콘셉트]으로 '야간 횡단보도에서의 교통사고를 줄이기 위해 운전자가 쉽게 식별할 수 있도록 태양열판과 LED가 장착된 횡단보도 보조장치'로 설정했습니다. 이 제품설계[콘셉트]를 위해 도출된 항목들이 하우징의 재질, 집광성, 본체의 크기, 체결편리성, 본체 가공방식, 방수디자인, 태양열판의 위치 등이고 제품개발 요구사항과의 관련성을 고려하여 최종적으로 5개의 항목들이 선정되었습니다.

13

제품 개발 요구사항을 만족시킬 수 있는 제품 개발 컨셉을 정함

제품설계 컨셉을 만족시킬 수 있는 항목(기능)

제품 컨셉 선정	야간 횡단보도에서의 교통사고를 줄이기 위해 운전자가 쉽게 식별할 수 있도록 태양열판과 LED가 장착된 횡단보도 보조장치

		제품설계(컨셉) 요구사항						
제품개발 요구사항	점수	하우징의 재질	집광성	본체의 크기	체결 편리성	본체 가공방식	방수 디자인	태양열판의 위치
광원의 효율	126		7					
본체의 강도	113	9		5	5	7		
방수	58	5		3		3	9	
LED 수명	99		3					
태양열판의 효율	70							9
광원의 직진성	137		7					
		1,307	2,138	739	565	965	522	630

1차 QFD에서 선정된 제품 개발 요구사항

팀원들의 합의에 의해 점수가 높은 5~7개를 선정함

⑤ 접근방법-3차 QFD

3차 QFD는 2차 QFD에서 도출된 제품설계[콘셉트]의 요구사항을 구현하여 제품화를 하기 위해 어떠한 항목을 집중적으로 연구개발하고 실험을 해야 하는지 관점에서 설계변수[항목]를 선정하는 단계입니다. 3차 QFD가 끝나면 여러분들은 제품화를 위해 무엇을 어떤 수준으로 실험을 해야 하는지 구체적인 업무를 결정할 수 있습니다. 점수화 및 설계변수 선정과정은 1차와 2차와 동일한 방식으로 진행하면 됩니다.

14 3차 QFD

3차 QFD에서 제품설계[콘셉트]을 만족시킬 수 있는 제품 설계변수로는 체결방식, LED 설치구조, 렌즈두께, 고정방식, 경량화 재질 종류, LED 종류가 도출되었고, 최종적으로는 LED 설치구조, 렌즈두께, 경량화 재질 종류, LED 종류가 선정되었습니다.

여러분들은 위 4개의 설계변수에 대해 각각 몇 가지의 조건으로 실험을 할 것인지를 결정하여 구체적인 업무를 수행하게 될 것입니다.

14

제품설계(컨셉)을 만족시킬 수 있는 제품의 설계변수

		설계변수 도출					
제품설계(컨셉) 요구사항	점수	체결방식	LED 설치구조	렌즈의 두께	고정방식	경량화 재질 종류	LED 종류
하우징의 재질	1307	3				7	
집광성	2138		7	7			5
본체의 크기	739	7	1			1	1
본체 가공방식	965	5	3	1	3	5	5
태양열판의 위치	998				5		
		13,919	**18,600**	**15,931**	7,885	**14,713**	**16,254**

2차 QFD에서 선정된 제품설계(컨셉) 요구사항

9.2 고장유형 및 영향분석(FMEA)

제조현장에는 다양한 형태의 고장이 발생하고 있습니다. 어떤 것은 바로 해결이 가능하고 해결이 되면 또다시 발생하지 않는 고장이고 어떤 것은 해결을 해도 또 발생하는 유형의 고장[02]도 있습니다. 품질관리의 목적은 이러한 고장을 예방하는 것이고, 발생한 고장을 신속하게 해결하는 것이라고 할 수 있습니다. 앞서 학습한 대로 대부분의 제조기업의 단기공정능력 수준을 시그마 수준으로 표현하면 3σ내외인데, 이것은 93.3%의 수율로 100만 개당 불량 개수가 66,807개가 나오는 수준입니다. 대량생산을 하는 제조기업에서 93.3%의 수율은 느낌상 높은 수준이라고 생각할 수 있으나 100만개 중 약 6만7천개의 불량이 발생하는 것이기 때문에 결코 좋은 수준이라고 할 수 없습니다.

이러한 시그마 수준으로 볼 때 제조현장의 고장[불량]은 항상 발생한다고 생각하는 것이 맞습니다. 따라서 여러분들은 고장의 유형과 영향을 분석하는 방법을 학습하여 제조현장의 고장을 최소화[100% 없앤다는 것은 불가능에 가깝습니다]하는 역할을 수행해야 합니다.

FMEA[Failure Mode and Effects Analysis]는 여러분들이 이러한 역할을 할 때 매우 유용한 방법론으로써 다음과 같은 활동을 의미합니다.

- 제품 또는 제조프로세스의 잠재적 고장과 그 영향을 평가하는 방법
- 잠재적 고장의 발생 가능성을 제거하거나 감소시킬 수 있는 방법

그리고, 이러한 활동들을 문서화[03]하고, 책임소재를 분명히 함으로써 책임감 있게 고장을 방지하는 고장개선 활동이라고 정의할 수 있습니다.

FMEA의 영역은 크게 시스템 관점, 설계 관점, 프로세스 관점으로 나눌 수 있습니다.

- **시스템 FMEA** : 제품개발 초기 설계단계에서 시스템 관점으로 잠재고장의 유형을 분석하는 것입니다. 시스템의 기능이 확정되고

02 이와 같이 상시적으로 발생하는 고장을 고질고장이라고 하는데, 인체의 고질병과 같이 제조현장에는 고질고장이 항상 있다고 생각해야 합니다.

03 문서화를 하게 되면 반복적인 실수를 예방할 수 있고, 고장개선활동을 확인할 수 있다는 장점이 있습니다. 문서화 작업을 하는 사람은 공정에 대해 정의, 실행, 변경을 하는 담당자로서 작업자, 개발자, 관리자 등 모든 분야에 인원이 참여할 수 있습니다.

구체적인 설비를 선정하기 전에 수행해야 합니다.

- **설계 FMEA** : 생산단계 이전의 제품을 분석하는 것으로 제품기능에 집중해서 분석하는 것입니다. 제품기능이 확정되고 설계승인 전에 해야 합니다.
- **프로세스 FMEA** : 제조 및 조립공정을 분석하는 것으로 제조공정의 파라메타(입력변수)를 대상으로 분석하는 것입니다. 제품의 설계도면이 완성되고 생산프로세스가 잠재적으로 결정된 후에 해야 합니다.

<FMEA 주요 용어>

용어	정의
Failure mode(고장유형)	공정이 기능 수행에 실패하는 것으로 품질규격을 벗어나게 하는 공정 입력변수이며 작업자가 고장 유형이라고 판단하는 항목 - 설계결함(도면의 부재, 누락 등) - 제조결함(가공법 결함, 조립 실수 등) - 관리결함(검사 미흡, 공정관리 실패 등) - 사용결함(오조작, 설계와 다른 조건에서 사용 등) - 보존결함(보전관리 실수, 관리메뉴얼 부재 등)
Effect(영향)	고객에 미치는 영향으로 고장으로 발생하는 고객만족도 저하와 제품의 품질저하
Cause(원인)	고장을 유발하는 공정변동으로 발생시 큰 영향을 주는 고장유형에 대해 우선순위를 둠
Current controls (관리방법)	고장유형 및 원인규명과 사전예방을 위한 방법 - 체크리스트 작성 - 검사 - 실험실 시험, 훈련 - 예방보전 등

<FMEA 구성>

구성	정의
프로세스 단계	제조프로세스의 기능을 간단하게 표현 여러 기능이 있을 경우 분리해서 기입

구성	정의
잠재적 고장유형	실제 작업환경에서 발생할 수 있는 모든 잠재적인 고장유형, 잘못된 작업방식 등을 기입
잠재적 영향[04]	고객에 의해 인식되는 고장의 영향 또는 안전규제 조항 등에 저촉될 가능성을 '큼', '보통', '작음' 등으로 기입
심각도	잠재적 영향의 심각도를 점수로 표시하며, 각 고장유형은 하나[05]의 심각도 등급을 가짐 – 10점 : 안전 규제조항에 저촉 – 8점 : 기능수행이 불가 – 6점 : 편의기능 수행 불가 – 4점 : 일반적인 고객이 감지할 수 있는 결함 – 2점 : 전문적인 고객이 감지할 수 있는 결함 – 1점 : 전혀 심각하지 않음
잠재적 원인[06]	잠재적 고장유형의 원인 될 가능성은 모두 기입 가능한 고장유형의 근본원인을 규명하여 기입하는 것이 좋음
발생도	고장유형이 발생하는 빈도를 점수로 표기 – 10점 : 50% 이상의 고장이 발생하며, 고장을 피할 수 없음 – 8점 : 1/8 비중의 반복적인 고장 – 6점 : 1/80 비중의 반복적인 고장 – 4점 : 1/2,000 비중의 반복적인 고장 – 2점 : 1/150,000 비중의 반복적인 고장 – 1점 : 고장 발생 가능성이 매우 낮음
현재 프로세스 관리상태	잠재적 원인을 방지하기 위해 현재 관리사항, 예방조치를 기입
검출도	고장유형의 발견 수준을 점수로 표기 – 10점 : 현재 방식으로 고장유형을 검출하는 것이 불가능 – 8점 : 고장원인 및 고장유형을 검출가능성이 매우 낮음 – 6점 : 고장원인 및 고장유형을 검출가능성이 낮음 – 4점 : 고장원인 및 고장유형을 검출가능성이 보통수준보다 높음 – 2점 : 고장원인 및 고장유형을 검출가능성이 매우 높음 – 1점 : 고장원인 및 고장유형이 반드시 검출됨

04 잠재적 영향(KPOV, Key Process Output Variable)

05 여러 개의 고장유형이 하나의 영향을 미칠 수 있고, 하나의 고장유형이 여러 개의 영향을 줄 수 있기 때문에 고장유형과 유형은 1:1의 대응관계는 아닙니다.

06 잠재적 원인(KPIV, Key Process Input Variable)

구성	정의
RPN[07]	심각도 × 발생도 × 검출도로 계산됨
조치사항	검출도 측면 : 프로세스 확인 및 검증을 통한 개선사항 기입 발생도 측면 : 프로세스 변경을 통한 개선사항 기입 심각도 측면 : 프로세스 변경으로 고장유형울 제거하는 개선사항 기입
담당자	조치사항을 수행할 책임자를 기입
완료일자	조치사항의 완료 예정일을 기입

<FMEA 예시>

				조치전		조치전		조치전					조치후			
No	프로세스 단계	잠재적 고장유형	잠재적 영향	심각도	잠재적 원인	발생도	현재 프로세스 관리상태	검출도	RPN	조치사항	책임자	완료일자	심각도	발생도	검출도	RPN
1	적층	절연층 두께편차가 발생함	큼	8	압력의 불균일성	8	Section 후 두께 측정	2	128	적층 수를 줄임	홍길동	20. 09. 15	8	4	1	32
2	적층	절연층간 박리가 발생함	큼	8	절연재의 수축율 차이	6	Section 후 현미경 관찰	2	96	절연재의 CTE를 낮춤	이순신	20. 09. 10	8	4	1	32
3	라우팅	단면의 거칠기가 큼	작음	6		6	표면 거칠기 측정	1	36	라우팅 비트의 교체주기 단축	정약용	20. 11. 10	6	2	1	12
4	라우팅	형상커팅 후 미세먼지가 PCB에 묻음	작음	6		4	현미경 검사	1	24	흡입력 향상	김유신	20. 10. 20	6	2	1	12
5																

07 RPN(Risk Priority Number)로 위험 우선순위를 나타냅니다. RPN이 높은 고장유형을 먼저 해결하도록 노력해야 하지만, RPN이 낮더라도 심각도가 높은 고장유형에 대해서는 각별한 관리가 필요합니다.

9.3 C&E 다이어그램

C&E(Cause and Effect) 다이어그램은 근본 원인을 밝히는 다양한 요인을 정리하고 나열하는 효과적인 방법입니다. 특성 요인도에서 가장 중요한 고려사항은 명확하게 원인 & 결과의 상관관계가 표시되어 있는가입니다. 이때 모든 가능한 인과 관계를 고려해야 합니다.

특성요인도 작성 시 큰 가지에는 공정명을 기입하거나 다음의 5M+1E를 기준으로 작성합니다.

- **사람(Men)**
- **재료(Materials)**
- **방법(Methods)**
- **기계(Machines)**
- **측정(Measurement)**
- **환경(Environment)**

15 반도체 제조공정 중 스퍼터 유해성잔류 문제의 C&E 다이어그램

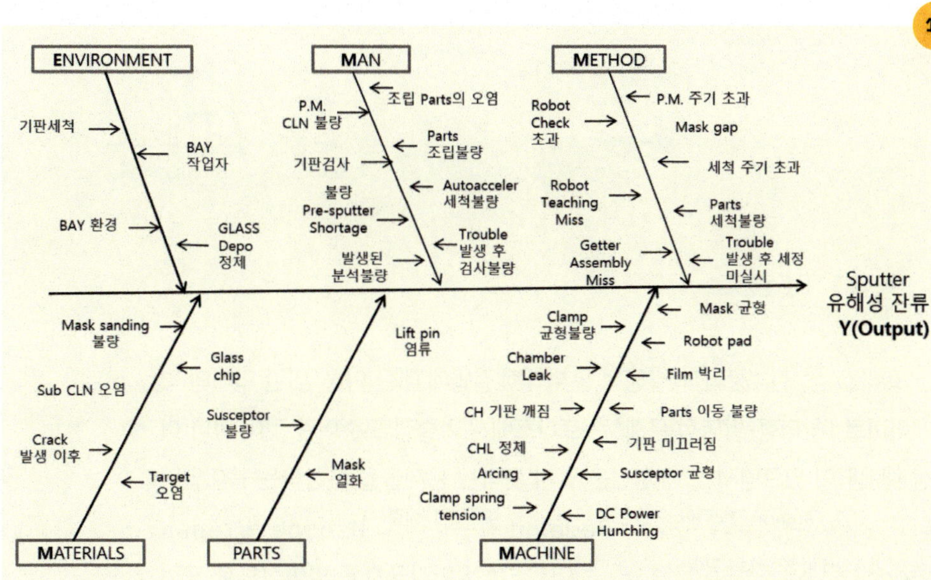

위의 5M+1E는 목적에 따라 다양한 항목으로 변경할 수 있습니다. 예를 들어 마케팅 분야에 적용된 사례를 보면 고객, 광고, 영업인력, 경쟁사, 거래

처 등으로 변경되어 수행되었습니다.

이 예를 보면 생선뼈의 형태로 C&E 다이어그램이 작성되었습니다. 이와 같이 C&E 다이어그램은 생선뼈와 형태가 비슷하기 때문에 피쉬본Fish bone 다이어그램이라고도 합니다.

16

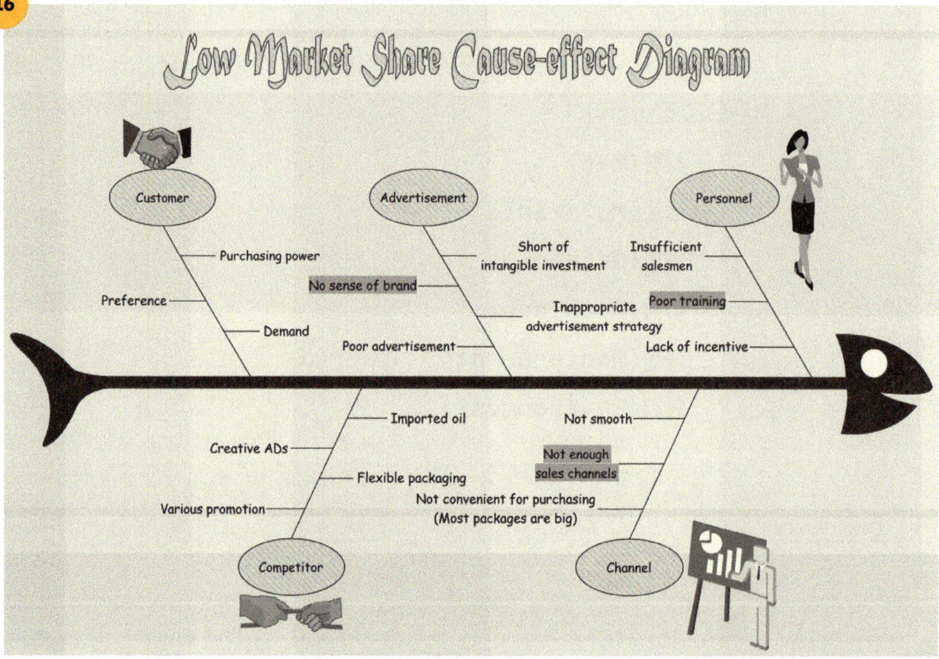

9.4 Triz

트리즈Triz란 '창의적·발명적 문제의 해결법에 대한 이론'이란 의미의 러시아어로 '창의적·발명적 문제'란 트리즈에서 기술적 모순이란 것이 하나 이상 내재되어 있으면서 그 해결법은 알지 못하는 문제들을 통칭하는 용어입니다. ТРИЗТеория(째오리아-이론), Решения레셰니아-해결, Изобретательских이조브레따쩰스키흐-발명, Задач자다취-문제의 머리글자를 영어식으로 표현한 것입니다. 1946년부터 지속적으로 겐리후 싸울로비츄 알트슐러Genrich Saulovich Altshuller, 1926~1998와 그의 동료, 제자들이 2백만 건 이상의 특허를 분석하여 그곳에 존재하는 공통의 문제해결 원리를 요약·정리한 것입

16 마케팅 분야의 C&E 다이어그램 [출처 : https://www.edrawsoft.com/templates/pdf/market-cause-effect-diagram.pdf]

니다.

초기에는 기술 분야에서만 사용되었으나 현재는 경영, 사회, 소프트웨어 등 비기술 분야에서도 사용되고 있으며, 처음에는 러시아에서 사용되었지만 1990년대 이후 전 세계적으로 적용되고 있습니다. 창의적 문제해결을 위해서 트리즈는 인류가 가지고 있는 지식을 체계적으로 정리한 이론체계로서 '창의적 문제해결을 위해 생각하는 방법'이라고 할 수 있습니다.

(1) 모순

창의적 발명들의 공통점을 살펴보면 모두 '모순' 문제를 해결했다는 것입니다. 모순을 해결하면 우리는 혁신을 달성할 수 있습니다.

17

모순은 두 개로 분류할 수 있습니다. 첫째는 기술적 모순입니다. 이것은 시스템의 한 속성 A를 개선하고자 할 때, 그 시스템의 다른 속성 B가 악화되는 상태를 의미합니다. 두 번째는 물리적 모순인데요, 시스템의 한 속성 A의 값이 높아야하지만 동시에 낮기도 해야 하는 상태이거나 어떤 경우에는 속성 B가 있어야 하지만 어떤 경우에는 없어야 하는 상태 등을 의미합니다.

트리즈에서는 기술적 모순을 해결하기 위해 모순행렬과 40가지의 발명원리를 사용하고, 물리적 모순 해결을 위해서는 분리원리를 사용합니다.

18

➢기술적 모순 : 40가지 발병 원리 (모순행렬) – A가 높아지면 B가 낮아진다.
➢물리적 모순 : 분리의 원리(시간, 공간, 전체와 부분에 의한 분리)
- A가 있기도 하고, 없기도 해야 한다.

17 모순해결을 통한 혁신의 달성

18 기술적 모순과 물리적 모순

19

자동차의 안전성과 경제성

19
기술적 모순 사례

20

시간차 공간차

20
물리적 모순 사례

(2) 모순행렬

과거 기술적 모순을 갖고 있는 문제는 상호절충Trade-off를 통해 해결해 왔으나 트리즈에서는 모순행렬Contradiction Matrix의 발명원리를 적용해 문제를 해결합니다. 이것은 상호절충을 통한 문제해결 방식으로는 혁신적인 개선이 불가능하기 때문입니다.

모순행렬은 발생 가능한 39개의 기술적 모순들을 개선하려는 특성Y축과 악화되는 특성X 축으로 배열해 39×39 행렬 형태로 정의한 매트릭스 행렬입니다. 행렬 내의 숫자들은 대응하는 행과 열의 모순을 해결할 수 있는 발명원리총 40개를 의미합니다.

<모순행렬>

→ 나빠지는 특성		1	2	…	38	39
↓ 좋아지는 특성		이동하는 물체 중량	이동하지 않는 물체 중량		자동화 수준	생산성
1	이동하는 물체 중량					
2	이동하지 않는 물체 중량					
…						
38	자동화 수준					
39	생산성					

21 모순행렬 표의 39개 표준

모순행렬 표에서 가로축과 세로축에 있는 39개의 항목은 아래와 같습니다.

21

1.움직이는 물체의 무게 (Weight of moving object)
2.고정된 물체의 무게 (Weight of nonmoving object)
3.움직이는 물체의 길이 (Length of moving object)
4.고정된 물체의 길이 (Length of nonmoving object)
5.움직이는 물체의 면적 (Area of moving object)
6.고정된 물체의 면적 (Area of nonmoving object)
7.움직이는 물체의 부피 (Volume of moving object)
8.고정된 물체의 부피 (Volume of nonmoving object)
9.속도 (Speed)
10.힘 (Force)
11.압력 (Pressure)
12.모양 (Shape)
13.물체의 안정성 (Stability of object)
14.강도 (Strength)
15.움직이는 물체의 내구력 (Durability of moving object)
16.고정된 물체의 내구력 (Durability of nonmoving object)
17.온도 (Temperature)
18.밝기 (Brightness)
19.움직이는 물체가 소모한 에너지 (Energy spent by moving object)
20.고정된 물체가 소모한 에너지 (Energy spent by nonmoving object)
21.동력 (Power)
22.에너지의 낭비 (Waste of energy)
23.물질의 낭비 (Waste of substance)
24.정보의 손실 (Loss of information)
25.시간의 낭비 (Waste of time)
26.물질의 양 (Amount of substance)
27.신뢰성 (Reliability)
28.측정의 정확성 (Accuracy of measurement)
29.제조의 정확성 (Accuracy of manufacturing)
30.물체에 작용하는 유해한 요인 (Harmful factors acting on object)
31.유해한 부작용 (Harmful side effects)
32.제조용이성 (Manufacturability)
33.사용편의성 (Convenience of use)
34.수리가능성 (Repairability)
35.적응성 (Adaptability)
36.장치의 복잡성 (Complexity of device)
37.조절의 복잡성 (Complexity of control)
38.자동화의 정도 (Level of automation)
39.생산성 (Productivity)

22

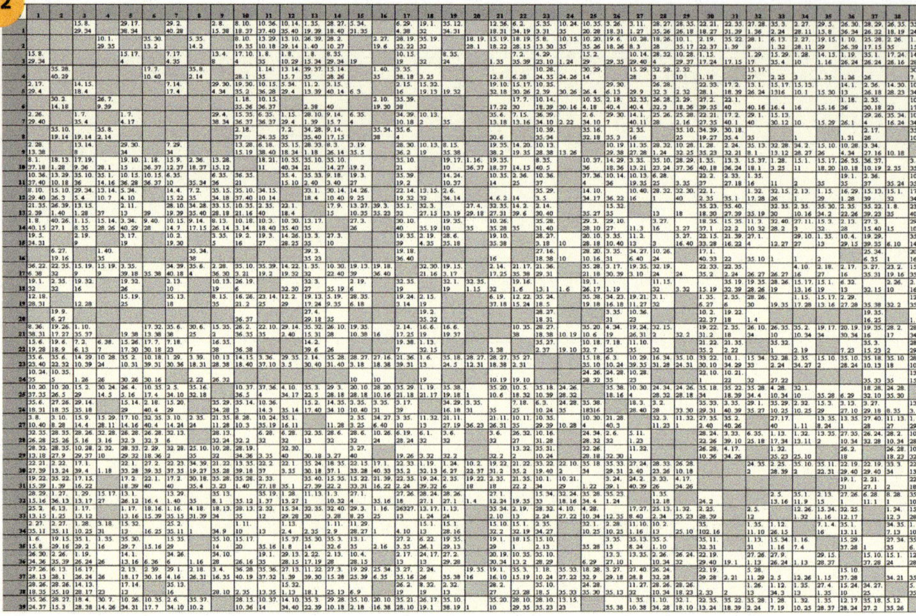

23

1. 분할	11. 사전 예방 조치	21. 급히 통과	31. 다공성
2. 추출	12. 높이 맞추기	22. 전화 위복	32. 색깔 변화
3. 구속적 품질	13. 반대로 하기	23. 피드백	33. 동질성
4. 비대칭	14. 곡선화	24. 중간 매개물	34. 폐기 및 재생
5. 통합	15. 역동성	25. Self 서비스	35. 속성 변화
6. 다용도	16. 과부족	26. 복제	36. 상태 변화
7. 포개기	17. 차원 변경	27. 일회용품	37. 관계 변화
8. 균형 맞추기	18. 진동	28. 기계시스템의 대체	38. 활성화
9. 사전 반대 조치	19. 주기적 조치	29. 유동성	39. 비활성화
10. 사전 준비 조치	20. 유용한 작용의 지속	30. 얇은 막	40. 복합재료

22 39×39 행렬

23 40개 발명원리

(3) 항공기 트리즈 적용 사례

① 문제점

- 항공기는 높은 상공에서 비행을 하기 때문에 무엇보다 강도가 중요하다.
- 하지만 강도를 높일 경우 무게가 무거워져 연료비가 큰 문제점을 갖고 있다.

② 모순행렬

- 개선하고 싶은 특성 : 항공기의 강도 증가 – 14. 강도 (A변수)
- 악화하는 특성 : 항공기의 무게 증가 – 1. 움직이는 물체의 무게 (B변수)

③ 발명원리

- 2. 분리, 추출
  - ⋆ 물체에서 불안한 부분이나 특성을 추출 분리 혹은 제거 한다.
  - ⋆ 필요한 부분, 혹은 특성만을 추출한다.
- 26. 모방
  - ⋆ 깨지기 쉬운 원본이나 다루기 불편한 물체 대신에 간단하고 값싼 복제품을 사용한다,
- 29. 유동성
  - ⋆ 물체의 고체 부분을 기체나 액체로 바꾼다. 이러한 부분들은 이제 공기나 물을 사용하여 팽창될 수 있고, 공기쿠션 또는 수압쿠션을 사용할 수 있다.
- 40.복합재료
  - ⋆ 동질성 재료를 복합 재료로 바꾼다.

(4) 패트병 트리즈 적용 사례

① 문제점

- 페트병에 액체를 충분히 채우는 데는 그것에 적합한 용적을 준비하지 않으면 안 되지만, 마신 후에는 페트병 자체가 장소를 차지하므로 귀찮게 된다.

② 모순행렬

- 개선하고 싶은 특성 : 페트병의 용적을 증가 시킨다 – 7. 움직이는 물체의 체적 (A변수)
- 악화하는 특성 : 페트병 자체가 공간을 차지하여 귀찮게 된다 – 31. 나쁜 부작용 (B변수)

③ 발명원리

- 1. 분할

  ⋆ 1개의 물체를 독립한 복수의 부분으로 나눈다.

- 2. 분리, 추출

  ⋆ 물체에서 불안한 부분이나 특성을 추출 분리 혹은 제거 한다.

  ⋆ 필요한 부분 혹은 특성만을 추출한다.

- 17. 다른 차원으로의 전환

  ⋆ 직선적으로 물체를 이동할 때의 문제는 2차원적인 움직임에 의해 제어한다.

- 40. 복합재료

  ⋆ 균일한 재료를 복합재료로 변경한다.

부록

4차
산업혁명시대의
스마트공장

4차 산업혁명시대의 대학교육은 전공 기초학습능력 외에도 협업능력, 문제해결능력 등을 확보하기 위한 전공 외 역량 습득을 위한 교육과정 또는 교육방법이 필요합니다. 4차 산업혁명시대의 인재 덕목은 아래와 같습니다.

<4차 산업혁명시대 인재의 덕목>[01]

업무 능력(덕목)	의미
맥락 파악(Sense making)	이미 존재하거나 드러난 사실을 토대로 보다 깊이 있고 새로운 의미와 신호를 읽어내는 능력
사회적 지능(Social Intelligence)	다른 사람들과 직접적이고 깊게 교감·교류하는 능력
참신하고 적응할 수 있는 사고(Novel and Adaptive Thinking)	기계적이고 틀에 박힌 방식이 아닌 새로운 방식으로 문제를 해결하는 능력
다문화역량(Cross-cultural Competency)	문화적 차이를 가진 타인을 이해하고 유연하게 받아들일 수 있는 능력
컴퓨터적 사고력(Computational Thinking)	정답이 없어도 데이터에 근거해 판단하고 데이터에 숨어 있는 추상적 의미를 찾아내는 능력
뉴미디어 리터러시(New Media Literacy)	뉴미디어를 활용해 새로운 콘텐트를 만들고, 주체적으로 정보를 받아들이는 능력
초학문적능력(Transdisciplinary)	학문의 경계를 뛰어넘는 다양한 시각으로 현상을 이해하는 능력
디자인 마인드세트(Design Mindset)	요구하는 결과를 얻기 위해 적절한 업무 프로세스를 개발하고 표현하는 능력
인지적 부하 관리(Cognitive Load Management)	중요도에 따라 정보를 판별하고 걸러내는 능력
가상 협력(Virtual Collaboration)	가상 팀의 멤버로 존재감을 드러내며 참여를 끌어내 생산성을 높이는 능력

4차 산업혁명시대의 인재육성을 위해서는 다양한 기술교육 영역과 학습방법이 필요하며 아래와 같이 정리할 수 있습니다.

01 출처 : 중앙시사매거진 이코노미스트 1361호(2016. 11. 28.), "[인공지능 시대 살아남을 직업·기술]

<4차 산업혁명시대 기술교육>

기술 영역	내용
소비자 기술	오락 또는 전문적인 목적으로 만들어진 것. 교육지원에 활용, 대학에서 사용하기 적합
디지털 전략	교수 학습 강화에 디바이스나 스프트웨어를 사용하는 방식
인터넷 기술	네트워크를 보다 투명하게, 방해 받지 않고, 편리하게 사용할 수 있도록 지원하는 핵심기술이자 인프라
학습 기술	교육 목적으로 개발된 도구와 자원. 접근성과 개인화된 맞춤형 특성을 제고하여 형식 또는 무형식 학습에 적용하여 학습의 지평을 바꾸는데 활용되는 기술
소셜 미디어	소비자 기술 항목에 포함될 수 있으나 독자적인 항목으로 구성될 수 있을 정도로 사회 각 분야에 광범위함
기술	단순한 인포그래픽스부터 복잡한 비주얼 데이터 분석까지 넓은 범위를 다루는 기술. 두뇌의 타고난 능력을 이용하여 빠르게 시각 정보로 처리하고, 패턴을 식별하고, 복잡한 상황에서의 감지 순서를 정하게 도움
시각화 기술	잠재력 있는 사용자가 원하는 디바이스와 도구로 변화시키는 기술. 우리가 사용하는 도구의 활용 범위를 넓히고, 사용성을 높이고, 더 편리하게 사용
기반 기술	요구하는 결과를 얻기 위해 적절한 업무 프로세스를 개발하고 표현하는 능력
인지적 부하 관리(Cognitive Load Management)	중요도에 따라 정보를 판별하고 걸러내는 능력
가상 협력(Virtual Collaboration)	가상 팀의 멤버로 존재감을 드러내며 참여를 끌어내 생산성을 높이는 능력

<4차 산업혁명시대 학습방법>

구분	내용	시사점
혼합학습(Blended Learning)	- 온라인 학습과 오프라인 학습을 혼합하여 운영하는 것을 의미 - 비용 효율성, 유연성, 접근 편이성, 멀티미디어 기술과의 통합 등의 장점	온라인 + 오프라인 강의

구분	내용	시사점
크로스 오버 러닝 (Cross over Learning)	– 박물관이나 방과 후 수업과 같이 비공식적인 상황에서의 학습은 자신 삶의 중요한 문제와 교육 콘텐츠를 연결할 수 있음 – 학습을 일상의 경험으로 풍부하게 할 수 있고, 비공식 학습은 교실에서 질문과 지식을 더해서 심화시킬 수 있음 – 경험과 연결된 이러한 학습은 학습에 대한 흥미와 동기를 촉발	전시관, 현장실습 등 외부 교육현장 수업을 진행하거나 참관리프트 과제물 부여
디지털 리터러시	– 인터넷과 모바일기술들이 고등교육 분야에도 확산되면서 전통적으로 읽고 쓰는 능력을 의미하는 리터러시가 이제는 디지털 도구와 정보에 대한 이해로 확장한 것 – 다양한 교육적 목적을 위해 폭넓게 디지털 도구를 사용할 수 있는 역량을 디지털 리터러시로 설명하고, 웹 자료들을 비판적으로 평가할 수 있는 능력을 리터러시의 지표로 활용 – 이런 두 가지 정의는 혼란을 주기도 하는데, 이는 교육자와 학생들 사이에 디지털 리터러시에 대한 개념 차이가 있다는 것을 의미한다. 즉, 기술을 활용해서 가르치는 것은 기술을 활용해서 학습하는 것과 본질적으로 다른 것임	1인 1 노트PC를 활용하여 인터넷 매체를 학습에 사용함
플립드러닝 (Flipped Learning)	– 학습의 주도권을 교육자에서 학생에게 넘겨주어 교실 안 밖에서 사용하는 시간을 재구성하는 학습 모델 – 플립드러닝에서 가치 있는 수업 시간은 높은 수준의 인지, 적극적인 활동, 프로젝트 기반의 학습에 전념할 수 있는 시간이고, 실생활에 적용할 수 있도록 특정 주제에 대한 깊이 있는 이해를 높일 수 있음 – 교수가 단순히 정보를 제공하는 것이 아니라 각 학생들이 수업 후에 개별적으로 수행하는 활동으로 정보가 완성되게 함	프로젝트 수업의 확대

구분	내용	시사점
게임과 게이미피게이션	– 다양한 사회 문제를 해결하기 위해 게임의 최대 장점인 몰입성, 자기 주도적 문제해결, 개인 맞춤형 목표 설정, 경쟁과 보상 체계 등의 게임 이론의 방법론을 적용하는 콘텐츠/서비스를 개발하는 것을 의미	팀별, 개인별 게임식 강의 진행
적응적 학습 (Adaptive Learning)	– 개별학생의 학습에 따른 필요를 조절하는 소프트웨어와 온라인 플랫폼 – 현대의 교육 도구는 머신러닝기술을 적용해서 사람이 학습하는 방식을 이해할 수 있으며, 개별 학생의 학습 진행 현황과 수준에 적응하여 실시간으로 콘텐츠를 조절하거나 학생의 필요에 맞게 맞춤형 수업을 제공해 줄 수 있어야 함 – 적응형학습 기술은 두 단계로 구성되는데, 첫 번째는 플랫폼이 개별 사용자의 데이터에 반응해서 적절한 교육 자료를 제공하는 것이고, 두 번째는 대규모 사용자 샘플에서 수집한 데이터를 통해 얻은 통찰력을 바탕으로 적응형 교육과정을 설계하는 것임	
이벤트 기반 학습 (Event-based learning)	– 이 학습은 몇 시간 또는 몇 일간 실행될 수 있으며, 기억남을 만한 사회적 행동 감각을 만들어 냄	몰입설계 등 프로젝트형 수업
스토리텔링학습 (Learning through Storytelling)	– 나레이션을 개발하는 것은 전체를 의미 있게 창작하기 위해서 특별한 관점으로 사건들을 구조화하는 과정 – 스토리 창작은 학습자가 자원을 탐색하고 색다른 경험으로 일관성을 가지게 하는 것	종합설계 교과를 맥락있게 구성하여 진행

지금부터는 4차 산업 혁명이 제조환경이 미치는 영향과 스마트제조의 개념에 대해 ETRI에서 발표한 자료를 인용하여 살펴보겠습니다. 여러분들의 이해를 돕기 위해 원문[02]을 그대로 인용합니다.

1. 제조환경의 변화

산업현장에선 흔히 생산production과 제조manufacturing라는 용어를 특별한 의미 차이를 두지 않고 언어 습관에 따라 혼용해서 쓰고 있다. 따라서 생산관리와 제조관리, 생산공정과 제조공정, 생산 지원 시스템과 제조 지원 시스템 등과 같이 각 용어들이 같은 뜻으로 사용되기도 하고, 현장에서 사용되는 습관에 따라 다른 의미로 사용되기도 한다.

국제적으로는 생산이 제조보다 일반적 의미로 쓰인다. 제조는 공작기계와 공정 절차를 통해 원료를 가공하여 가시적 형태의 제품을 만드는 것을 말하고, 생산은 어떤 과정을 거쳐서 결과를 만들어내는 모든 행위를 말한다. 즉, 제조는 항상 유형의 결과를 도출하고, 생산은 유형 또는 무형의 결과를 도출한다는 것을 의미한다. 따라서 제조 행위는 생산 과정과 결과를 항상 포함하지만, 생산은 제조 행위 없이도 수행될 수 있다.

이러한 두 용어를 산업 생산과 제조에서 명확하게 적용하기 위해, 생산은 산업 현장에서 어떤 업종의 사업 수단을 만드는 일반적 의미로 이해하고, 제조는 사업 수단을 실체적 형태로 만드는 행위로 구분하여야 한다. 따라서 생산관리는 제조를 포함하여 최종 산물을 만드는 데에 필요한 제반 사항들을 다룬다는 점에서 제조관리보다 더 적합한 용어라고 할 수 있고, 제조공정은 제품이 실제 제조되는 현장의 작업 절차와 운영을 의미한다는 뜻에서 생산공정보다 더 적합한 용어라고 할 수 있다.

이러한 제조 현장은 경영, 영업/수주, 제품 기획, 설계, 개발, 원부자재 구매, 제조, 품질검사, 재고관리, 출하 등 다양한 후방 산업군과 전방산업군의 산업 활동을 통해 운영된다. 후방산업군은 제품 원료가 되는 원부자재 및 이를 위한 근본 물질을 만드는 제조에 근접한 산업군을 의미하고, 전방산업

02 표준화 동향 스마트제조 기술 및 표준, 표준연구본부, 2018, 01.

군은 생산된 제품을 최종 소비자에게 판매하고, 제품의 수리, 폐기 및 재활용 등 고객에 근접해 있는 산업군을 말한다. 스마트제조를 위해서는 이러한 두 가지 산업군 전체에 대한 높은 수준의 지능화가 필요하다. 제조 지능화의 목적은 품질 향상, 적기 생산, 소비자 맞춤형 제품 설계 및 제조, 적정 재고 관리, 에너지 소비 효율화 등으로 다양하며, 새로운 기술을 바탕으로 기존 생산 지원 시스템들의 기능 개선 또는 새로운 생산 지원 시스템과 기술로 실현할 수 있다.

국내 스마트제조의 개념은 독일의 차세대 제조업 혁신 전략인 인더스트리 4.0[Industry 4.0] 개념을 기반으로 한다. 독일의 인더스트리 4.0을 요약하면 다음과 같은 이중 전략[Dual Strategy]의 추진으로 볼 수 있다. 첫째, 제품의 가격보다는 개인이 원하는 제품을 요구하는 개인 맞춤형 제품시장을 선도하는 것이고 둘째, 그러한 개인 맞춤형 제품을 제조할 수 있는 새로운 유형의 기계, 설비 시장을 선도하는 것이다[한국고용정보원, 2017]. 이를 구현하기 위해 제조업에 ICT를 접목해 모든 공정, 조달, 물류, 서비스를 통합적으로 관리하는 스마트공장 기술을 개발 및 활용하는 것이 필요하다.

인더스트리 4.0은 2006년부터 2013년까지 활동했던 독일연방정부 산하 Forschungsunion[경제, 산업 및 학술 연구연합] 자문위원회가 2011년 1월 25일에 발의하면서 시작되었다. 독일은 이미 2000년대 초반부터 ICT 융합관련 R&D를 지원하고 있었고, 2010년부터 사이버물리시스템[CPS, Cyber Physical System] 연구 등을 진행한 바 있었다. 이후 인더스트리 4.0은 2011년 11월에 독일연방정부의 '미래 프로젝트' 가운데 하나인 하이테크 전략 2020의 10대 프로젝트 중 하나로 추진이 결정되었다. 이에 따라 인더스트리 4.0 작업반이 구성되어 추진전략 제안서가 2012년 10월에 발표되었고, 2013년 4월에는 좀 더 구체화하고 보완하여 추진전략 최종 결과 보고서가 발간되었다. 이 결과 보고서를 바탕으로, 독일은 2015년부터 정부 주도의 적극적인 정책추진을 위한 핵심기구인 플랫폼 인더스트리 4.0[Plattform Industrie 4.0]을 설립하였다.

독일은 인더스트리 4.0을 통해 단순한 공장 자동화를 넘어선 새로운 산업 혁신 플랫폼을 선보여 글로벌 시장을 장악하고자 했다. 또한, 제조업의 국제적 경쟁력을 기반으로 인더스트리 4.0 솔루션이 담긴 새로운 유형의 설비와 기계를 전 세계에 보다 더 많이 판매하여 독일 중심의 세계 제조생산 시스템을 재편하려 하고 있다.

이러한 상황에서, LG경제연구원의 2013년 12월 연구보고서에 따르면 2010년 이후 국내 제조기업의 경영 성과는 급격하게 하락하고 있었다. 우리나라의 경우에는 국내 제조업이 차지하는 경제 비중이 31%로 경쟁국에 비해 월등히 높은 반면 영업이익률은 장기 하향추세로서 국가경쟁력 자체가 위협받고 있었다. 한국 경제를 지탱해오던 국내 제조 대기업의 경영실적 악화로 미래 경쟁력 강화에 필수적인 연구개발과 설비투자 여력이 약해지면 실적악화, 투자부진, 경쟁력 약화, 경영실적 악화의 악순환에 빠질 가능성이 지적됐다. 또한 선진국과의 기술 격차는 상존하나, 중국을 비롯한 개발도상국의 추격이 거세지고 있으며, 환율 변동, 글로벌 경제 상황 등으로 수요의 불확실성이 증가하여 지금까지도 제조 기업들의 위기가 심화되고 있는 상황이다.

세계 제조업 부가가치 총액 대비 한국의 비중은 2000년 2.6%에서 2005년 2.9%까지 상승하였으나, 2012년에 2.8%로 소폭 하락하였다. 또한, 한국의 전 세계 제조업 수출시장 점유율은 2000년 3.3%에서 2012년 4.0%로 0.7% 상승하였으나, 최근 4년간 전 세계 제조업 수출 점유율이 4.0%대 전후로 정체 상태이다. 더욱이 미국경쟁력위원회Council on Competitiveness와 딜로이트Deloitte에서 발표한 글로벌 제조업 경쟁력 지수에서 한국의 순위는 2010년 3위에서 2013년 5위로 하락하였다.

국내 제조업은 국내 총 생산의 28.4%, 총 고용의 16.7%를 차지할 뿐만 아니라 전체 수출 가운데 97.8%를 차지하기 때문에 제조업 경쟁력 향상이 시급한 상태이다. 이러한 국내 배경에서 독일의 제조업 경쟁력 향상을 위한 인더스트리 4.0 추진 전략을 참조하여 산업통상자원부에서는 2015년 3월에 제조업 혁신 3.0 전략을 수립하여 대응하면서 스마트공장 및 스마트제조에 대한 기술개발, 보급·확산, 표준화, 인력양성 등의 활동을 본격적으로 전개하였다.

2. 스마트공장

2.1 스마트 제조 개요

독일은 인더스트리 4.0의 전략 달성을 위해, 모든 관련자들의 전체 가치사슬이 투명하게 공유되고 효율적으로 운영되어야 한다고 보았다. 이를 위해선 개별 기업[공장]의 모든 생산체계들이 수직통합을 통해 긴밀하게 연계되어야 하고, 생태계에 속한 조직 간의 수평적 통합도 전제되어야 한다. 수평적 통합이란 제품 판매, 유지보수, 재활용/폐기 규제관리 대응 등의 제조 전방산업과, 제품기획/설계, 제조/공정관리 등의 후방산업의 가치사슬이 긴밀하게 연동되는 것을 의미한다. 이를 통해 유기적이고 지능적으로 제조 효율을 극대화 시키며 맞춤형 제품을 생산하는 '스마트제조'가 가능해진다.

1

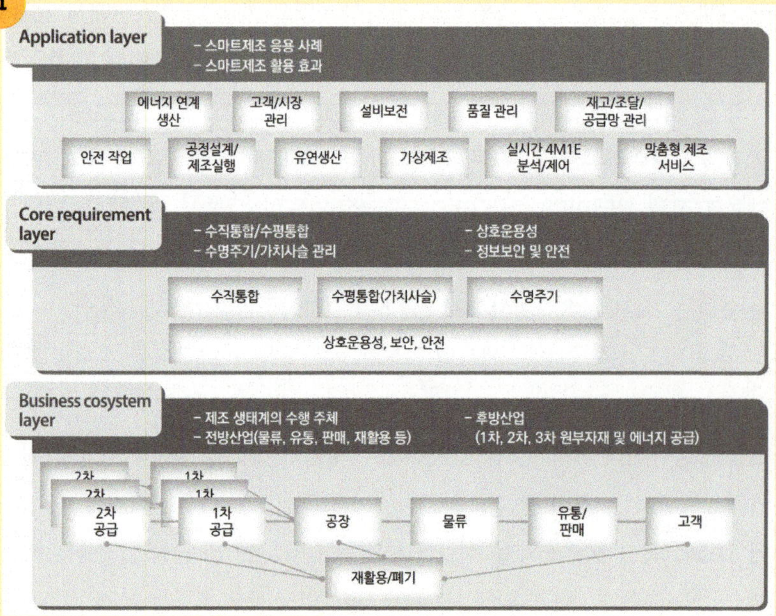

1 스마트 제조 개념도

[출처] 스마트제조 국제표준화 로드맵 2018, 국가기술표준원, 2018

2.2 공정 모델 기술 분야

스마트제조 중 실질적으로 제품 생산과 연관이 있는, 즉 스마트공장과 관련된 기술 분야가 공정 모델 기술 분야이다. 스마트공장은 기존의 공장자동화[Factory Automation, FA] 수준을 넘어 소비자 중심의 지능화된 공장을 의미한다. 각 공정을 모듈화하여 한 생산라인에서도 소비자의 취향에 따라 유기적 및 능동적으로 다양한 맞춤형 제품 생산이 가능하다. 또한 기존의 공장과 비교하여 가상공간 등을 통해 실시간으로 현장 및 품질을 관리/제어하며 에너지, 인력 등 자원 활용 면에서 효율을 향상시켜 결과적으로 생산 원가 하락을 통한 제품 경쟁력 강화를 기대할 수 있다.

이를 위한 스마트제조의 공정 모델 기술 분야는 응용 애플리케이션 기술, 플랫폼 기술, 디바이스/네트워크 기술, 제조보안 기술 등의 요소기술로 나눌 수 있다. 응용 애플리케이션 기술은 수집된 데이터를 가시화 하거나 분석하여 품질 및 설비 보전/고도화, 통합 운영/관리 등에 사용되는 스마트공장 ICT 솔루션의 최상위 소프트웨어 프로그램이다. 플랫폼 기술은 제품 정보, 소비자 요구사항, 공정 데이터 등 각종 데이터를 수집/저장/분석하는 빅데이터, AI 및 클라우드 등의 기술을 의미한다. 디바이스/네트워크 기술은 사물인터넷을 이용하여 생산정보를 실시간으로 수집하여 응용 애플리케이션으로 전송 또는 생태계의 각 가치사슬 및 디바이스와 공유하고 연동하며 응용 애플리케이션으로부터 계산/분석 결과를 받아 현장에 전달하는 기술이다. 이와 더불어 스마트제조 가치사슬의 전반에 걸쳐 데이터를 보호하는 제조보안 기술이 요구된다.

2

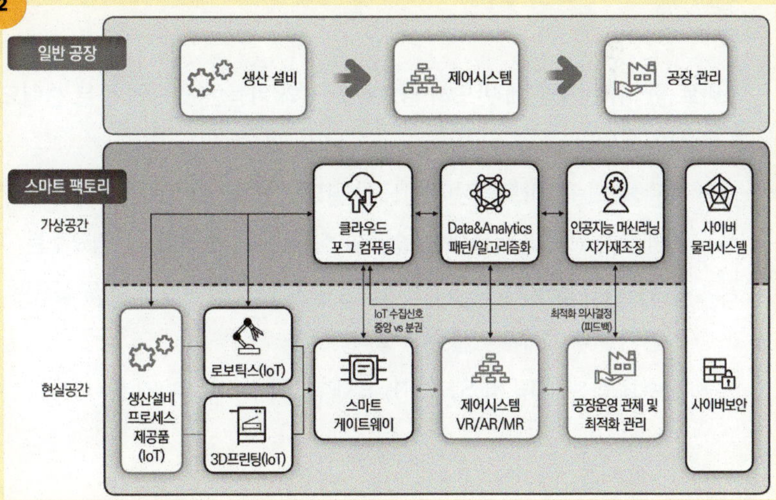

2 스마트공장 개념도

[자료] Samjong INSIGHT, Issue 55, 2018

현재, 국내 제조 산업은 Level 1~2 수준이 대부분이며, 대기업 중심으로 Level 3~4를 구축하고 있고 인공지능 기반 Level 5 이상을 목표로 하고 있다.

<스마트공장의 수준 분석>

	수준정의	표준	IOT 대상	특성	조건(구축수준)	주요 도구
고도화	Level 5	자율 운영	작업자, 설비, 자재, 운전조건 + 환경	맞춤 및 자율 (Customized)	모니터링부터 제어, 최적화까지 자율로 진행	인공지능, AR/VR, CPS 등
중간 2	Level 4	최적화	작업자, 설비, 자재, 운전조건	최적화 (Optimized)	공정운영 시뮬레이션을 통해 사전 대응 가능	센서 제어기 최적화 도구
중간 1	Level 3	제어	작업자, 설비, 자재	분석 (Analysed)	수집된 정보를 분석하여 제어 가능	센서 + 분석도구
기초	Level 2	모니터링	작업자, 설비, 자재	측정 (Measured)	생산정보의 모니터링이 실시간 가능함	센서
	Level 1	점검	자재	식별 (Identified)	부분적 표준화 및 데이터 관리	바코드 RFID

스마트공장 구현을 위해 반드시 필요한 요소와 가능한 있으면 좋은 선택요소로 구분할 수 있다.

- 필수요소는 스마트공장에 반드시 필요한 요소(Level 1~3)로써 기계공학 교육의 주요대상(습득할 직무역량)이 되며, 선택요소는 수준 높은(Level 4~5) 스마트공장 구현을 위해 필요한 요소로써 관련기술의 이해가 있을수록 좋다.
- 필수요소 : IoT, MES, PLM, ERP, SCM, FMEA, PLC

IoT (Internet of Things)	사물인터넷, 인터넷을 기반으로 모든 사물을 연결하여 사람과 사물, 사물과 사물간의 정보를 소통하는 지능형 기술 및 서비스
MES (Manufacturing Execution System)	제조실행시스템, 제품의 주문을 받고난후 제품이 완성될 때까지 생산의 최적화를 위한 정보를 제공, 생산현장에서 발생하는 최신의 정보를 현장실무자나 관리자에게 보고, 신속한 응답을 통해 생산조건을 변화시키며 가치 없는 요소를 감소시켜줌으로써 생산공정과 기능을 개선
PLM (Product Lifecycle Management)	제품수명주기관리, 제품 설계도로부터 최종 제품 생산에 이르는 전체과정을 일관적으로 관리하는 시스템으로서 제품 부가가치를 높이고 원가를 줄이는 것이 목적
ERP (Enterprise Resource Planning)	기업자원관리 재무/회계, 자재/구매, 품질, 생산, 설비 등을 유기적으로 연계하여 관리하는 시스템
SCM (Supply Chain Management)	공급사슬관리, 물건과 정보가 생산자로부터 도매업자, 소매상인, 소비자에게 이동하는 전 과정을 실시간으로 한눈에 볼 수 있으며, 이를 통해 제조업체는 고객이 원하는 제품을 적기에 공급하고 재고를 줄일 수 있음
FMEA (Failure Mode and Effect Analysis)	고장형태 영향분석 방법론, 기계부품 (시스템요소)의 고장이 기계(시스템) 전체에 미치는 영향을 예측(결과 예지) 하는 해석방법으로, 기계부품 등의 기계요소가 고장을 일으킨 경우에 기계 전체가 받는 영향을 규명하는 방법론
PLC (Programmable Logic Controller)	각종 센서로부터 신호를 받아 제어기에 신호를 보냄으로써 사람이 지정해둔 대로 로봇이 작동하도록 해주는 장치, 제어로직프로그램을 실행할 수 있도록 고안된 시스템으로서 제어를 위한 입출력 장치를 포함

– 선택요소 : AI, Cloud, AR, VR, CPS

AI (Artificial Intelligence)	인간처럼 학습하고 스스로 판단하는 인공지능의 능력으로 매일 쌓이는 데이터를 공부하고 이를 분석하는 딥러닝을 통해 현재 딱 맞는 솔루션을 제안하는 것으로 수준높은 스마트공장에 필수적인 기술임

Cloud (Cloud computing)	소프트웨어와 데이터를 인터넷과 연결된 중앙 컴퓨터에 저장, 인터넷에 접속하기만 하면 언제 어드서든 필요한 데이터를 이용할 수 있고, 사용한 만큼 비용을 지불하면 된다. 이런 클라우드의 장점을 스마트공장에 적용하면 같은 업종끼리 필요한 프로그램을 공유할 수 있고 비싼 서버 구매에 많은 돈을 들이지 않아도 되어 초기 투자비용을 줄일 수 있음
VR (Virtual Reality)	VR은 컴퓨터를 통해서 실제로 존재하지 않는 현실을 구현해 체험하게 해주는 기술이다. 현재는 게임으로 즐기는 수준이지만 CPS의 도입과 함께 스마트공장 운영에 적용이 확대될 예정임
AR (Auge-mented Reality)	가상현실이 모든 상황을 허구의 이미지로 만들어 주는 것이라면, AR(증강현실)은 추가되는 정보만 가상으로 만들어 보여준다. 스마트폰, 테블릿PC 또는 안경 형태 등의 기기를 통해 보이는 이미지에 부가 정보를 실시간으로 덧붙여 주는 것이다. 특수 안경을 쓰고 있으면 현재 공정상태를 바로 알 수 있는 형태로 활용될 수 있음.
CPS (Cyber Physical Systems)	실제 공장에서 사용하는 시스템과 사이버공간의 시스템을 실시간 통합하는 기술이다. 새로운 프로젝트의 테스트를 위해 현재 생산중인 공정을 멈출 수는 없으니 사이버 공간에서 사전에 테스트할 수 있는 미래의 스마트공장은 반드시 CPS의 도입이 필수적임

⋆ CPS[가상물리시스템]는 기계공학분야의 4차 산업혁명의 핵심기술임.

구분	내용
디지털화	산업 현장에서 발생하는 모든 아날로그 신호를 디지털 신호로 획득하는 단계. 센서 등에 대한 지식 필요함
연결화	현장의 모든 데이터를 실시간으로 확인이 가능하게 하는 단계임
스마트화	- 제일 중요한 단계로 제조 공정과 산업 현장을 모니터링, 예지정비, 시뮬레이션을 통한 최적화 등을 수행할 수 있는 단계 - 디지털트윈(digital twin)을 구축하여야 함. 이를 위하여 축적된 know-how가 필요하고, process 에 대한 (기계)공학적 지식이 필요함 - 빅데이터, 인공지능 등에 대한 지식도 필요함

스마트공장을 위한 직무역량은 시스템구축을 위한 역량과 시스템운영을 위한 오퍼레이팅 역량으로 분류할 수 있다.

<스마트공장의 직무역량>

역량	스마트공장 구축 (공급자 중심)	스마트공장 운영 (수요자 중심)
하드웨어 역량	- 로봇, PLC 설계 등 효율적 현장자동화를 위한 생산체계 구축 - IoT, 통신 device를 활용한 생산 빅데이터 구축체계 - Cloud 시스템 도입, 보안시스템설계 또는 사내전산실 구축 설계역량	- PLC Control, 운영 등 공장자동화 설비유지, 관리 - IoT device의 최적화 운영을 위한 유지, 관리 - 사내 전산실 운영 및 Cloud 최적화 운영, 보안관리를 위한 유지, 관리
소프트웨어 역량	- MES, ERP, G/W 등 단위 S/W 구축 및 설계역량 - 기준 데이터관리(MDM) 설계 및 표준화 설계역량 - SCM, D/W, B2B/i, EAI 시스템 설계 및 구축역량 - 스마트공장 고도화를 위한 설계 및 표준화설계 및 개발역량 - 재고관리 체계개선을 위한 경영혁신 설계역량 - Lean operation 체계구축 설계	- MES, ERP를 활용 업무효율성 향상 - Excel, PowerPoint 등 활용 고도화를 통한 경영, 운영리포트 작성역량 - 스마트공장 고도화를 위한 수요예측/관리, 공급계획 수립/관리, 구매계획 수립/관리, 물류계획 수립/관리역량 - 국제/국내 Operation을 위한 S&OP, IBP 운영/facilitation 역량
인적 쇄신 역량	- 경영혁신 방향성에 따른 Top manager 설득역량 - Lean operation 체계혁신을 위한 변화관리 역량 - 경영 및 글로벌운영에 대한 전사적 관점을 보고 Detail 설계 및 지도할수 있는 역량	- Operation 고도화를 위한 사내운영자 교육 - 경영혁신 추진을 위한 Top manager 교육 및 변화관리 - 시스템사용 교육 - Design thinking, 6시그마 등 경영혁신 기법활용 지원 또는 교육

스마트공장과 관련하여 시장을 주도하고 있는 기업들과 그 분야를 살펴보면 다음과 같다. 먼저 독일의 Siemens, 일본의 Mitsubishi, 미국의 Rockwell과 Honeywell은 로봇, 공작기계 등 하드웨어를 포함하여 공

정의 전 영역에 걸친 통합 솔루션을 제공하는 기업들로 스마트공장의 기술시장을 선도하고 있다.

한국의 LG CNS, 삼성 SDS, 포스코 ICT, 핸디소프트 등과 프랑스의 Dassult, 미국의 PTC, Oracle, Cisco 및 Autodesk, 독일의 SAP 등은 SW 기반의 솔루션 제공 기업들로 스마트공장에 특화된 솔루션을 제공하며 글로벌 시장 선점을 위해 영역다툼을 벌이고 있다.

3

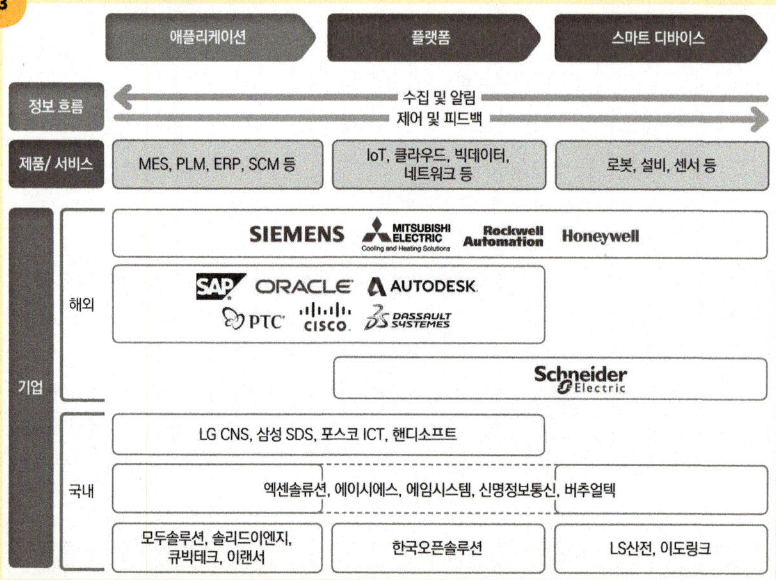

3 스마트공장 요소기술별 기업 분류

[출처] 스마트제조 국제표준화 로드맵 2018, 국가기술표준원, 2018

2.3 산업 데이터 기술 분야

스마트제조는 재료나 부품 등에서 문제가 생기거나 미세한 변화가 일어나도 이를 인지해서 상태를 조절할 수 있도록 만드는 알고리즘으로 운영된다. 따라서 모든 데이터는 센서 등을 통해 실시간으로 전달되어 예측과 대응에 활용되어야 한다. 결국 데이터 자산을 어떻게 얼마만큼 활용하느냐에 따라서 스마트제조의 성숙도는 달라진다.

산업 데이터 기술 분야에서 가장 큰 이슈는 제조현장에 사물인터넷이 급격하게 늘어남에 따라 폭발적으로 증가하고 있는 데이터의 양이다. 비록 네트워크와 클라우드 기술이 발전했지만, 여전히 초단위로 쏟아지는 공정데이터를 클라우드로 보내 제조현장을 실시간으로 제어하는 데 한계가 존재한다.

또한 각 제조 분야별로 공정 및 관리에 따라 서로 다른 데이터 체계가 존재한다. 이에 산업용 데이터는 산업 분야에 따른 표준화가 매우 중요하다.

최근 국내 선진 제조 기업들은 인더스트리 4.0 개념과 이를 위한 레퍼런스 아키텍처 모델인 RAMI 4.0Reference architecture model for industry 4.0 모델을 기반으로 국내외 기술 동향을 고려한 스마트공장 구현 전략 수립을 통하여 중단기 로드맵을 수립하고, 이를 기반으로 각 제조사의 환경에 맞게 스마트공장 구현을 진행 중에 있다.

기존 ERP, SCM, MES 등 기반 시스템이 구축된 국내 선진 양산산업의 제조기업들은 ICT를 기반으로 한 공장 자동화 구현과 더불어 한 단계 더 나아가 생산, 설비, 품질 데이터를 기반으로 한 빅데이터 분석을 통한 머신 러닝 적용을 준비하고 일부 적용도 시도하고 있다. 또한 PLM 구축과 더불어 성숙된 제조생산 시스템과 PLM 연계·통합을 통해 보다 정밀한 생산, 품질 관리와 설계, 구매, 생산, 품질 분야와 통합된 생산 스피드를 향상시키는 시도도 이뤄지고 있다. 국내 중견제조 업체의 경우 글로벌 제조 환경을 고려한 원가, 품질 경쟁력 확보의 절대적 필요성에 따라 ICT, IoT 기반의 설비 도입이 먼저 이뤄지는 경우가 많았으나, 최근 ERP, MES 등 스마트공장 지원 기반 시스템을 기반으로 RFID를 통한 자재 물류와 HMI를 제조설비에 적용을 통해 공장 생산 모니터링을 1차적으로 이룩하고, 2차적으로 SPC 등을 통한 생산 품질 분야에도 적용이 이뤄지고 있는 추세이다. 이와 더불어 다양하고 많은 제조설비관리를 통해 생산운영 중단을 단축시키고 사전 설비예방에도 노력하고 있다.

2.4 상호호환성 분야

스마트제조의 근본적인 목적은 물리적인 제조 생태계를 가상현실에서 디지털화하여 제조 전반에 걸쳐 실시간으로 상태를 모니터링하고 분석하여 제어하고 관리함으로써 기술 객체 간의 협력과 협업을 쉽게 하는 것이다. 이러한 맥락에서 스마트제조 생태계에서는 물리적인 유형의 객체 뿐 아니라 아이디어, 저장소 및 소프트웨어와 같은 무형의 객체도 기술적 객체로 인식되어 전체 생애주기 동안 기술적인 객체에 대한 디지털 기술 규칙을 만들고 기술 객체와 기술 객체의 개발, 생산 및 사용에서부터 처분에 이르기까지 관련된 모든 측면을 표현해야 하며 이때 상호호환성이 필수적이다.

산업통신 네트워크 객체에는 관리장비, 제어장비, 필드 장비 및 구동기, 이들을 연결하는 시스템 통신 등이 있다. 우선 관리장비는 자동화/제어 통신망에서의 설비와의 통신을 담당하고, 데이터 기록 및 보관, 운영 및 에너지 관리에 관한 통계 및 분석을 하고 공장 내 시스템 간 데이터를 교환한다. 제어장비는 자동화, 에너지 최적화 및 운영 최적화, 플랜트 운영 감시, 경보, 고장, 유지 관리, 운영 정보 전달, 자동 및 수동 제어 등을 수행한다. 필드장비는 센서와 액추에이터 등 제어기의 입/출력 인터페이스에 직/간접적으로 연결되어 작동하고, 구동기는 이진출력, 아날로그 출력 또는 제어기의 통신 인터페이스에 직접 연결되거나 커플링 또는 강제 명령 및 지시를 통해 연결된다. 마지막으로, 이들 관리장비, 제어장비, 필드장비 및 구동기 등을 연결하는 시스템 통신 등이 산업통신 네트워크 객체를 구성한다.

스마트공장에는 현재 자동화 생산설비 구축과 이를 효과적으로 운용하기 위해 실시간 분산 제어를 위한 산업용 네트워크 시스템인 필드버스 기술이 적용되고 있다. 국제 필드버스 표준을 목적으로 공정제어와 제어설비를 생산, 공급, 사용하는 세계 유수의 200여개 회사가 가입되어 있는 표준 단체인 Fieldbus Foundation 협회는 필드버스 제품인 Foundation Fieldbus-H1을 생산하고 있다. DeviceNet은 ODVA에 의해 제안된 표준을 기반으로 개발된 필드버스 제품을 생산하며, Profibus는 독일 표준 DIN 19245와 EN 50170을 기반으로 Profibus 표준과 기술을 개발하고 있다. Phoenix Contact사의 Interbus는 Sensor/Actuator, 생산 자동화, 공정 자동화를 위한 소프트웨어를 제공하며 Modbus는 MODICON 회사에서 자사의 PLC를 위하여 개발된 PLC 접속 프로토콜을 제공한다.

이러한 필드버스 단체들의 자체 표준으로 인하여 상호 호환 및 연동의 문제들이 발생하자, 이를 해결하기 위해 필드버스 관련 규격들을 정리하여 국제 표준IEC61158, IEC61784을 제정하였다. 그러나 벤더 특성으로 인하여 여전히 연동의 어려움이 있는 상황이다.

2.5 제조보안 분야

과거에는 공장에서 사용하는 설비나 자동화기기 등이 네트워크에 접속하여 운용되는 경우가 많지 않았으나, 최근 도입되는 스마트공장의 설비 및 기기들은 거의 대부분 유·무선·이동통신 등 여러 통신 수단을 통해서 네트워크에 접속하여 사용되는 추세이다. 이에 따라 설비나 기기가 ICT 기술과 연동되거나 무선공유기, 인터넷 등 네트워크에 접속·사용되는 순간부터 내·외부로부터의 사이버 해킹·공격 등의 위험에 노출되기 시작한다. 따라서, 스마트공장 내·외부로부터의 사이버 공격·해킹 등에 대응할 수 있는 정보보호 방안을 강구하는 것이 절실히 필요하게 되었다.

스마트공장 보급 확산 사업을 통해서 '16년 말까지 2,800여개 중소기업을 대상으로 매칭펀드 방식으로 ICT기술을 접목시켰고, 2022년까지 30,000개 중소 공장을 대상으로 보급 사업을 추진하고 있으나, 보안 기술을 적용하지 못한 상태에서 보급 활동에 주력하고 있는 상황이다. 따라서, IEC 62443 등 제조보안 관련 국제표준문서를 기반으로 제조 보안과 관련한 주요기술 개발과 활용 방안 마련이 시급한 상황이다.

ETRI 정보보호연구본부에서는 전력망, 산업제어망, 스마트카, 스마트시티 등 CPS 인프라에 대한 보안기술을 연구하고 있으며, 물리적인 연결선 차단 기술과 단방향 보안게이트웨이 기술을 개발하고 있다. 산업제어시스템 보안기술과 스마트그리드 보안기술 등을 개발하는 회사인 ㈜엔엔에스피에서는 KC^Korea Certification^, GS^Good Software^, CC^Common Criteria^ 인증 등을 획득한 하드웨어 기반의 물리적 단방향 보안 게이트웨이, 산업용 네트워크 포트 이중화 장비 등을 자체 개발하여 국내·외에 시판하고 있다. 펜타시큐리티에서는 데이터 수집부터 모니터링, 프로세스 제어까지 가능하도록 안전한 스마트공장 환경을 구축하고, 스마트공장 운영 과정에서 발생할 수 있는 보안 위협을 최소화할 수 있는 펜타 스마트공장 시큐리티^Penta Smart Factory Security^ 솔루션을 제공하고 있다.

2.6 스마트공장 사례

국가차원에서 추진하고 있는 스마트공장 구축에 대한 운영사례[03]를 살펴보겠습니다. 아래 내용은 스마트제조혁신추진단의 홈페이지 중 스마트공장

03 스마트제조혁신추진단, 스마트공장 사업관리시스템, https://www.smart-factory.kr/introGoodExam/introGoodExamDetail

구축사례의 내용을 원문으로 인용한 것입니다.

1986년 설립된 삼천산업(주)은 전자동·드럼 세탁기, 식기세척기, 정수기, 스타일리스트 등 각종 가전에 들어가는 기능성 부품을 전문적으로 생산하는 기업이다. 특히 전자동 세탁기에 들어가는 서스펜션 어셈블리의 경우, 국내외 판매되는 가전회사의 제품 대다수에 쓰이고 있어 자연스럽게 글로벌 시장점유율 10%를 달성하는 쾌거를 이루기도 했다. 이 같은 성과는 2018년 스마트공장 지원사업 참여를 통해 기존 시스템의 완성도를 더욱 높인 데서 비롯됐다.

삼천산업은 창업 이래 지금까지 근로자에 대한 정당한 대우가 회사 성장의 밑거름이라는 점을 강조해왔다. 이러한 뜻을 계승한 최원석 대표는 기업과 구성원의 밝은 미래를 책임지기 위한 고민을 거듭한 끝에 스마트공장 도입이 해답이라는 결론에 도달하게 됐다.

삼천산업은 실제로 MES를 받아들여 혁신에 나선 결과 합리적 생산 절차를 통해 업무 집중도가 올라갔으며, 계획대비 실제 생산·출하 달성률이 눈에 띄게 높아졌다. 또한 고객에게 생산현장에서 실시간으로 집계한 정보에 대해 신뢰를 부여할 수 있게 되면서 스마트공장 도입 전에 비해 시간당 생산성 관리가 93.8% 도달하게 됐다. 또한 스마트공장 도입으로 자재 입출고 QR시스템을 구축했고, 신속·정확한 정보 공유로 매출뿐 아니라 신규채용[청년 고용] 비율이 높아져 고용 안정으로 이어졌다. 이렇듯 스마트공장 도입 효과가 눈에 띄게 드러나자 주변 제조기업들의 벤치마킹 러브콜이 이어지기도 했다. 직원들 역시 이와 같은 변화에 대대적인 환영을 보이고 있다.

삼천산업의 시스템은 자체 MES와 협력사 동반 구축을 거친 SCM으로 나뉜다. 먼저 생산계획 담당자가 ERP를 통해 작업 계획을 생성하고 지시하면 생산 라인에 전해진다. 라인에선 사항에 맞춰 제조를 진행하며 각 공정의 정보는 실시간으로 MES 서버에 도달한다. 이로써 전체 빅 데이터를 ERP 서버에 축적하는 동시에 SCM을 통해 협력사와 정보를 공유할 수 있다. 만약 문제가 발생하면 메신저 서버로 보내져 모바일로 전송하고 해당 공정 담당자를 호출한다.

4

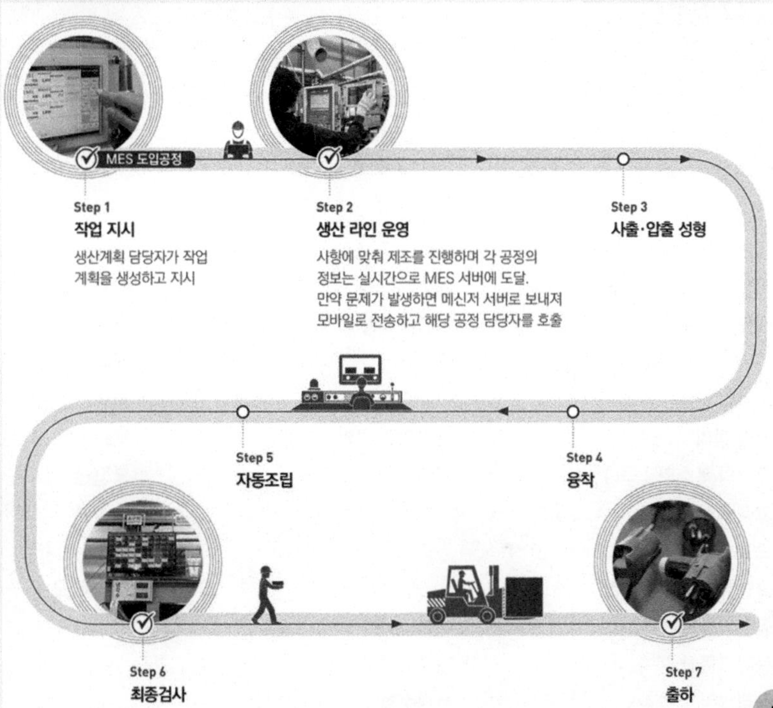

5

4
삼천산업의 스마트공장 현장

5
삼천산업의 스마트공장 프로세스

찾아보기